U0306236

新疆绿洲区苜蓿生产科学研究实践

于　磊　张前兵　主编

中国农业科学技术出版社

图书在版编目(CIP)数据

新疆绿洲区苜蓿生产科学研究实践 / 于磊，张前兵主编. --北京：中国农业科学技术出版社，2022.1

ISBN 978-7-5116-5565-3

Ⅰ.①新… Ⅱ.①于… ②张… Ⅲ.①紫花苜蓿-栽培技术-新疆 Ⅳ.①S551

中国版本图书馆 CIP 数据核字(2021)第 223939 号

责任编辑 贺可香
责任校对 李向荣
责任印制 姜义伟 王思文

出 版 者 中国农业科学技术出版社
北京市中关村南大街 12 号 邮编：100081
电 话 (010) 82106638 (编辑室) (010) 82109702 (发行部)
(010) 82109709 (读者服务部)
网 址 http://www.castp.cn
经 销 者 各地新华书店
印 刷 者 北京建宏印刷有限公司
开 本 185 mm×260 mm 1/16
印 张 15.75 彩插 8 面
字 数 450 千字
版 次 2022 年 1 月第 1 版 2022 年 1 月第 1 次印刷
定 价 98.00 元

《新疆绿洲区苜蓿生产科学研究实践》
编　委　会

主　　编　于　磊　张前兵

副 主 编　鲁为华　孙国君　张凡凡

参编人员（按姓氏笔画排序）

丁秋芸　马　燕　万娟娟　艾尼娃尔·艾合买提

任爱天　刘俊英　纪荣花　孙艳梅　李艳霞

托尔坤·买买提　张仁平　张战胜　林祥群

和海秀　苗晓茸　常　青　袁　莉　郭海明

蒋　慧　景鹏成　谭秀丽

前　　言

新疆维吾尔自治区（以下简称新疆）地处亚欧大陆的干旱荒漠区，环境条件严酷。新疆绿洲的存在（人工绿洲和自然绿洲）成为干旱荒漠区人类赖以生存与生产活动的主要基地。苜蓿（*Medicago sativa* L.）是绿洲农业生产经营中重要的牧草作物。苜蓿种植生产为绿洲区养殖业经营提供优质饲料的同时，又在为绿洲农田的“培肥改土”提高地力、促进农作物的增产增效等方面发挥着积极作用，并在维护整个绿洲农业生态系统安全方面扮演着重要角色。

我国具有 2 000 余年的苜蓿栽培历史，绿洲区又是新疆苜蓿种植的集中生产地。特殊的新疆绿洲区生态条件（高温干燥、强光照、强蒸发、昼夜温差剧烈变化和土壤矿质元素地表聚集等）造就了苜蓿与绿洲环境的长期协同进化，使新疆成为我国苜蓿种植的最佳优势生产区域。因此，苜蓿长期以来一直受到科技工作者和实际生产者的关注。

进入 21 世纪，随着国家西部大开发战略的实施，新疆社会经济发展步入新的历史发展时期，绿洲农业加快了向现代农业跃进的步伐，以苜蓿为代表的草业生产逐步发展壮大，成为绿洲区特殊优势的支柱性产业地位更加彰显。正是处在这一发展大势的背景之下，我们作为草业科学工作者积极参与到苜蓿生产科学研究之中。自 21 世纪初以来，根据先后承担国家各级各类科研项目的内容和要求，持续开展了苜蓿栽培和具针对性的苜蓿生产科学研究工作。截至 2020 年，经长期不懈努力取得了一批研究成果，提高了苜蓿科学理论与实践认知水平，提升了解决绿洲区苜蓿生产实践问题的能力，在推进绿洲区苜蓿生产和草业发展方面做出了应有的贡献。

由石河子大学专业教师和在读研究生组成的草业学科团队集近 20 年来的研究实践，先后在国内 10 余种学术科技期刊登载发表多篇苜蓿科学研究论文，从绿洲区苜蓿生产科学的各个视角开展了专门研究。为了能较全面展现学科团队多年的研究成果，促进绿洲苜蓿生产沿着科学正确轨道健康发展，给后续者以借鉴作用，我们选收其中 30 余篇已发表的具代表性的研究论文集编成《新疆绿洲区苜蓿生产科学研究实践》。按研究内容和视角侧重分别构建章节，即适宜苜蓿品种选择及评价、苜蓿建植期生长特征与管理研究、苜蓿施肥与产量及品质关系研究、苜蓿与禾本科牧草混播研究、苜蓿栽培田间生态及相关研究、苜蓿干草调制研究、苜蓿青贮研究和苜蓿研究综合论述 8 个部分。希冀把此研究专著献给从事苜蓿事业和关注苜蓿生产发展的同仁，倘若能从本书中获得一些启示和研究借鉴，我们将感到由衷高兴和欣慰。

面对苜蓿科学的不断发展和进步，我们愈加感到苜蓿科学知识的匮乏，特别是针对绿洲区苜蓿生产实践面临许多亟待研究与解决问题方面，如研究思路、研究方法、对理论与实践问题的正确认识和基本技术技能掌握等受到诸多限制，导致本书存在着很多不尽完善的地方，对此希望得到各方批评指正。

编　者

2020 年 8 月

目　　录

第一部分

绿洲区适宜苜蓿品种选择及评价

新疆绿洲区属于典型的温带大陆性干旱气候，夏季干旱少雨，冬季寒冷，筛选适宜的苜蓿品种对适应新疆绿洲区气候类型、实现苜蓿优质高效生产具有重要意义。本部分介绍了近年来在新疆绿洲区开展的适宜本区域气候类型的苜蓿品种选择及评价研究，主要进行新疆绿洲区不同苜蓿品种生产经济性状的综合评价、生产性能比较、生长特征分析以及不同苜蓿品种群体光合生产特征比较等内容，以期为新疆绿洲区苜蓿优质高效生产确定适宜品种提供理论依据及实际指导。

石河子绿洲区不同苜蓿品种生产经济性状综合评价

鲁为华，于　磊，李艳霞

（石河子大学动物科技学院，新疆　石河子　832003）

摘　要：选取了国内外种植比较广泛的17个苜蓿品种，其中，国外品种14个、国内品种3个，种植在新疆绿洲区的典型地段，2002年进行建植，2003年进行指标的详细测定。运用层次分析法对初步筛选后的17个品种进行综合评价。结果表明，爱博、金皇后、美国8920、WL-323、阿尔冈金、WL-232、三得利表现较好，可进行推广种植。

关键词：绿洲；苜蓿；生产经济性状；综合评价

中图分类号：S551⁺.701

石河子在新疆绿洲区具有很好的代表性，在苜蓿种植面积日益扩大的今天，苜蓿品种的选择尤为重要。针对这一实际情况，对17个苜蓿品种进行了生产性能、环境适应性、生长特性、品质特性等10个指标的测定，并以层次分析法进行综合评价，以期评选出适宜在石河子绿洲区种植的优良苜蓿品种。

1　材料与方法

1.1　试验材料

国内外种植比较广泛的17个苜蓿品种，其中，国外引进品种14个、新疆当地品种3个（表1）。

表1　试验品种名称、产地及来源

品种名称	产地	来源	品种名称	产地	来源
爱博	加拿大	百绿（天津）国际草业有限公司	游客	美国	百绿（天津）国际草业有限公司
和田大叶	新疆和田	新疆维吾尔自治区种子监理检验中心	美国8925	美国	百绿（天津）国际草业有限公司
金皇后	美国	新天科文	得宝	荷兰	百绿（天津）国际草业有限公司

（续表）

品种名称	产地	来源	品种名称	产地	来源
阿尔冈金	加拿大	百绿（天津）国际草业有限公司	三得利	荷兰	百绿（天津）国际草业有限公司
WL-323	美国	百绿（天津）国际草业有限公司	先驱者	美国	百绿（天津）国际草业有限公司
塞特	德国	百绿（天津）国际草业有限公司	费纳尔	美国	百绿（天津）国际草业有限公司
德国苜蓿	德国	百绿（天津）国际草业有限公司	WL-232	美国	百绿（天津）国际草业有限公司
北疆苜蓿	新疆	兵团沃特草业公司	美国 8920	美国	中种集团
阿勒泰杂花	阿勒泰	阿勒泰地区草原站			

试验地位于石河子垦区 147 团畜牧场，年均温度 6～8℃，年全年≥10℃积温 3 765.5℃，年降水量 178.3mm，蒸发量 1 815.1mm。春、夏季降水占全年降水的 60%以上，无霜期 146d；终霜期 4 月 20 日至 5 月 1 日，初霜期 9 月 25 日左右。土壤类型为轻盐化灌耕灰漠土，有机质含量 0.67%，碱解氮 8mg/kg，速效磷 20.7mg/kg，pH 值为 8.3。各苜蓿品种占地面积 45m^2，每个品种设 3 个重复，每个重复 15m^2。播种时采用随机区组方法，小区间留约 50cm 的走道，各品种间有垄隔开，并设有 30cm 保护行。采用人工条播，行距 35cm，播种量 12～15kg/hm^2，播深 1.5～2cm。

采用常规手段进行管理，每年灌溉 3 次，并对田间杂草进行人工清除，2003 年除进行正常的灌溉和及时收割外，不进行施肥等任何处理。

1.2 试验方法

2002 年 4 月 29 日苜蓿播种后，当年只进行生物学特性及产量的观测。2003 年进行各指标的详细测定。

干草产量、生长高度、叶茎比、粗蛋白测定均在苜蓿第 1 茬初花期进行。

干草产量测定时均采取随机取样，每个品种 3 次重复，每个重复为 1m^2，取样后自然干燥至恒量，折算成每公顷干草产量。以各品种的不同茬次干草产量之和作为总干草产量。

生长高度测定采用定株观测法，每个品种选取 30 株健康无病害的植株，从返青至初花期定期进行高度测定，取平均值；将初花期高度作为最终生长高度。

叶茎比测定采用手工分离茎叶方法，每个品种选取 100 株，3 次重复，手工分离其茎叶，自然干燥至恒量后进行称量，计算叶茎比比值。

粗蛋白测定采用凯氏定氮法，在第 1 茬初花期进行采样，自然风干，粉碎后充分混匀，用四分法取样，3 次重复，取平均值；木质素含量测定采用洗涤剂法+焚烧法测定，3 次重复。

采用茚三酮法测定脯氨酸含量，在实验室布置苗床，并对其进行盐分胁迫锻炼后进行测定，每个品种测定3次。

根颈中的可溶性糖含量测定采用蒽酮法，在初霜来临之前，挖出苜蓿植株根颈，测定还原糖含量，3次重复。

每个指标取重复观察数据平均值，在Excel中作数据的基本处理，并用SPSS 12.0统计软件作显著性检验、方差分析及多重比较。

2 结果与分析

2.1 干草产量测定结果

苜蓿第1茬、第2茬、第3茬收获时间分别为2003年的6月1日、7月25日、9月2日，收获之前进行干草产量测定。测定结果表明，随着茬次的增加，各茬干草产量呈现明显的下降趋势，各品种间下降程度不同。变异系数是反映样品测定数据均匀程度的数值，其产草量变异系数的大小反映了各品种后茬的产草能力，这在客观程度上反映了苜蓿年内生产力的均匀程度。从分析结果看，在1年内，苜蓿干草产量有明显的变化，从返青开始积累生物量的全过程，第1茬，生物量明显高于后茬，其干草产量占全年总干草产量的40%以上，第2茬、第3茬生物量分别占全年总产量的30%和25%（表2）。

表2 各品种干草总产量及再生产量 （单位：kg/hm²）

品种名称	第1茬	第2茬	第3茬	变异系数	再生产量	总产量
爱博	9 939.0	6 859.5	5 691.0	0.292 733	12 550.5de[fg]	22 489.5[ij]
和田大叶	8 920.5	7 071.0	5 724.0	0.221 706	12 795.0[fgh]	21 715.5[h]
金皇后	10 821.0	7 425.0	5 569.5	0.335 472	12 994.5[gh]	23 815.5[k]
阿尔冈金	9 976.5	7 084.5	5 538.0	0.299 082	12 622.5[fgh]	22 599.0[j]
WL-323	8 965.5	6 537.0	5 593.5	0.247 390	12 130.5[d]	21 096.0[ef]
塞特	8 445.0	6 262.5	4 680.0	0.292 526	10 942.5[fg]	19 387.5[a]
德国苜蓿	7 605.0	6 915.0	5 850.0	0.130 214	12 765.0[fgh]	20 370.0[cd]
北疆苜蓿	10 995.0	6 204.0	3 498.0	0.550 299	9 702.0[a]	20 697.0[de]
美国8920	10 614.0	7 030.5	6 025.5	0.305 701	13 056.0[h]	23 670.0[k]
美国8925	9 222.0	7 492.5	5 484	0.252 819	12 976.5[gh]	22 198.5[i]
得宝	8 761.5	7 147.5	5 319	0.243 409	12 466.5[def]	21 228.0[gh]
三得利	10 665.0	6 748.5	5 514	0.351 895	12 262.5[de]	22 927.5[j]
先驱者	9 420.0	7 125.0	4 977	0.309 716	12 102.0[d]	21 522.0[gh]
费纳尔	8 937.0	6 798.0	5 502	0.245 042	12 300.0[de]	21 237.0[fgh]
WL-232	7 249.5	7 320.0	5 124	0.190 115	12 444.0[def]	19 693.5[a]

注：有相同字母肩标者差异不显著，反之差异显著（$P<0.05$）。下同。阿勒泰杂花因试验区受到破坏，测产无法进行，故无数据；游客在经过1年生长之后，其越冬死亡率达50%，故不进行产量测定和其他指标分析。

从各品种各茬干草产量的变异程度来看，变异系数越大，则年内各茬产量起伏变化较为剧烈，其各茬产量的稳定性较差，而变异系数小的品种，各茬产量在年内处于一种较稳定的状态，如果管理妥善，在增加收获次数的条件下，甚至可以获得比变异系数大但总产较高的品种还多的干草产量。

从数据分析的结果来看，各品种之间年内干草产量相比较，其差异多数都达到了显著水平（$P<0.05$），干草产量较高的 5 个品种为金皇后、美国 8920、三得利、阿尔冈金、爱博。

2.2 各品种苜蓿高度及生长速度

对各品种在收获时的生长高度进行测定（表 3），结果表明，多数品种之间差异不明显，高度为 83~86cm，但和田大叶、北疆苜蓿的生长高度值较小，这可能和其株体特征有关。和田大叶在整个生长过程中，高度变化比较缓慢，且株体有黄化，同时和田大叶株体匍匐性较强，但在新疆南部其直立性很突出，这可能是由于北疆冷凉气候对其生长产生了不利影响而出现的；北疆苜蓿虽然植株不高，但其株体较为粗壮，另外，其枝条斜生，故高度值略小。而爱博、金皇后、阿尔冈金和 WL-232 高度值较大，生长旺盛，且株体直立性良好，在收获时也未发生倒伏现象。WL-323、德国苜蓿、美国 8920、阿勒泰杂花、美国 8925、得宝、三得利、先驱者、费纳尔尽管生长高度不很突出，但与北疆苜蓿和和田大叶比较，这 10 个品种整体生长均匀，株体直立性良好，生长至初花期未发生倒伏现象，适宜机械化收获。因此，在大面积推广种植过程中，应综合考虑生长高度和株体特征，这样在机械收获时，可大大减少因为倒伏而造成的浪费。

从生长速度来看，绝对生长速率较高的几个品种分别为爱博、和田大叶、北疆苜蓿、金皇后、德国苜蓿，其中新疆品种有 2 个。尽管在生长高度上变化不剧烈，但其生物量的积累速度在 1 个生长周期内尤其在生长后期是比较快的。排在第一的爱博则在整个生长期内都保持了较高的生长速度。所有品种中，得宝和费纳尔的绝对生长速率较小，是因为在整个生长过程中，其速率的变化不大，在收获前期基本停止了生长。

表 3 各品种高度及绝对生长速度（AGR）

品种名称	高度（cm）	AGR［g/（d·m^2）］
爱博	86.75±1.172 604^{i}	28.357 4
和田大叶	65.25±0.689 202^{a}	25.624 8
金皇后	86.67±0.983 192^{hi}	24.320 0
阿尔冈金	86.33±1.032 796^{ghi}	23.781 2
WL-323	84.08±0.801 041^{cdef}	23.100 0
塞特	85.33±0.408 248^{fg}	21.098 0
德国苜蓿	83.83±0.683 13^{cde}	23.784 4
北疆苜蓿	76.17±1.471 96^{b}	25.048 3
美国 8920	83.75±1.129 159^{cde}	23.874 8
阿勒泰杂花	84.25±1.129 159^{def}	22.138 5
美国 8925	84.50±1.000 00^{ef}	21.038 9

（续表）

品种名称	高度（cm）	AGR［g/（d·m²）］
得宝	85.42±0.735 98[fgh]	17.717 0
三得利	84.58±1.114 301[ef]	20.802 9
先驱者	84.41±1.241 639[def]	21.434 7
费纳尔	82.83±0.816 497[c]	19.199 8
WL-232	86.25±1.541 104[ghi]	20.644 0

2.3 各品种品质

对所有品种的初花期粗蛋白、木质素以及叶茎比进行测定分析，其结果见表4。粗蛋白含量在20%以上的有5个，分别为爱博、金皇后、美国8920、费纳尔、WL-232。从表观上看，其叶量很丰富，茎秆节间短，且茎秆质地较为柔软。木质素含量较高的品种有和田大叶、北疆苜蓿、阿尔冈金；叶茎比比值较大的品种有WL-232、塞特、WL-323。在分析过程中可以发现，粗蛋白含量和叶茎比并未完全呈正相关，这是因为某些品种的茎秆质地柔软，在叶量相同的情况下，茎秆柔软的品种，样品中粗蛋白总体含量相对就高。

表4　各品种初花期粗蛋白、木质素、叶茎比分析

品种名称	初花期粗蛋白（%）	木质素（g/g）	叶茎比
爱博	22.16±0.15[h]	0.310 368±0.005 163[abc]	0.542±0.059 1[bcd]
和田大叶	17.62±0.37[a]	0.350 746±0.004 909[fg]	0.478±0.011 1[abc]
金皇后	20.23±0.03[f]	0.337 727±0.006 214[ef]	0.545±0.029 9[bcd]
阿尔冈金	19.31±0.55[de]	0.339 276±0.004 149[ef]	0.558±0.025 9[bcd]
WL-323	19.37±0.54[de]	0.301 276±0.007 985[ab]	0.725±0.007 2[f]
塞特	18.28±0.06[abc]	0.313 57±0.000 175[abcd]	0.642±0.062 9[ef]
德国苜蓿	19.25±0[de]	0.325 326±0.003 199[cde]	0.588±0.035 0[cde]
北疆苜蓿	18.23±0.32[g]	0.362 185±0.002 23[g]	0.513±0.010 7[bcd]
美国8920	20.02±0.01[ef]	0.327 592±0.011 317[cde]	0.525±0.035 5[bcd]
阿勒泰杂花	19.74±0.64[ef]	0.326 753±0.006 731[cde]	0.577±0.000 5[cde]
美国8925	19.21±0.01[de]	0.335 632±0.006 585[def]	0.567±0.029 6[bcde]
得宝	17.74±0.17[ab]	0.324 456±0.012 227[cde]	0.440±0.221 1[a]
三得利	18.08±0.02[abc]	0.319 1±0.012 152[abcde]	0.557±0.000 4[bcde]
先驱者	18.56±0.01[bcd]	0.323 570±0.001 016[bcde]	0.514±0.000 57[bcd]
费纳尔	21.14±1.57[g]	0.297 083±0.002 127[a]	0.597±0.031 87[cde]
WL-232	22.23±0.17[h]	0.307 038±0.017 676[abc]	0.730±0.039 99[f]

2.4 各品种抗性

对反映其抗旱性的根冠比和抗寒性的根颈中可溶性糖含量、抗盐碱的生理胁迫下脯氨酸含量进行了测定，结果见表5。

从根冠比的分析结果来看，和田大叶、德国苜蓿、得宝、爱博、金皇后、北疆苜蓿根冠比比值较大，表明其在生长过程中能够通过强大的根系摄取环境中较多的水分，从而增强抗旱性能。值得一提的是，新疆本地品种和田大叶、北疆苜蓿在抗旱性能方面表现优异，这是因为新疆本地品种已经适应了干旱气候，另外育种过程中也将抗旱性能作为一个主要性状；可溶性糖含量较高的几个品种是阿尔冈金、北疆苜蓿、美国 8920 和 WL-232，这几个品种在越冬能力上具有良好表现，同时在来年春季返青时速度较快，可迅速动用根颈中的碳水化合物进行地上部分的生长；盐胁迫后脯氨酸的含量测定结果表明，三得利、塞特、阿尔冈金、得宝在抗盐碱能力方面有出色的表现。

表 5　各品种根冠比、可溶性糖、脯氨酸含量分析

品种名称	根冠比	可溶性糖含量（mg/g）	脯氨酸含量（%）
爱博	$0.900\ 07\pm0.095\ 27^{abcd}$	$0.078\ 4\pm0.000\ 2^{de}$	$0.302\ 7\pm0.000\ 67^{e}$
和田大叶	$1.174\ 795\pm0.170\ 4^{d}$	$0.081\ 6\pm0.000\ 1^{ef}$	$0.311\ 9\pm0.006\ 696^{f}$
金皇后	$0.999\ 716\pm0.275\ 7^{abcd}$	$0.061\ 0\pm0.002^{b}$	$0.317\ 4\pm0^{f}$
阿尔冈金	$0.789\ 017\pm0.015\ 6^{a}$	$0.161\ 3\pm0.000\ 2^{k}$	$0.444\ 5\pm0.000\ 67^{l}$
WL-323	$0.967\ 391\pm0.138\ 7^{abcd}$	$0.084\ 5\pm0.000\ 6^{fg}$	$0.279\ 1\pm0.001\ 16^{b}$
塞特	$0.793\ 297\pm0.097\ 7^{a}$	$0.077\ 5\pm0.007\ 6^{d}$	$0.489\ 8\pm0.006\ 69^{M}$
德国苜蓿	$1.004\ 06\pm1.958\ 3^{abcd}$	$0.058\ 2\pm0.000\ 2^{ab}$	$0.289\ 1\pm0.000\ 67^{c}$
北疆苜蓿	$0.940\ 949\pm0.095\ 7^{abcd}$	$0.108\ 1\pm0.003\ 2^{i}$	$0.361\ 0\pm0.000\ 67^{i}$
美国 8920	$0.875\ 286\pm0.089\ 1^{abc}$	$0.108\ 6\pm0.000\ 4^{i}$	$0.347\ 9\pm0.000\ 67^{h}$
阿勒泰杂花	—	$0.071\ 5\pm0.000\ 4^{c}$	$0.294\ 9\pm0.000\ 67^{d}$
美国 8925	$0.701\ 895\pm0.095\ 4^{a}$	$0.070\ 4\pm0.000\ 3^{c}$	$0.380\ 8\pm0.000\ 67^{j}$
得宝	$1.116\ 601\pm0.232\ 2^{cd}$	$0.085\ 1\pm0.002\ 2^{fg}$	$0.421\ 3\pm0.000\ 67^{k}$
三得利	$0.753\ 055\pm0.029\ 0^{a}$	$0.085\ 0\pm0.001\ 0^{fg}$	$0.578\ 7\pm0.000\ 67^{o}$
先驱者	$0.802\ 73\pm0.036\ 9^{a}$	$0.093\ 6\pm0.000\ 5^{h}$	$0.314\ 6\pm0.000\ 67^{f}$
费纳尔	$0.828\ 675\pm0.036\ 0^{ab}$	$0.087\ 8\pm0.000\ 8^{g}$	$0.317\ 0\pm0.000\ 67^{f}$
WL-232	$0.844\ 36\pm0.043\ 6^{abc}$	$0.127\ 2\pm0.000\ 5^{j}$	$0.244\ 3\pm0^{a}$

3　各品种生产经济性状的综合评价

对各品种的所有指标进行分析测定后，并不能得出苜蓿品种间的优劣，因为苜蓿生产经济性状是多指标的综合，且各指标对总的生产经济性状的贡献大小也是不同的，必须采取多指标的非等权的分析方法来进行综合评价。在各品种进入所建立的综合评价体系之前，首先应对其基本的生存能力给予初步判断，在此判断过程中采用一些可直接观测到的指标进行判断。试验采用越冬率作为判断指标，结果表明，越冬 1 年后，游客 80%以上未安全越冬，故在初步判断过程中就将其排除，不再进行进一步评价，大大减少了工作量。

运用层次分析法建立数学模型，可实现非等权综合评价过程，将定性的指标逐步分解为可量化的诸多指标，通过田间及实验室测定，完成层次分析模型指标的量化，进一步对各指标实际测定值进行标准化。通过对模型中各层各指标相对重要性的判断，以1~9的标度方法建立判断矩阵，并对判断矩阵进行运算、特征值的求解和一致性检验，计算出各层中各指标对上层的权重值，并结合权重，根据公式计算出总生产经济性状的分值。具体计算方法可参考有关文献。

考虑所有测定指标对苜蓿生产经济性状的影响，对各品种进行评价后，其综合经济性状的初步排序结果如表6所示，前7位为爱博、金皇后、WL-323、美国8920、阿尔冈金、WL-232、三得利。结果表明，在新疆绿洲区生态条件下，可以大力推广的品种为前7位。

表6　总目标评价值及排序

品种名称	总目标评价值	结果排序
爱博	0.724 161	1
和田大叶	0.454 216	11
金皇后	0.653 181	2
阿尔冈金	0.608 226	5
WL-323	0.649 693	3
塞特	0.397 452	15
德国苜蓿	0.486 895	10
北疆苜蓿	0.451 260	12
美国8920	0.649 541	4
美国8925	0.511 245	9
得宝	0.400 848	14
三得利	0.550 300	7
先驱者	0.451 060	13
费纳尔	0.529 226	8
WL-232	0.551 258	6

4　结论与讨论

综合考虑10个指标对总经济性状贡献大小，选用层次分析法建立判断矩阵计算出贡献率，根据贡献率以及测定结果可计算出分值，实现品种间经济性状的综合比较。初步选择出爱博、金皇后、WL-323、美国8920、阿尔冈金、WL-232、三得利7个品种作为石河子乃至新疆北疆绿洲区种植。生产单位可综合考虑市场种子价格以及评价的最终排序结果来选择推荐品种。

试验选取生长第2年的测定数据，因其表现比较稳定，且在整个生长过程中未受外界因素干扰，所测定的数据代表了所有品种在本地区的性状表现，具有一定的说服力。

牧草的深层次评价应该与动物体采食牧草后的响应相结合，在今后的试验需要进一步完善，对模型最底层中指标进行添加。

参考文献（略）

基金项目：国家 973 前期预研项目“新疆弃耕地生态重建模式”（5003-922523）。
第一作者：鲁为华（1976—　），男，新疆奇台人，讲师，硕士研究生。

发表于《草业科学》，2007，24（3）.

新疆北疆绿洲区4个紫花苜蓿品种生产性能比较

郭海明[1]，于　磊[1,2]，林祥群[1]
（1. 石河子大学动物科技学院，新疆　石河子　832003；2．新疆生产建设兵团绿洲生态农业重点实验室，新疆　石河子　832003）

摘　要：对4个紫花苜蓿品种进行连续4年的生产性能比较试验。结果表明，WL-323生长速度比阿尔冈金快，二者均表现出慢—快—慢的生长特点；胖多和金皇后3年中生长速度逐年加快，第3年胖多在所有品种中生长速度最快。4个品种4年总产草量均差异极显著（$P<0.01$），4年总产草量由高到低排列为：胖多>金皇后>阿尔冈金>WL-323。各品种在生长第4年产草量迅速下降，胖多粗蛋白含量最高。对4个品种综合评价后得出，胖多生产性能最佳，绿洲区进行苜蓿引种时可以优先考虑。

关键词：新疆北疆；绿洲区；苜蓿品种；生产性能

中图分类号：S551^{+}.7

在苜蓿种植面积日益扩大的今天，石河子在新疆北疆绿洲区具有很好的代表性。近年来，随着农业种植结构调整和绿洲区畜牧业发展，苜蓿生产在北疆绿洲区的地位和作用越来越受到人们的重视，已经成为一种主要的牧草作物，对绿洲区的饲草生产、水土保持以及生态环境的改善起到举足轻重的作用。产草量是苜蓿生产力的一个重要指标，苜蓿产草量除受生态因子（水分、温度、日照、土壤类型等）的综合影响外，还受生育年龄、品种特性、栽培技术和环境条件等的影响，而品种是决定其生产潜力和适应性的内在因素之一。生产性能好的品种适应性广，和其他品种在相同条件下比较往往占绝对优势，而适应性差的品种，表现截然相反。目前北疆绿洲区苜蓿栽培过程中面临着管理粗放、盲目引种等问题，同样土壤肥力条件下苜蓿的产草量和品质参差不齐，且不同品种在不同年季间生产性能也表现各异。因此，在苜蓿种植过程中从源头上选择适合绿洲条件的优良品种是实现苜蓿高效生产的关键所在。在绿洲区连续4年对4个紫花苜蓿品种的生产性能进行了观测，旨在评价出适合绿洲区种植的高产优质苜蓿品种，为绿洲区苜蓿种植提供科学依据。

1 材料与方法

1.1 试验地概况

试验在石河子大学实验站牧草试验田进行。土壤为重壤，含有机质2.011%、全氮0.115 7%、碱解氮72.8mg/kg、速效磷34.8mg/kg，气候条件为温带大陆性气候，冬季长而严寒，夏季短而炎热，年平均气温7.5~8.2℃，日照时间2 318~2 732h，无霜期147~191d，年降水量180~270mm，年蒸发量1 000~1 500mm。

1.2 试验材料

试验材料见表1。

表1 苜蓿品种名称及来源

品种编号	品种名称	种子来源
1	阿尔冈金	百绿（天津）国际草业有限公司
2	WL-323	百绿（天津）国际草业有限公司
3	金皇后	新天科文草业
4	胖多	新天科文草业

1.3 试验方法

1.3.1 试验设计

各苜蓿品种均于2004年4月14日人工条播，播种量15kg/hm^2，播深2cm，行距30cm。每个品种设1个小区，每个小区面积50m，共设4个小区，整个生育期不施肥。2004—2006年研究不同苜蓿品种年内和年度间株高变化；2005年研究不同苜蓿品种营养成分含量特点；2004—2007年对4个品种各年度产草量变化进行分析。

1.3.2 株高的测定

每年从苜蓿进入返青期开始，在每小区选取10株具有代表性的植株，测量地面到植株顶部的自然高度，取平均值，每隔7d测1次。

1.3.3 产草量的测定

苜蓿进入初花期时刈割测产，在小区内随机设置1m × 1m的样方，刈割称其鲜质量，留茬高度5cm。每个小区设3个重复。取150~200g苜蓿带回实验室在自然条件下阴干称干质量。2004—2006年刈割3次，2007年刈割2次，汇总各茬产草量，求出年总产草量。

1.3.4 营养成分分析

在2005年苜蓿第1茬刈割后，分别取各品种100g（干质量），测其粗蛋白（CP）、中性洗涤纤维（NDF）、酸性洗涤纤维（ADF）和半纤维素含量，每个品种设 3 个重复。CP 含量用凯氏定氮法；NDF、ADF 采用 Van Soest 洗涤纤维分析方法。

1.3.5 试验统计分析

用 DPS 统计软件对数据进行统计分析，Excel 进行图表处理。

2 结果与分析

2.1 4 个苜蓿品种不同年度株高变化分析

以时间为自变量（x）、高度为因变量（y），对 2004—2006 年苜蓿第 1 茬株高变化进行线性回归分析，其变化过程符合 $y=ax+b$ 的线性方程，具体回归方程见表 2。

表 2　4 个苜蓿品种不同年度株高变化线性回归方程及刈割时株高

年份	品种名称	方程	R^2	刈割时植株高度（cm）
2004	阿尔冈金	$y=7.35x-1.68$	0.983 3	43.7
	WL-323	$y=9.66x-4.39$	0.981 3	56.7
	金皇后	$y=6.97x+1.22$	0.969 7	41.0
	胖多	$y=7.11x+0.31$	0.961 4	46.0
2005	阿尔冈金	$y=11.59x-8.29$	0.976 7	90.2
	WL-323	$y=12.17x-10.42$	0.973 3	94.0
	金皇后	$y=11.41x-14.61$	0.963 3	86.4
	胖多	$y=12.79x+14.72$	0.963 2	96.9
2006	阿尔冈金	$y=10.12x+23.47$	0.967 8	92.9
	WL-323	$y=10.66x+23.84$	0.976 0	95.8
	金皇后	$y=11.5x+12.79$	0.982 1	99.0
	胖多	$y=12.99x+20.27$	0.988 4	111.2

各品种线性方程中，a 值是生长速度的反映，a 值越大植株生长能力越强。从表 2 可以看出，在温度、降水、栽培管理一致的情况下，不同品种生长能力强弱不同。表现为：2004 年，WL-323>阿尔冈金>胖多>金皇后；2005 年，胖多>WL-323>阿尔冈金>金皇后；2006 年，胖多>金皇后>WL-323>阿尔冈金。WL-323 比阿尔冈金生长快。胖多第 1 年生长相对缓慢，后两年生长速度和刈割时株高均在所有品种中表现最优。金皇后前两年生长最慢，但是第 3 年生长速度很快提升并且刈割时株高仅次于胖多。不同年度间，金皇后和胖多的生长速度逐年加快，但胖多优于金皇后。阿尔冈金和 WL-323 生长出现先增后减的现象。在利用年限较长的情况下各品种之间的生长优势依次为胖多>金皇后>WL-323>阿尔冈金。

2.2 4 个苜蓿品种不同年度产草量变化分析

产草量是衡量苜蓿生产力大小的主要指标，不同的产草量特性可以反映不同品种的生产性能及适应性。对苜蓿不同生长年度生长的动态研究认为，在我国大部分地区，第1年产量较低，第2~4年产量高。对各品种4年总产草量进行方差分析（表3）表明，4个品种4年总产草量差异极显著（$P<0.01$），表明在相同的栽培管理条件下，品种对苜蓿的产草量有很大的影响，4个品种4年总产草量由高到低排序为：胖多>金皇后>阿尔冈金>WL-323。

表3　4个苜蓿品种4年总产量

品种名称	总产量（kg/hm²）
阿尔冈金	$46\,927.7^{Cc}\pm2.000\,0$
WL-323	$45\,885.7^{Dd}\pm2.309\,4$
金皇后	$48\,382.4^{Bb}\pm2.425\,2$
胖多	$49\,406.7^{Aa}\pm5.715\,8$

注：大写字母代表1%极显著水平，小写字母代表5%显著水平，凡肩标上有相同字母者差异不显著，不同字母者差异显著。

除总产量外，对不同年度各苜蓿品种年总产草量进行了分析，其结果见表4。

4年试验均不施肥，2004—2006年每年刈割3次，2007年刈割2次，因为2007年第2次刈割后，各品种的生长能力明显降低，经过几年利用，土壤中的营养物质和苜蓿根部积累的营养物质被极大地消耗，又没有及时补给，致使苜蓿生产力减弱。

从表4可以看出，各品种产草量均在第2年最高，从第3年开始下降，第4年降到最低，出现这种结果的原因可能是：苜蓿生长的4个生育期均未施肥，第2年苜蓿生长带走了土壤中的大量营养元素，又未及时补给，自身固氮产生的氮素，远不能满足生长需要，致使遗传潜力不能很好表现，产草量下降，品种过早衰退。相同条件下不同品种生产力减弱状况反应各异，金皇后和胖多随着株龄的增加在4个品种中依然表现出较高的产草量，说明利用土壤中微量营养元素的能力强于阿尔冈金和WL-323。从表4可以看出，同一品种第2年和第3年产草量占4年总产量的权重相对最大，为28.53%~47.96%。第4年产草量权重为4.79%~8.19%，表现很差，但金皇后和胖多第4年年产量权重仍然相对较高。因此苜蓿生产过程中除应加强田间管理，保证足够的营养供给外，品种的选择也至关重要。

表4　不同年度各品种年总产量和4年总产量测定结果及分析

品种名称	第1年		第2年		第3年		第4年		4年总产量（kg/hm²）
	产量（kg/hm²）	权重（%）	产量（kg/hm²）	权重（%）	产量（kg/hm²）	权重（%）	产量（kg/hm²）	权重（%）	
阿尔冈金	7 027.8	14.9	22 507.4	47.9	15 144.0	32.27	2 248.5	4.79	46 927.7
WL-323	8 002.4	17.4	21 379.5	46.5	14 055.0	30.63	2 447.5	5.33	45 884.4
金皇后	8 375.5	17.3	22 237.2	45.9	13 804.0	28.53	3 963.5	8.19	48 380.2
胖多	7 183.7	14.5	22 996.7	46.5	16 753.0	33.91	2 476.5	5.01	49 409.9

2.3 4个苜蓿品种营养成分分析

苜蓿的营养成分分析，可以为苜蓿品种选择及合理利用提供重要依据，苜蓿营养成分中，CP、NDF、ADF是反映苜蓿干草品质的3个重要指标，CP的含量直接关系到苜蓿的商品等级和经济价值。NDF包含纤维素、半纤维素、木质素等，其含量与反刍家畜的采食量呈负相关。ADF含纤维素和木质素，其含量与反刍家畜对粗饲料的消化率呈负相关。2005年（生长第2年）对4个苜蓿品种的营养成分进行了分析，以期了解各个苜蓿的品质状况。4个苜蓿品种的营养成分见表5。

从表5可以看出，各品种的CP含量存在显著差异（$P<0.05$），含量为17.74%～19.03%，其中WL-323 CP含量最高，阿尔冈金CP含量最低。各品种CP含量排序为WL-323>胖多>金皇后>阿尔冈金。根据各品种产量计算得出CP产量分别为：胖多4 258.981kg/hm^2，WL－323 4 068.513kg/hm^2，金皇后4 060.507kg/hm^2，阿尔冈金3 992.813kg/hm^2；各品种初花期半纤维素的含量为7.16%～12.35%，半纤维素的含量与粗饲料的消化率呈正相关。这几个品种中胖多的半纤维素含量最高，其他依次为阿尔冈金、金皇后、WL-323。

表5 各品种初花期CP、NDF、ADF、半纤维素含量及多重比较

品种名称	CP	NDF	ADF	半纤维素
阿尔冈金	17.74^{a}±0.10	47.62^{b}±1.53	38.44^{ab}±0.44	9.18
WL-323	19.03^{c}±0.06	44.51^{a}±0.55	37.35^{ab}±1.85	7.16
金皇后	18.26^{b}±0.20	47.54^{b}±1.48	39.49^{b}±0.84	8.05
胖多	18.52^{b}±0.46	48.94^{bc}±1.33	36.59^{a}±2.53	12.35

2.4 综合评判

将4年试验中测得的4个品种的主要指标用DPS模块下的模糊相似优先比法再进行1次模糊度量，从总体上对4个品种在绿洲条件下的表现作一综合评判（表6）。

表6 待评价品种与理想品种指标

品种名称	高度（cm）	总产量（kg/hm^2）	CP（%）	NDF（%）	ADF（%）	半纤维素（%）	识别标识
阿尔冈金	92.9	46 927.7	17.74	0.476 2	0.384 4	9.18	1
WL-323	95.8	45 884.4	19.03	0.445 1	0.373 0	7.16	1
金皇后	99.0	48 380.2	18.26	0.475 4	0.394 9	8.05	1
胖多	111.2	49 409.9	18.52	0.489 4	0.365 9	12.35	1
A	111.2	49 409.9	19.03	0.445 1	0.365 9	12.35	0

注：A为理想品种；高度取各品种在4年刈割时的最大值；总产量为各品种4年年总产量之和；CP、NDF、ADF、半纤维素为2005年的测定值；理想品种指标为各指标的最佳值。

分析评价后，依据各品种与理想品种之间各指标的相似序号之和，可得出其综合生产性状的排序结果（表7），品种所对应的序号值越小，表明该品种与理想品种的综合生产性状越接近。

表7　待判样品对各已知样品相似度排序

编号	4	2	3	1
相似度	10	15	16	19

根据相似度由小到大的排序结果，可以将这4个品种分为3类：胖多；WL-323、金皇后；阿尔冈金。因此可以得出结论：在绿洲条件下4个品种胖多4年生产性能表现最好，阿尔冈金表现最差，绿洲区在引进苜蓿品种时，胖多品种应优先考虑。

3　结论与讨论

由4个品种相似度排序结果得出：在绿洲条件下胖多品种4年里生产性能表现最好，阿尔冈金表现最差，在绿洲区引进苜蓿品种时，胖多品种应优先考虑。

试验是在没有施肥情况下连续4年对4个苜蓿品种的生产性能进行的观测研究，因而各品种的潜力在生长第3年和第4年因营养元素的缺乏，可能使遗传潜力受到抑制，致使其第3年和第4年的产草量明显下降。因此，绿洲区施肥条件下各品种生产性能的表现情况还有待于以后进一步研究。

参考文献（略）

基金项目：国家“十一五”科技支撑项目（2007BAC17B04）。

第一作者：郭海明（1979—　），男，山西吕梁人，硕士研究生。

发表于《草业科学》，2009，26（7）.

绿洲区不同苜蓿品种生长特征分析

艾尼娃尔·艾合买提，于 磊，鲁为华，常 青
（石河子大学动物科技学院，新疆 石河子 832003）

摘 要：对5个紫花苜蓿品种各茬的株高、干草产量、叶茎比以及营养成分进行分析。结果表明，各苜蓿品种株高和干草产量随着茬次的增加而降低，但品种间各茬次存在差异；生长季内3茬的苜蓿株高和干草产量WL-323和三得利表现最好。各品种中粗蛋白和粗脂肪含量第2茬、第3茬高于第1茬，尤其是第2茬明显高于第1茬、第3茬，而粗纤维含量则相反；而品种间在主要营养物质含量方面则是三得利和WL-323表现最好。综合几项指标，三得利和WL-323在绿洲区表现特征最好，阿尔冈金表现不佳。从不同品种各茬次生产经济性状综合来看，第2茬的效应最好，可见第2茬苜蓿是获得理想苜蓿干草的重要时期。

关键词：苜蓿；绿洲区；苜蓿品种；产量；营养成分；茬次
中图分类号：$S551^{+}.7$

素有“牧草之王”称号的紫花苜蓿，因其蛋白含量高、适口性好、适应性强、产量高等优点，而被广泛种植，是绿洲区主要当家草种。目前，苜蓿的栽培利用品种繁多，生产经济性状差异较大。掌握常见苜蓿品种及各茬次生产经济性状、生物量积累和营养成分构成特征等对于制定绿洲区正确的苜蓿田间管理决策十分重要。另外，探究苜蓿各茬次和年内生长过程，特别是在荒漠绿洲区条件下研究分析不同苜蓿品种田间生长发育特性、产量构成以及营养成分动态变化等方面的差异性，有助于有针对性地采取适当田间管理措施，获得高产优质的苜蓿干草。目前国内特别是绿洲区就苜蓿产量和质量的研究已经开展了大量的工作。但关于苜蓿不同茬次刈割后对生长发育动态与产量、品质影响以及不同茬次之间相互关系的研究鲜见报道。为此，本试验研究了不同苜蓿品种年内及各茬次干物质产量、株高、叶茎比和营养价值的变化规律，以及它们之间的相互联系，分析了不同苜蓿品种间差异与各茬次之间的相互关系，以期为苜蓿生产提供指导。

1 材料与方法

1.1 试验地自然概况

试验设在石河子大学实验站牧草试验田进行。为温带大陆性极端气候，冬季长而严寒，夏季短而炎热，年平均气温7.5～8.2℃，日照时间2 318～2 732h，无霜期147～

191d，年降水量 180~270mm，年蒸发量 1 000~1 500mm。该试验田土壤为重壤土，含有机质 2.011%，全氮 0.115 7%，碱解氮 72.8mg/kg，速效磷 34.8mg/kg。试验田苜蓿生长期间不施肥，人工除草，春季初期生长阶段田间浇水灌溉一次，之后每收获一次灌溉一次。

1.2 试验材料

试验所用 5 个苜蓿品种中阿尔冈金、三得利分别来自加拿大和荷兰，苜蓿王、WL-323 和皇冠均来自美国。

1.3 测定方法

1.3.1 试验设计

各苜蓿品种均在 2008 年 11 月 8 日初冬时节人工条播，播深 2cm，行距 30cm。每个品种设 2 个试验小区，每个小区面积 $20m^2$，共计 10 个小区。整个试验地前茬作物为种植 4 年的苜蓿地。

1.3.2 测定项目及方法

株高及生长速率：苜蓿返青后，即 2010 年 4 月 5 日开始测定。各小区每隔 7d 测定株高，每个观测点随机重复取 10 株测定，取平均值。并在每茬测定产量的同时测定最终株高。

产草量：分别于 2010 年 6 月 5 日、7 月 17 日、9 月 15 日收获。每茬产草量在初花期测定（30%开花时），测产面积 $1m^2$，称取鲜质量，重复 3 次。再称取 250g 左右鲜干草样，自然风干称量，至质量不变时测算初含水量后折算干草产量。

叶茎比：每茬收获的同时测定叶茎比。采取随机取样法，在每小区内选取具有代表性的地段 3~5 处，每处选 3 株，离地面 5cm 剪下，迅速分出茎和叶，分别称其鲜质量，再分别自然风干至质量恒定不变，称其风干质量，根据茎叶风干质量计算叶茎比，叶茎比=叶风干质量/茎风干质量。

营养成分测定：每茬收获时（30%开花），采全株进行营养成分测定。测定粗蛋白、粗脂肪、粗纤维以及钙、磷的含量。其中粗蛋白含量采用凯氏定氮法测定；粗纤维含量用酸碱分次水解法测定；粗脂肪含量用索氏浸提法测定。

1.4 数据统计分析

试验数据采用 Excel 和 DPS 数据处理软件进行统计分析。

2 结果与分析

2.1 不同苜蓿品种的植株高度及生长速度

5 个苜蓿品种 3 次刈割，前两茬是三得利生长高度和生长速度最高，最后一茬是

WL-323 最高，阿尔冈金连续 3 茬生长高度和生长速度最低（表 1）。经方差分析比较，株高在第 1 茬，三得利与阿尔冈金、苜蓿王、皇冠差异极显著（$P<0.01$），与 WL-323 差异显著（$P<0.05$）；WL-323、皇冠与阿尔冈金差异显著（$P<0.05$）；其他品种间差异不显著。株高在第 2 茬，三得利与阿尔冈金、苜蓿王差异极显著（$P<0.01$），与皇冠差异显著（$P<0.05$）；WL-323、皇冠与阿尔冈金差异显著（$P<0.05$）。株高在第 3 茬，WL-323 与阿尔冈金、苜蓿王差异极显著（$P<0.01$），与皇冠差异显著（$P<0.05$）；三得利与阿尔冈金差异极显著（$P<0.01$），与苜蓿王差异显著（$P<0.05$）。生长速度第 1 茬三得利与阿尔冈金、苜蓿王差异显著（$P<0.05$），第 2 茬、第 3 茬不同品种之间差异不显著。

表 1　参试各苜蓿品种株高及生长速度

品种名称	株高			生长速度		
	第 1 茬	第 2 茬	第 3 茬	第 1 茬	第 2 茬	第 3 茬
阿尔冈金	90.94^{dC}	86.42^{eC}	80.25^{eC}	1.47^{bA}	2.01^{aA}	1.34^{aA}
三得利	109.61^{aA}	102.52^{aA}	90.65^{abAB}	1.77^{aA}	2.38^{aA}	1.51^{aA}
苜蓿王	93.6^{cdC}	92.46^{bcBC}	82.46^{cBC}	1.51^{bA}	2.15^{aA}	1.37^{aA}
WL-323	102.98^{bAB}	98.56^{abAB}	91.38^{aA}	1.66^{abA}	2.29^{aA}	1.52^{aA}
皇冠	98.42^{bcBC}	95.42^{bABC}	85.64^{bcABC}	1.59^{abA}	2.22^{aA}	1.43^{aA}

注：同列不同小写字母表示不同品种之间差异显著（$P<0.05$），不同大写字母表示不同品种之间差异极显著（$P<0.01$）。下同。

2.2　不同品种、不同茬次干草产量和叶茎比

5 个紫花苜蓿品种不同茬次干草产量不同（表 2）。前两茬干草产量 WL-323 最高，第 3 茬是三得利最高，阿尔冈金连续 3 茬干草产量最低。品种间干草产量比较，在第 1 茬 WL-323 与阿尔冈金、三得利差异达到极显著水平（$P<0.01$），与苜蓿王差异显著（$P<0.05$）；苜蓿王、皇冠与阿尔冈金、三得利差异显著（$P<0.05$）。第 2 茬，WL-323 与阿尔冈金、苜蓿王差异极显著（$P<0.01$），与三得利、皇冠差异显著（$P<0.05$）；品种皇冠、三得利与阿尔冈金差异显著（$P<0.05$）；三得利、皇冠之间差异不显著。第 3 茬，三得利与阿尔冈金、苜蓿王、皇冠差异极显著（$P<0.01$），与 WL-323 差异显著（$P<0.05$）；品种 WL-323、皇冠与阿尔冈金、苜蓿王差异显著（$P<0.05$）。年内总干草产量是 WL-323 最高，达 24 253.95kg/hm^2，阿尔冈金干草产量最低，为 18 509.40kg/hm^2。

表 2　各茬干草产量测定分析

品种名称	干草产量（kg/hm^2）				占总产量比例（%）		
	第 1 茬	第 2 茬	第 3 茬	总产量	第 1 茬	第 2 茬	第 3 茬
阿尔冈金	$7\,578.00^{dC}$	$6\,363.90^{dC}$	$4\,567.50^{eD}$	$18\,509.40^{eD}$	41	34	25
三得利	$8\,256.45^{cB}$	$7\,759.35^{bA}$	$6\,531.15^{aA}$	$22\,546.95^{cBC}$	37	34	29

（续表）

品种名称	干草产量（kg/hm²）				占总产量比例（%）		
	第1茬	第2茬	第3茬	总产量	第1茬	第2茬	第3茬
苜蓿王	9 679. 50[bA]	6 924. 90[cB]	5 204. 85[dC]	21 809. 25[dC]	44	32	24
WL-323	10 046. 70[aA]	8 199. 15[aA]	6 008. 10[bAB]	24 253. 95[aA]	41	34	25
皇冠	9 940. 35[abA]	7 803. 45[bA]	5 614. 20[cBC]	23 358. 00[bAB]	43	33	24

5个紫花苜蓿品种随着生长周期的延伸和茬次的增加都表现出叶茎比在逐渐升高（表3），这表明苜蓿在品质上发生了变化。3茬苜蓿品种间叶茎比均值分析显示，阿尔冈金与WL-323差异极显著（$P<0.01$），与三得利、皇冠差异显著（$P<0.05$）；阿尔冈金与三得利、皇冠差异显著（$P<0.05$）；各品种各茬次叶茎比经方差分析表明，第1茬苜蓿叶茎比与第2茬、第3茬差异极显著（$P<0.01$）；第2茬与第3茬苜蓿叶茎比差异不显著（$P>0.05$）。

表3　各品种各茬次叶茎比比值

品种名称	第1茬	第2茬	第3茬	平均
阿尔冈金	0. 50	0. 62	0. 73	0. 62[aA]
三得利	0. 57	0. 71	0. 83	0. 70[bAB]
苜蓿王	0. 52	0. 68	0. 70	0. 63[abA]
WL-323	0. 60	0. 95	1. 39	0. 98[cB]
皇冠	0. 55	0. 87	0. 77	0. 73[bAB]

2.3　营养成分分析

5个紫花苜蓿品种3茬粗蛋白含量最高的是三得利。从不同茬次看，大多数品种的粗蛋白含量在第2茬是最高的，因此，第2茬获得的苜蓿饲草品质最好。对各茬次粗蛋白含量的多重比较结果表明（表4），在第1茬苜蓿粗蛋白含量三得利与阿尔冈金差异极显著（$P<0.01$），与苜蓿王差异显著（$P<0.05$）；WL-323、皇冠与阿尔冈金差异显著（$P<0.05$）。第2茬，三得利与阿尔冈金、苜蓿王差异极显著（$P<0.01$），与皇冠差异显著（$P<0.05$）；WL-323与阿尔冈金、苜蓿王差异显著（$P<0.05$）。在第3茬三得利与阿尔冈金、苜蓿王差异极显著（$P<0.01$），与WL-323、皇冠差异显著（$P<0.05$）；WL-323、皇冠与阿尔冈金、苜蓿王差异显著（$P<0.05$）。3次刈割各品种紫花苜蓿的粗脂肪含量分析：在第1茬三得利与阿尔冈金、苜蓿王、皇冠差异显著（$P<0.05$）；品种WL-323、苜蓿王、阿尔冈金与皇冠差异显著（$P<0.05$）；其他品种间差异不显著。第2茬，WL-323与皇冠、阿尔冈金、苜蓿王差异极显著（$P<0.01$）；品种三得利、苜蓿王与皇冠、阿尔冈金差异显著（$P<0.05$）。在第3茬WL-323与阿尔冈金差异极显著（$P<0.01$），与苜蓿王、皇冠差异显著（$P<0.05$）；三得利、苜蓿王与阿尔冈金差异显著（$P<0.05$）；其他品种间差异不显著。

各品种的中性洗涤纤维含量在第 1 茬中有显著性差异，后两茬品种间差异不显著。在第 1 茬苜蓿 NDF 含量阿尔冈金与三得利、WL-323 差异显著（$P<0.05$）；苜蓿王与三得利之间差异显著（$P<0.05$）；其他品种间差异不显著。钙和磷的含量各茬次品种间没有太大的变化。

表 4　参试品种各茬营养成分分析　　（单位：%）

茬次	品种名称	粗蛋白	粗脂肪	中性洗涤纤维	钙	磷
第 1 茬	阿尔冈金	17.21^{cB}	2.21^{bcA}	42.16^{aA}	1.42	0.42
	三得利	19.32^{aA}	2.87^{aA}	35.45^{cA}	1.56	0.33
	苜蓿王	17.89^{bcAB}	2.34^{bcA}	41.20^{abA}	1.51	0.24
	WL-323	18.82^{abA}	2.65^{abA}	36.75^{bcA}	1.24	0.38
	皇冠	18.50^{abAB}	2.11^{cA}	39.45^{abcA}	1.44	0.26
第 2 茬	阿尔冈金	18.42^{cC}	2.38^{cB}	40.74^{aA}	1.41	0.39
	三得利	20.65^{aA}	2.68^{abAB}	34.21^{aA}	1.49	0.45
	苜蓿王	18.57^{cBC}	2.4^{2bcB}	39.8^{aA}	1.57	0.31
	WL-323	19.97^{abA}	2.85^{aA}	35.12^{aA}	1.32	0.25
	皇冠	19.65^{bAB}	2.31^{cB}	37.58^{aA}	1.43	0.28
第 3 茬	阿尔冈金	17.81^{dC}	2.26^{cB}	41.25^{aA}	1.38	0.42
	三得利	19.68^{aA}	2.54^{abAB}	36.82^{aA}	1.42	0.54
	苜蓿王	18.23^{cC}	2.38^{bcAB}	40.13^{aA}	1.28	0.48
	WL-323	19.18^{bAB}	2.64^{aA}	34.53^{aA}	1.38	0.35
	皇冠	18.98^{bB}	2.27^{cAB}	38.24^{aA}	1.37	0.29

3　讨论与结论

植株生长高度是反映其产草量高低较为理想的一个特征量，苜蓿的产草量与株高呈正相关关系。通过分析比较，各品种生长高度和生长速度在各茬次上有差异。生长高度和生长速度在前两茬均为三得利最高，最后一茬 WL-323 最高；阿尔冈金的生长高度和日生长速度连续 3 茬均为最低。研究表明，5 个苜蓿品种生长高度随着茬次的增加在逐渐降低，这与王彦华在不同紫花苜蓿品种营养品质及相关性研究表述的结果一致。

苜蓿的产草量是衡量其生产性能和经济性能的重要指标。供试各苜蓿品种在不同茬次产草量的形成和积累各异。对各品种各茬次干产草量分析得知，WL-323 在前两茬干草产量最高；最后一茬三得利干草产量最高。阿尔冈金干草产量在各茬均为最低。且各茬之间的产草量不同。总体来讲，各品种随着茬次的增加产草量呈明显的下降趋势，这与耿繁军等在郑州不同秋眠级苜蓿品种的生产性能评价中表述的研究结果一致。本研究表明，在整个一年生长季内，产草量变化明显，即从返青开始积累生物量的过程，第 1 茬明显高于后两茬，这说明经过上年时间充足根部积累的养分，加之第 1 茬生长期较长，故可达到较高的生物量。

叶茎比是衡量苜蓿经济性状的又一重要指标，苜蓿叶茎比直接关系着牧草营养价值的高低和牧草品质的好坏。不同茬次苜蓿的叶茎比变化很大，随着茬次的增加，叶茎比比值随之而增加。这主要是因为第1茬苜蓿返青后，气温偏低，需要较长时间的生长过程才能收获，故造成茎部分生长积累多。而第2茬、第3茬收获的苜蓿，在光热水肥条件都很好的情况下，其生长势旺盛，在短时间内可完成生物量的积累，叶部分的发育呈现优势，因此叶占有一定的比例优势。为此，如果要想获得高质量的苜蓿干草，除了适时收获外，也可以适当增加收获次数，来提高干草质量。

不同品种苜蓿的营养成分含量存在差异。整个生长季内三得利的粗蛋白和粗脂肪含量最高，中性洗涤纤维含量低。另外，WL-323的粗蛋白含量也较理想。从不同刈次看，各品种的粗蛋白和粗脂肪含量在第2茬时最高。因此，在苜蓿生产实践中抓好第2茬苜蓿的田间管理可获得最优质的苜蓿饲草，这与胡守林在不同紫花苜蓿品种营养价值分析中表述的研究结果一致。

通过5个苜蓿品种各指标综合反映来看，各品种对绿洲区生态条件具有较好的适应性表现。其中，综合性表现最佳的品种是WL-323和三得利，阿尔冈金的综合生产经济性状表现不佳。

参考文献（略）

基金项目：国家“十一五”科技支撑项目（2007BAC17B04）；新疆生产建设兵团科技攻关计划项目（2007ZX02）。

第一作者：艾尼娃尔·艾合买提（1984— ），男（维吾尔族），新疆吐鲁番人，硕士研究生。

发表于《草业科学》，2012，29（4）.

模糊相似优先比法对苜蓿生产性状评价

鲁为华[1,2]，于　磊[1,2]，李艳霞[1]
（1. 石河子大学动物科技学院，新疆　石河子　832003；
2. 新疆生产建设兵团绿洲生态农业重点实验室，新疆　石河子　832003）

摘　要：选取了国内外种植比较广泛的15个苜蓿品种，对反映其生产性能的多个指标进行了详细测定，并运用模糊相似优先比法对初步筛选后的15个品种进行了综合评价。结果表明，爱博、金皇后、WL-232、WL-323、美国8920，表现较好，可进行推广种植。

关键词：模糊相似优先比法；苜蓿；综合评价

中图分类号：S812

苜蓿作为一种优质的豆科牧草，富含蛋白质、脂肪、多种矿物质，多种维生素，以及适合家畜生长发育所必需的氨基酸。它可青贮、青饲、放牧、调制成干草或进一步加工为草块进行饲喂，是目前世界和我国栽培最广泛的牧草品种。新疆苜蓿种植历史悠久，近年来呈现出种植面积日益扩大、种植品种多样化的特点，目前，全疆苜蓿种植面积已达到29.41万 hm^2，种植品种除传统当地品种外，国外引进品种也占有相当大的比例。在苜蓿种植面积日益扩大的今天，苜蓿品种的选择尤为重要，通过对15个苜蓿品种进行生产性能、生长特性、品质特性等7个指标的测定，并以模糊相似优先比法进行综合评价，以期评选出适宜在新疆绿洲区种植的优良苜蓿品种。

1　材料与方法

1.1　试验材料

选择国内外种植比较广泛的15个苜蓿品种或品系，其中国外引进品种或品系13个，新疆本地品种2个（表1）。

表 1 品种名称、产地及来源

编号	品种名称	产地	来源	编号	品种名称	产地	来源
1	爱博	加拿大	百绿（天津）国际草业有限公司	9	美国 8920	美国	中种集团
2	和田大叶	新疆和田	新疆维吾尔自治区种子监理检验中心	10	美国 8925	美国	百绿（天津）国际草业有限公司
3	金皇后	美国	百绿（天津）国际草业有限公司	11	得宝	荷兰	百绿（天津）国际草业有限公司
4	阿尔冈金	加拿大	百绿（天津）国际草业有限公司	12	三得利	荷兰	百绿（天津）国际草业有限公司
5	WL-323	美国	百绿（天津）国际草业有限公司	13	新天科文	先驱者	百绿（天津）国际草业有限公司
6	塞特	德国	百绿（天津）国际草业有限公司	14	费纳尔	美国	百绿（天津）国际草业有限公司
7	德国苜蓿	德国	百绿（天津）国际草业有限公司	15	WL-232	美国	百绿（天津）国际草业有限公司
8	北疆苜蓿	新疆	新疆生产建设兵团沃特草业公司				

1.2 试验地概况

试验地位于石河子垦区 147 团畜牧场。年均气温 6~8℃，≥10℃年积温 3 765.5℃，年降水量 178.3mm，蒸发量 1 815.1mm。春夏季降水量占全年降水量的 60%，无霜期 146d；终霜期一般在 4 月 20 日至 5 月 1 日，初霜期为 9 月 25 日。土壤为轻盐化灌溉灰漠土，有机质含量为 0.67%，碱解氮 8mg/kg，速效磷 20.7mg/kg，pH 值为 8.3。

1.3 试验方法

小区面积 5m×9m，每小区种植 1 个品种，3 次重复，每重复面积 3m×5m。播种时采用随机区组方法，每小区间留 50cm 宽的走道。各品种之间有垄隔开，并设有 30cm 保护行。采用人工开沟条播。行距 35cm，12.0~15kg/hm^2，播深 1.5~2.0cm。

2002 年 4 月 29 日播种，第 1 年只进行简单的生物学特性及产量的观测。2004 年开始正式进行各指标的详细测定及实验室分析工作。

干草产量在各茬初花期进行测定，2004 年收获 3 茬，测定时均采取随机取样，每个品种 3 次重复，每重复面积 1m×1m，取样后自然干燥至恒重，折算成公顷干草产量，以各品种的不同茬次干草产量之和作为总产量。

生长高度、叶茎比、粗蛋白测定均在第 1 茬进行测定。生长高度测定采用定株观测法，每个品种选取 30 株健康无病害的植株，从返青至初花期定期进行高度测定，将初花期高度作为最终生长高度；叶茎比测定采用手工分离茎叶方法，每个品种选取 100 株，手工分离其茎叶，自然干燥至恒重后进行称重，计算叶茎比比值；粗蛋白采用凯氏定氮法测定，在第 1 茬初花期进行采样；木质素含量采用洗涤剂法 + 焚烧法测定。

绝对生长速度测定采用定期观测法，从苜蓿返青期至初花期每隔 10d 取 1m×1m 样方称重，计算其绝对生长速度。

每个指标取重复观察数据平均值，用 Excel 和 DPS 软件进行数据处理和比较。

2 结果与分析

2.1 干草产量、高度及生长速度

由于数据测定在播种第 3 年进行，所以干草产量测定数据代表了各品种在生长最旺盛时期的真实生产力。从总产量来看，表现比较突出的品种有金皇后、美国 8920、三得利、阿尔冈金，其干草产量均大于 1 500kg/667m^2。从再生草的产量来看，各品种之间差异不大，除塞特和北疆，其他都大于 800kg/667m^2。因此，在绿洲诸区，再生草产量在苜蓿总产量构成中所占比重大致在 55%，提高后茬田间管理水平对提高总产量很关键。在大田生产条件下，后茬水肥的及时补给是提高再生产量的必要措施（表 2）。

各品种初花期的生长高度进行定株测定结果表明，多数品种间差异不明显，高度为 83~85cm，但和田大叶、北疆苜蓿的生长高度较小，这可能与其株体特征有关，和田大叶在整个生长过程中，高度变化比较缓慢，且有株体黄化的现象发生，同时和田大叶株体表现出较强的匍匐性，但在新疆南部和田大叶直立性却很突出，这可能是由于北疆冷凉气候对其生长产生了不利影响而出现了这种情况，北疆苜蓿虽然植株不高，但株体较为粗壮，且枝条斜生，故高度值略小。而爱博、金皇后、阿尔冈金、WL-232 高度值较大，生长旺盛，且株体直立性良好，在收获时也未发生倒伏现象。因此在大面积推广种植过程中，应该综合考虑生长高度和株体特征两个方面。

从生长速度来看，绝对生长速率较高的几个品种分别为爱博、和田大叶、北疆苜蓿、金皇后、德国苜蓿。其中新疆的 2 个品种，在生长后期仍然生长速度较快，平均值显著高于其他品种。尽管在生长高度上变化不大，但生物量的积累速度在一个生长周期内尤其在生长后期是比较快的。爱博在整个生长期内的生长速度最快。所有品种中，得宝和费纳尔的绝对生长速率较小，是因为在整个生长过程中，其速率的变化不大，在收获前期基本停止了生长。

表 2 品种总干草产量、再生产量、高度及生长速度

品种名称	再生产量（kg/hm^2）	总产量（kg/hm^2）	高度（cm）	生长速度［g/（d·m^2）］
1	12 549.0	22 492.5	86.75±1.173i	28.357
2	12 793.5	21 714.0	65.25±0.689a	25.625
3	12 994.5	23 815.5	86.67±0.983hi	24.320
4	12 622.5	22 599.0	86.33±1.033ghi	23.781
5	13 630.5	20 977.5	84.08±0.801cdef	23.100
6	10 942.5	19 438.5	85.33±0.408fg	21.098

（续表）

品种名称	再生产量 (kg/hm²)	总产量 (kg/hm²)	高度（cm）	生长速度 [g/（d·m²）]
7	12 765.0	20 370.0	83.83±0.683cde	23.784
8	9 700.5	20 695.5	76.17±1.472b	25.048
9	13 056.0	23 668.5	83.75±1.129cde	23.875
10	12 975.0	22 197.0	84.50±1.000ef	21.039
11	12 466.5	21 228.0	85.42±0.735fgh	17.717
12	12 261.0	22 926.0	84.58±1.114ef	20.803
13	12 102.0	21 510.0	84.41±1.242def	21.435
14	12 300.0	21 237.0	82.83±0.816c	19.200
15	12 444.0	19 693.5	86.25±1.541ghi	20.644

2.2 品质表现

对所有品种的初花期粗蛋白、木质素以及叶茎比进行测定分析，从表3可见，粗蛋白含量在20%以上的有5个品种，分别为爱博、金皇后、美国8920、费纳尔、WL-232。这几个品种从表观上看，叶量丰富，茎秆节间短，且茎秆质地较为柔软。木质素含量较高的品种有和田大叶、北疆苜蓿、阿尔冈金。叶茎比比值较大的品种有WL-232、塞特、WL-323。在分析过程中可以发现，粗蛋白含量和叶茎比并未完全呈正相关，这是因为粗蛋白分布在整个株体中，某些品种的茎秆质地柔软，在叶量相同的情况下，茎秆柔软的品种，样品中粗蛋白总体含量相对就高。

表3　各品种初花期粗蛋白、木质素、叶茎比分析

品种名称	粗蛋白（%）	木质素（%）	叶茎比
1	22.16±0.15h	31.0±0.005abc	0.542±0.059bcd
2	17.62±0.37a	35.1±0.005fg	0.478±0.011abc
3	20.23±0.03f	33.8±0.006ef	0.545±0.030bcd
4	19.31±0.55de	33.9±0.004ef	0.558±0.026bcd
5	19.37±0.54de	30.4±0.007ab	0.725±0.007f
6	18.28±0.06abc	31.3±0.000abcd	0.642±0.063ef
7	19.25±0.00de	32.5±0.003cde	0.588±0.035cde
8	18.23±0.32g	36.2±0.002g	0.513±0.011bcd
9	20.02±0.01ef	32.8±0.011cde	0.525±0.036bcd
10	19.21±0.01de	33.5±0.007def	0.567±0.030bcde
11	17.74±0.17ab	32.4±0.012cde	0.440±0.221a
12	18.08±0.002abc	31.9±0.012abcde	0.557±0.000bcde
13	18.56±0.01bcd	32.3±0.001bcde	0.514±0.001bcd
14	21.14±1.57g	29.7±0.003a	0.597±0.032cde
15	22.23±0.17h	30.8±0.018abc	0.730±0.040f

2.3 生产经济性状的综合评价

由于苜蓿生产经济性状是多指标的综合，因此，基于模糊相似优先比法对各品种的综合评价是很有必要的。模糊相似优先比法是模糊度量的一种形式，它是以所要评价的样本与一个固定样本做比较，而固定样本的各指标值为一理想序列，这一序列可以来源于现成的标准，也可从评价的所有对象中选取最优值得出，评价样本与固定样本各指标值越接近就表明两者越相似，即被评价者越接近理想状态。

一般情况下，若每个样本有 m 个因素，则对每一因素都有一个模糊相似矩阵，所以，每一样本的每一因素都将产生反映一相似程度的序号值，最后将每一样本各个因素的序号值相加，其结果就是该样本与固定样本相似程度的综合反映。根据上述原理，以 15 个品种作为评价样本，以 15 个品种各指标中的最优值作为固定样本，那么待评价样本与固定样本的相似程度的序号值越小，则该样本就与固定样本（最优样本）越接近（表 4）。需要指出的是，在构建固定样本时，对于正向指标，则选取最大值为最优值，对逆向指标，则选取最小。为便于计算机分析，对待评价样本给予识别标识为 1，则固定样本识别标识为 0，各品种及固定品种指标如表 5、表 6、表 7 所示。

进一步计算待评价样本与固定样本之间的绝对值，绝对值反映了待测样本各指标与固定样本之间在指标间的相似程度，如果其绝对值小，那么，该指标与固定样本的相应指标就越接近。根据绝对值计算结果，可进一步产生反映待评价样本各指标与固定样本相似程度的序号值，该序号之和就成为待评价样本与固定样本相似程度的综合反映。其绝对值、序号值、序号值之和以及排序见表 5、表 6、表 7 所示。

表 4　待评价品种与固定品种指标

编号	第 1 茬生产量（kg/hm²）	再生产量（kg/hm²）	叶茎比	粗蛋白（%）	木质素（%）	株高（cm）	生长速度［g/（d·m²）］	识别标识
1	9 939.0	12 549.0	0.542	22.16	31.0	86.75	28.357	1
2	8 920.0	12 793.5	0.478	17.62	35.0	65.25	25.624	1
3	10 821.0	12 994.5	0.545	20.23	33.7	86.67	24.320	1
4	9 976.5	12 622.5	0.558	19.31	33.9	86.33	23.781	1
5	8 965.5	13 630.5	0.725	19.37	30.1	84.08	23.100	1
6	8 445.0	10 942.5	0.642	18.28	31.3	85.33	21.098	1
7	7 605.0	12 765.0	0.588	19.25	32.5	83.83	23.784	1
8	10 995.0	9 700.5	0.513	18.23	36.2	76.17	25.048	1
9	10 614.0	13 056.0	0.525	20.02	32.7	83.75	23.874	1
10	9 222.0	12 975.0	0.567	19.21	33.5	84.50	21.038	1
11	8 761.5	12 466.5	0.440	17.74	32.4	85.42	17.717	1
12	10 665.0	12 261.0	0.557	18.08	31.9	84.58	20.802	1
13	9 420.0	12 102.0	0.514	18.56	32.3	84.41	21.434	1

（续表）

编号	第1茬生产量（kg/hm^2）	再生产量（kg/hm^2）	叶茎比	粗蛋白（%）	木质素（%）	株高（cm）	生长速度［g/（d·m^2）］	识别标识
14	8 937.0	12 300.0	0.597	21.14	29.7	82.83	19.199	1
15	7 249.5	12 444.0	0.730	22.23	30.7	86.25	20.644	1
固定样本	10 995.0	13 630.5	0.730	22.23	29.7	86.75	28.357	0

表5 待评价样本与固定样本各指标间绝对值

编号	第1茬产量	再生产量	叶茎比	粗蛋白	木质素	株高	生长速度
1	70.40	72.10	0.18	0.07	0.013	0.000	0.000
2	138.29	55.79	0.25	4.61	0.053	21.500	2.733
3	11.59	42.40	0.18	2.00	0.040	0.080	4.037
4	67.90	67.20	0.17	2.92	0.042	0.420	4.576
5	135.29	0.00	0.00	2.86	0.004	2.670	5.257
6	170.00	179.20	0.08	3.95	0.016	1.420	7.259
7	226.00	57.70	0.14	2.98	0.028	2.920	4.573
8	0.00	262.00	0.21	4.00	0.065	10.580	3.309
9	25.40	38.29	0.20	2.21	0.030	3.000	4.483
10	118.20	43.70	0.16	3.02	0.038	2.250	7.319
11	148.90	77.60	0.29	4.49	0.027	1.330	10.640
12	22.00	91.29	0.17	4.15	0.022	2.170	7.555
13	105.00	101.90	0.21	3.67	0.026	2.340	6.923
14	137.20	88.70	0.13	1.09	0.000	3.920	9.158
15	249.70	79.10	0.00	0.00	0.010	0.500	7.713

考虑所有测定指标对苜蓿生产经济性状的影响，对各品种进行评价后，依据各品种与固定样本间各指标的相似序号之和，可得出其综合经济性状的排序结果（表6），品种所对应的序号值越小，则表明该品种与理想品种的综合经济性状越接近。根据序号由小到大得出的排序结果为：爱博、金皇后、WL-323、WL-232、美国8920、阿尔冈金、费纳尔、美国8925、德国苜蓿、三得利、塞特、先驱者、北疆苜蓿、和田大叶、得宝。该评价结果是考虑了品种的所有参与指标而得来，所以，它从整体反映了被评价品种在当地气候条件下的干草产量、生长状况以及品质，具有传统的以单一指标为评价方法不可比拟的优点。

依据最后得出的结论，在石河子绿洲区，推荐种植的品种有爱博、金皇后、WL-323、WL-232、美国8920、阿尔冈金，生产单位可以根据市场种子的价格从这几个品种中进行选择。

表 6　待评价品种对理想品种各变量相似程度

编号	第1茬产量	再生产量	叶茎比	粗蛋白	木质素	株高	生长速度	相似度
1	6	8	10	2	4	1	1	32
2	11	5	14	15	14	15	2	76
3	2	3	9	4	12	2	4	36
4	5	7	7	7	13	3	7	49
5	9	1	2	6	2	10	8	38
6	13	14	3	11	5	6	10	62
7	14	6	5	8	9	11	6	59
8	1	15	13	12	15	14	3	73
9	4	2	11	5	10	12	5	49
10	8	4	6	9	11	8	11	57
11	12	9	15	14	8	5	15	78
12	3	12	8	13	6	7	12	61
13	7	13	12	10	7	9	9	67
14	10	11	4	3	1	13	14	56
15	15	10	1	1	3	4	13	47

表 7　待判样品对各已知样品相似度排序

编号	1	3	5	15	9	4	14	10	7	12	6	13	8	2	11
相似度	32	36	38	47	49	49	56	57	59	61	62	67	73	76	78

3　结论

综合考虑各品种生产经济性状，品种表现优劣排序结果为：爱博、金皇后、WL-323、WL-232、美国8920、阿尔冈金、费纳尔、美国8925、德国苜蓿、三得利、塞特、先驱者、北疆苜蓿、和田大叶、得宝。可根据以上结论进行品种选择。

参考文献（略）

基金项目：新疆石河子科委项目（200332）。

第一作者：鲁为华（1976—　），男，新疆奇台人，讲师，硕士研究生。

发表于《草原与草坪》，2006（3）.

5个苜蓿品种群体光合生产特征比较

张前兵[1,2]，李艳霞[1]，于　磊[1,2]，鲁为华[1,2]，马春晖[1]
（1. 石河子大学动物科技学院，新疆　石河子　832003；2. 新疆生产建设兵团绿洲生态农业重点实验室，新疆　石河子　832003）

摘　要： 为探讨绿洲区不同苜蓿品种群体光合生产特征，选择5个苜蓿品种，在苜蓿生长第2年对冠层群体辐射透过系数及群体光合速率进行了测定与分析。结果表明，随着苜蓿植株生长发育进程的推进，各苜蓿品种的散射和直接辐射透过系数均呈下降的趋势，散射辐射透过系数从分枝前期到初花期下降了31.6%~55.7%，直接辐射透过系数从天顶角7.5°~67.5°呈逐渐变小的趋势。苜蓿群体光合速率的日变化呈单峰曲线，且无“午休”现象，各品种苜蓿群体光合速率的峰值均出现在13:30，胖多的群体光合速率日均值最大，为3.39g/（m^2·h），阿尔冈金最小，为2.85g/（m^2·h）。不同品种苜蓿的群体光合速率在初花期达到峰值，均在4.0g/（m^2·h）以上。整个生育期，各苜蓿品种的群体光合速率大小顺序为：胖多>金皇后>WL-323>阿尔冈金>新牧1号。各品种苜蓿干草产量均为第1茬最高，占全年总产量权重的33.82%~34.88%，第4茬产量最低，其权重为15.81%~16.51%。不同品种之间，胖多的总干草产量最高，为22 997kg/hm^2，其次分别为阿尔冈金、金皇后、WL-323和新牧1号。从群体光合速率及产量的角度考虑，胖多优于其他4个品种，但其生产性能的稳定性较差。

关键词： 苜蓿；群体光合；辐射透过系数；叶分布；滴灌；绿洲区

中图分类号： S541.9

紫花苜蓿在中国具有悠久的栽培历史，由于具有产草量高、营养品质好、抗逆性强等众多优点，被誉为“牧草之王”。然而，由于苜蓿传统的生产管理方式较为粗放、品种筛选不合理等原因，导致苜蓿植株的光合能力较弱，连续种植多年后产量水平降低较快，因此，在苜蓿实际生产中从光合生理的角度探讨苜蓿生长发育特性，对苜蓿品种筛选及高产栽培技术改进具有重要的意义。

光合作用是植物生长发育和产量形成的基础，作物产量的90%~95%来自光合作用形成的有机物。群体光合速率受作物冠层结构状况的影响，优化冠层结构是增强作物群体光合作用的一项重要途径；而改善作物的冠层结构，使更多的光能通过冠层到达植株底部叶片，增加冠层截获光的比例是作物品种筛选和栽培技术改进的重要目标。研究表明，冠层叶片的着生方式与群体光合效能的高低有着密切的关系，顶部叶片较直立、接近基部逐渐变为水平是理想的冠层叶片配置方式，有利于提高群体光合生产。苜蓿叶片的光合作用是干草产量的直接来源，其光合作用也成为近年来学者研究的主要对象。有关苜蓿光合作用的研究主要集中在叶片光合速率上，对苜蓿群体光合的研究鲜见报道。而对于多年生的紫花苜蓿而言，不同品种间的群体光合生产特征研究较少。陶雪等研究认为，不同灌溉方式对苜蓿光合特性和产草量具有重要影响，但并未涉及滴灌条件下苜蓿冠层群体辐射透过系数及其与群体光合生产的关系。因此，本研究在新疆绿洲区的气候环境条件下，通过对滴灌条件下苜蓿的散射辐射透过系数、直射辐射透过系数、叶分布及群体光合速率的测定，明确绿洲区滴灌苜蓿群体光合生产特征，以期从群体光合生产的角度为我国绿洲区苜蓿品种筛选及高产栽培技术改进提供理论依据。

1 材料与方法

1.1 试验地概况

试验在石河子大学农学院试验站牧草试验田（44°26′N，85°95′E）进行，年平均气温 7.5～8.2℃，年日照时数 2 318～2 732h，无霜期 147～191d，年平均降水量 180～270mm，年蒸发量 1 000～1 500mm。土壤类型为灰漠土，土壤质地为壤土。0～20cm 耕层土壤含有机质 20.1g/kg、全氮 1.16g/kg、碱解氮 72.8mg/kg、速效磷 34.8mg/kg。前茬作物为棉花。

1.2 试验设计

供试品种为新疆大田普遍种植的苜蓿品种 5 个，涵盖了本地普遍种植的苜蓿品种，具有较强的代表性，具体品种名称及来源见表 1。2013 年 4 月 20 日播种，播种方式为人工条播，播种量为 18kg/hm^2，播种行距 30cm，播种深度 2.0cm。小区面积 5.0m×8.0m，重复 3 次。由于苜蓿属多年生豆科牧草，其品种特性在播种当年往往不能充分表现，因此在苜蓿生长的第 2 年对其进行系统调查研究，针对第 1 茬分别在分枝前期、分枝盛期、孕蕾期、初花期及盛花期进行冠层群体辐射透过系数及群体光合速率的田间测定。苜蓿建植第 2 年共刈割 4 茬，在每茬苜蓿初花期（开花 10%左右）进行刈割，每一茬苜蓿灌溉 2 次水，共灌溉 8 次，每次灌溉量为 600m^3/hm^2，根据田间苜蓿生长及天气情况在刈割前 8～10d、刈割后 5～6d 进行灌溉，灌溉方式为滴灌，滴灌带浅埋于地表 8～10cm，间距 60cm，滴灌材料为新疆石河子天业集团有限公司生产，滴灌系统主管道直径为 90mm，支管道直径为 63mm，副管道直径为 32mm，滴灌带直径为 12.5mm，滴头流量为 1.1L/h，滴头间距为 30cm。其他田间管理按照当地滴灌苜蓿生产田进行。

表 1　苜蓿品种及来源

品种名称	来源
新牧 1 号	新疆农业大学
WL-323	百绿（天津）国际草业有限公司
阿尔冈金	百绿（天津）国际草业有限公司

（续表）

品种名称	来源
胖多	新疆新天科文苜蓿有限公司
金皇后	新天科文草业

1.3 测定指标与方法

1.3.1 冠层群体辐射透过系数

采用CI-110数字式植物冠层结构分析仪（美国CID公司）测定冠层结构指标。分别在第1茬分枝前期、分枝盛期、孕蕾期、初花期于7：00—9：00和19：00—21：00（北京时间）没有强光直射时，将安装有鱼眼探测头的观测棒放置在苜蓿行间的中央，调整好水平，每个小区测定3~5个点。散射辐射透过系数（TCDP）和直射辐射透过系数（TCRP）通过CI-110分析仪自带的操作软件自动计算得出。

1.3.2 群体光合速率

测定参照马富裕等方法。使用GHX-305型光合作用仪在晴天光强稳定在1 200~1 400μmol/（m^2·s），北京时间11：00—13：00时进行田间测定。测定用的同化箱由轻质铝合金框架和专用同化薄膜（为透明聚酯薄膜，透光率为85%~90%，同化箱罩住植物冠层并被密封后2min内不形成雾滴）组成，箱内装有2个风扇以搅拌气体。根据苜蓿的生长特性，同化箱底座大小为长60cm、宽50cm，高度依不同物候期株高而定。每个小区选择有代表性的样点3个，每个样点测定3次，不同品种采用轮回测定的方法，每个处理每次测定时间60s，初花期日变化每隔2h测定1次。

1.3.3 干草产量

同样方法测定。在每茬苜蓿初花期（开花10%左右）随机选取长势均匀一致且能够代表本小区长势的苜蓿植株，以1m×1m为一个样方，用剪刀剪取样方内的苜蓿植株（留茬高度5cm），剔除杂草后称重，记录苜蓿植株鲜草产量，重复3次；另取3份250g左右苜蓿鲜草样带回实验室于阴凉通风处风干至恒重，测定其含水率并折算出苜蓿干草产量（kg/hm^2）。具体计算公式如下：

$$干草产量=鲜草产量\times[1-含水率(\%)] \quad (1)$$

1.3.4 变异系数

在统计分析中，变异系数是反映一组数据相对波动大小的一个常用参数，即：

$$V=100\ s/x \quad (2)$$

式中：V为变异系数；x与s分别代表该组数据的均值与标准差。

1.3.5 数据处理与分析

采用Excel 2007和SPSS 18.0进行数据处理分析，采用新复极差法（Duncan's）对数据进行差异显著性分析，用SigmaPlot 10.0作图。

2 结果与分析

2.1 散射辐射透过系数

散射辐射是指太阳辐射以散射的形式到达地面的辐射，可进行光合作用，对光合作用有较大的辅助作用。各苜蓿品种不同生育期的散射辐射透过系数如表 2 所示，随着苜蓿植株生长发育进程的推进，各苜蓿品种的散射辐射透过系数均呈下降的趋势，分枝前期与分枝盛期差异不显著（$P>0.05$），除品种 WL-323 和胖多外，分枝盛期、孕蕾期、初花期差异均显著（$P<0.05$）。不同苜蓿品种各生育时期散射辐射透过系数下降幅度不同，其中，胖多的下降幅度最小，从分枝前期到初花期下降了 31.6%，金皇后的下降幅度最大，从分枝前期到初花期下降了 55.7%，这与其株型及品种的抗倒伏性能有着密切的关系，田间肉眼也可以观察到胖多的株型较为直立，而金皇后在孕蕾期以后出现不同程度的倒伏现象，其他苜蓿品种则不明显。

表 2 各苜蓿品种不同生育时期散射辐射透过系数（平均值±标准差）

品种名称	分枝前期	分枝盛期	孕蕾期	初花期
新牧 1 号	0.393±0.01a	0.370±0.02a	0.313±0.01b	0.196±0.01c
WL-323	0.432±0.02a	0.360±0.01ab	0.308±0.01b	0.239±0.01c
阿尔冈金	0.427±0.02a	0.391±0.02a	0.305±0.01b	0.239±0.01c
胖多	0.392±0.01a	0.379±0.02ab	0.333±0.02b	0.268±0.01c
金皇后	0.433±0.02a	0.394±0.02a	0.254±0.01b	0.192±0.01c

注：行中不同小写字母表示差异显著（$P<0.05$）。

2.2 直射辐射透过系数

直接辐射是指太阳辐射以平行光的方式到达地面的辐射，是光合作用的主要光源。各苜蓿品种不同生育期的直射辐射透过系数如表 3 所示，各苜蓿品种的直射辐射透过系数从天顶角 7.5°~67.5°呈逐渐变小的趋势，在 7.5°~22.5°天顶角下，从孕蕾期开始各苜蓿品种的直接辐射透过系数显著下降，相同生育时期同一苜蓿品种差异不显著（$P>0.05$）；在 37.5°~67.5°天顶角下，各生育时期不同苜蓿品种的直接辐射透过系数下降幅度较小，且在 52.5°~67.5°天顶角下差异不显著（$P>0.05$）。在相同天顶角度下，随苜蓿生育时期的推进，各苜蓿品种的直接辐射透过系数均呈下降的趋势。相同生育时期及天顶角度下，不同苜蓿品种间直接辐射透过系数也存在一定的差异。

表 3　不同天顶角下各苜蓿品种的直接辐射透过系数（平均值±标准差）

生育时期	品种名称	天顶角				
		7.5°	22.5°	37.5°	52.5°	67.5°
分枝前期	新牧 1 号	1.000±0.02a	0.783±0.02a	0.457±0.02b	0.270±0.01c	0.137±0.01c
	WL-323	1.000±0.04a	0.833±0.03a	0.483±0.02b	0.250±0.02c	0.137±0.01c
	阿尔冈金	0.927±0.03a	0.720±0.02a	0.497±0.02b	0.293±0.01c	0.163±0.01c
	胖多	0.923±0.03a	0.703±0.01a	0.407±0.02b	0.230±0.01c	0.137±0.01c
	金皇后	0.950±0.03a	0.720±0.03a	0.530±0.03b	0.287±0.01c	0.157±0.01c
分枝盛期	新牧 1 号	0.917±0.03a	0.713±0.02a	0.453±0.02b	0.220±0.01c	0.117±0.01
	WL-323	0.980±0.03a	0.610±0.02b	0.437±0.02b	0.257±0.01c	0.127±0.01c
	阿尔冈金	0.850±0.03a	0.713±0.02a	0.437±0.02b	0.280±0.02c	0.107±0.01c
	胖多	0.903±0.03a	0.713±0.02a	0.447±0.03b	0.247±0.02c	0.127±0.01c
	金皇后	0.967±0.03a	0.747±0.02a	0.460±0.02b	0.220±0.01c	0.093±0.01d
孕蕾期	新牧 1 号	0.443±0.02a	0.420±0.02a	0.367±0.02a	0.250±0.02c	0.103±0.01c
	WL-323	0.377±0.02a	0.363±0.01a	0.330±0.02a	0.187±0.01c	0.117±0.01c
	阿尔冈金	0.397±0.02a	0.373±0.02a	0.360±0.02a	0.240±0.01c	0.097±0.01d
	胖多	0.433±0.02a	0.383±0.02a	0.337±0.02a	0.263±0.02c	0.150±0.01c
	金皇后	0.407±0.02a	0.387±0.02a	0.310±0.01a	0.200±0.01c	0.140±0.01c
初花期	新牧 1 号	0.390±0.02a	0.330±0.02a	0.280±0.02a	0.170±0.01c	0.090±0.01c
	WL-323	0.280±0.02a	0.270±0.02a	0.260±0.02a	0.180±0.01c	0.050±0.01d
	阿尔冈金	0.270±0.02a	0.280±0.02a	0.360±0.02a	0.230±0.02c	0.100±0.01c
	胖多	0.300±0.02a	0.275±0.01a	0.255±0.02a	0.195±0.01c	0.110±0.01c
	金皇后	0.360±0.02a	0.290±0.02a	0.255±0.02a	0.205±0.02c	0.125±0.01c

注：行中不同小写字母表示差异显著（$P<0.05$）。

2.3　叶片分布

为了更加清楚地描述叶分布状况，将所观测结果在 360°范围内以 45°为 1 个单位，进行 8 等分划分，结果表明（表 4），随苜蓿生育进程的不断推进，8 个区域的叶片分布频率均逐渐增大，说明在分枝前期至初花期随苜蓿植株的生长发育，植株冠层内部在不断地进行自我调整，以更加充分地利用空间及光热资源。各品种苜蓿的变异系数随生育进程的推进其值逐渐减小，这也证明了冠层结构在现有条件下不断趋于合理，但 WL-323、阿尔冈金和金皇后品种的变异系数在初花期略有增加，这是由于在其生长后期这 3 个品种均出现不同程度的倒伏现象所致。

表 4　各苜蓿品种不同生育期的叶片分布

生育时期	品种名称	角度								变异系数
		0~45°	45°~90°	90°~135°	135°~180°	180°~225°	225°~270°	270°~315°	315°~360°	
分枝前期	新牧 1 号	0.91	0.77	0.24	0.71	0.78	0.40	0.66	0.86	0.3475
	WL-323	0.83	0.78	0.43	0.76	0.76	0.35	0.47	0.75	0.2969
	阿尔冈金	0.90	0.82	0.30	0.69	0.67	0.25	0.58	0.85	0.3865
	胖多	0.87	0.72	0.56	0.71	0.71	0.37	0.63	0.89	0.2455
	金皇后	0.81	0.85	0.54	0.72	0.71	0.20	0.45	0.76	0.3489
分枝盛期	新牧 1 号	0.88	0.75	0.30	0.69	0.73	0.45	0.75	0.90	0.3029
	WL-323	0.87	0.78	0.31	0.65	0.71	0.44	0.77	0.91	0.3062
	阿尔冈金	0.90	0.84	0.33	0.64	0.68	0.50	0.63	0.86	0.2893
	胖多	0.80	0.66	0.48	0.73	0.74	0.60	0.53	0.82	0.1859
	金皇后	0.92	0.84	0.43	0.65	0.80	0.60	0.49	0.79	0.2539
孕蕾期	新牧 1 号	0.95	0.86	0.56	0.53	0.66	0.71	0.90	0.96	0.2265
	WL-323	0.77	0.86	0.57	0.81	0.87	0.85	0.81	0.73	0.1256
	阿尔冈金	0.86	0.74	0.31	0.66	0.70	0.90	0.86	0.87	0.2634
	胖多	0.88	0.85	0.57	0.90	0.85	0.57	0.54	0.82	0.2104
	金皇后	0.91	0.93	0.71	0.70	0.64	0.63	0.78	0.85	0.1529
初花期	新牧 1 号	0.91	0.65	0.47	0.91	0.90	0.74	0.90	0.89	0.2007
	WL-323	0.75	0.71	0.71	0.90	0.92	0.82	0.77	0.48	0.1815
	阿尔冈金	0.48	0.88	0.40	0.83	0.89	0.97	0.97	0.83	0.2795
	胖多	0.74	0.83	0.71	0.81	0.80	0.54	0.73	0.68	0.1272
	金皇后	0.97	0.95	0.66	0.41	0.70	0.90	0.92	0.96	0.2416

2.4　群体光合速率

2.4.1　初花期各苜蓿品种群体光合速率的日变化

群体光合速率综合了叶片形态、基因型效应、冠层结构等因素，而且能准确地描述每单位土地面积上的光合能力，因此群体光合速率与作物产量具有密切的关系。本试验在初花期测定了各品种苜蓿的群体光合速率日变化，结果表明（图 1），苜蓿群体光合速率的日变化呈单峰曲线，这与其他作物群体光合速率的表现是一致的。各品种苜蓿群体光合速率的峰值均出现在 13：30（北京时间），所不同的是，各品种苜蓿的群体光合速率的日均值有差异，大小顺序为：胖多［3.39g/（m^2·h）］>金皇后［3.24g/（m^2·h）］>WL-323［3.27g/（m^2·h）］>新牧 1 号［3.09g/（m^2·h）］>阿尔冈金［2.85g/［m^2·h）］。

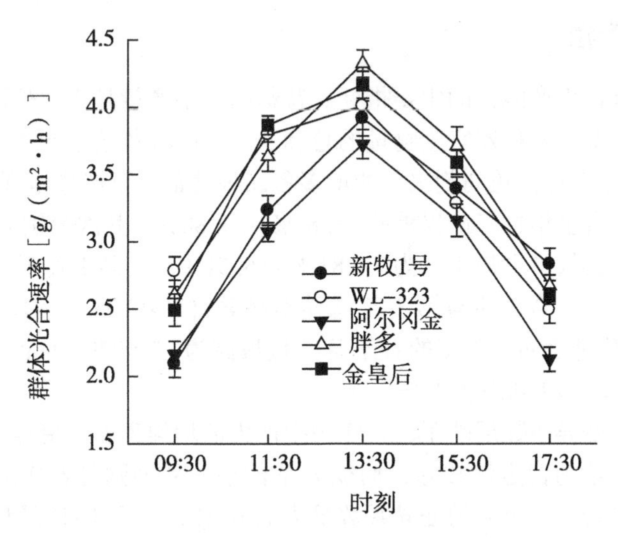

图 1　初花期各品种苜蓿群体光合速率日变化

2.4.2　不同生育时期群体光合速率比较

在不同生育时期对不同品种苜蓿进行群体光合速率的测定，结果表明（图 2），从分枝期开始，随着苜蓿植株生长发育进程的推进，苜蓿植株的群体光合速率逐渐增强，在初花期达到峰值，均在 4.0g/（m^2·h）以上，盛花期略有下降，以后逐渐降低。相同生育时期，胖多的群体光合速率显著大于其他各品种（$P<0.05$）。整个生育期，各苜蓿品种的群体光合速率大小顺序为：胖多>金皇后>WL-323>阿尔冈金>新牧 1 号。

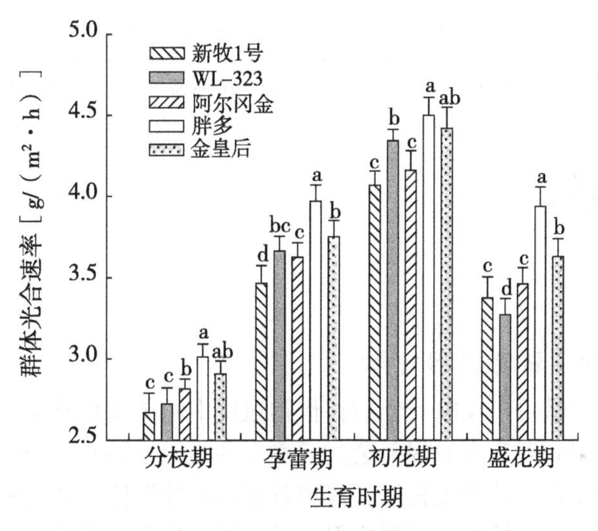

图 2　各品种苜蓿不同生育时期群体光合速率

[相同生育时期不同小写字母表示差异显著（$P<0.05$）]

2.5 苜蓿干草产量

产量是衡量草地生产能力的主要指标。苜蓿的干草产量是指单位面积上苜蓿通过光合作用生产的地上部分各种器官生物量的总和。对各品种苜蓿不同茬次的干草产量进行测定，结果表明（表 5），随刈割次数的增多各品种苜蓿干草产量呈现逐渐降低的趋势，均为第 1 茬最高，占全年总产量权重的 33. 82%~34. 88%，其次分别为第 2 茬、第 3 茬，第 4 茬产量最低，其权重也最小，为 15. 81%~16. 51%，且第 1 茬干草产量显著大于其他各茬次（$P<0.05$），第 2 茬与第 3 茬差异不显著（$P>0.05$），但均显著大于第 4 茬（$P<0.05$）。不同品种之间，胖多的总干草产量最高为 22 997kg/hm^2，其次分别为阿尔冈金、金皇后、WL-323 和新牧 1 号。

苜蓿产草量的变异系数反映了苜蓿年内生产力的均匀程度。变异系数越大，则年内各茬次苜蓿干草产量的稳定性较差，而变异系数小的品种则各茬次的干草产量较为稳定。从表 5 中可以看出，胖多的变异系数最大为 0. 314 4，说明该品种虽然其总产量最高，但其生产性能的发挥不稳定，易受外界因素的影响，阿尔冈金的变异系数最小为 0. 283 1，说明该品种的干草产量在茬次间的波动较小，其生产性能比较稳定。

表 5　苜蓿干草产量

品种名称	第 1 茬	权重（%）	第 2 茬	权重（%）	第 3 茬	权重（%）	第 4 茬	权重（%）	变异系数	总产量
新牧 1 号	7 500a	34. 88	5 492b	25. 54	5 110b	23. 76	3 400c	15. 81	0. 313 1	21 502
WL-323	7 661a	34. 86	5 724b	26. 04	5 103b	23. 22	3 491c	15. 88	0. 313 7	21 979
阿尔冈金	7 611a	33. 82	5 700b	25. 33	5 480b	24. 35	3 717c	16. 51	0. 283 1	22 507
胖多	7 883a	34. 28	5 980b	26. 00	5 100b	22. 18	3 633c	15. 80	0. 314 4	22 997
金皇后	7 706a	34. 65	5 678b	25. 53	5 253b	23. 62	3 601c	16. 19	0. 303 7	22 237

注：行中不同小写字母表示相同品种苜蓿不同茬次间差异显著（$P<0.05$）。

3 讨论与结论

3.1 讨论

3. 1. 1 不同品种苜蓿光辐射特性

群体辐射透过系数可以反映光辐射在作物冠层中的传播状况及透光性。冯国艺等研究认为，群体的散射辐射和直射辐射透过系数分别为 0. 20~0. 55 和 0. 22~0. 56 时处于较适宜的范围，中下层叶片受光良好，冠层各层次叶片群体光合速率差异较小。李源等研究发现，不同高度层次植株的散射辐射透过系数表现出规律的变化，在植株顶端散射辐射透过系数最高，中层有所降低，而下层又逐渐升高，其群体的散射辐射和直射辐射透过系数分别为 0. 25~0. 56 和 0. 29~0. 63。本研究结果表明，各苜蓿品种在不同生育时期的群体散射辐射系数为0.192~0.433，和前人研究结果相比处于适宜的范围之内。韩清芳等研究认为，苜蓿上、中、下叶位光合速率的变化，在光合有效辐射达到全天最大值之前主要受气孔因素的影响，而达到全天最大值之后则受非气孔因素的影响。不同品种苜蓿群体辐射透过系数从孕蕾期开始显著降低，这主要是由于在分枝期苜蓿行间还没有完全封垄，群体辐射透过系数仍较大，从孕蕾期开始苜蓿行间封垄，群体散射辐射和直射辐射透过系数减小。可见，从孕蕾期开始，不同苜蓿品种群体辐射透过系数开始处于较适宜的范围，既避免了光辐射在苜蓿冠层中传播衰减而造成群体郁闭，又保证了苜蓿植株对光能的充分利用，进而提高光能利用效率。

3.1.2 不同品种苜蓿群体光合生产特性

光合作用是作物生产力构成的重要因素，研究作物的光合作用有助于人们采取合适的栽培管理措施以提高作物的光合性能，进而提高作物的产量。通常，作物的光合特性用光合速率来描述。由于作物的单叶光合速率与产量之间的关系众说不一，学者们开始把目光转向了群体光合速率的研究。尽管并非任何条件下群体光合速率与作物产量都有很好的相关性，但用群体光合速率这一指标来分析作物光合性能与产量之间的关系比用单叶更为准确，对此已经基本形成了共识。作物光合作用日变化是在一定的天气环境条件下，各种生理生态因子综合效应的最终反应，其动态变化可作为分析产量限制因素的重要依据。本试验在田间条件下各品种苜蓿的群体光合速率日变化呈单峰曲线，并未发现苜蓿植株群体光合有“午休”现象。而对叶片光合日变化的研究表明，苜蓿叶片光合速率日变化均表现出光合“午休”现象，产生这种现象的原因可能与群体光合需要高光强及群体内各叶片受光不同，而单叶的光合“午休”主要受气孔因素限制有关。

光合特征是苜蓿的生理生态特性之一，研究不同品种苜蓿的光合特性有利于了解不同品种苜蓿对光的利用率，进而分析其光合性能的差异。不同作物之间的光合性能差异较大，同一作物不同品种之间的光合性能也存在显著差异。苜蓿不同品种之间的群体光合强弱也存在差异，一般情况下，高产苜蓿品种的群体光合速率较高，低产品种的群体光合速率也较低。吕小东等对11个国外苜蓿品种光合性能的研究认为，苜蓿各品种间光合性能有很大差异，引进品种WL323、金皇后、阿尔冈金和农宝的光合性能都优于敖汉苜蓿。本研究结果表明，整个生育期胖多的叶分布更为合理，同时，结合各品种苜蓿干草产量来看，胖多的产量最高，说明高产品种的高产性能发挥与高的群体光合速率、合理的冠层结构密切相关。然而，并非所有的高产品种都具有相对较高的群体光合速率，因为作物产量的高低是由光合时间、光合面积、光合速率和呼吸速率等影响光合性能的诸多因素综合决定的，并非群体光合速率一个方面。各品种苜蓿整个生育期群体光合速率在初花期达到最大，众所周知，在初花期苜蓿的干草产量和营养品质将达到最佳耦合，而生产中一般也在初花期进行刈割，以确保苜蓿的综合经济效益达到最佳，所以苜蓿干草产量主要是在营养生长期形成，因此，确保在苜蓿营养生长期达到较高并维持较长时间的群体光合速率、形成合理的冠层结构，是苜蓿高产稳产的主要栽培目标之一。

3.1.3 不同品种苜蓿干草产量构成特征

同一生长年份苜蓿各茬次产量对总干草产量具有重要的影响。研究表明，全年刈割

3茬的苜蓿不同茬次间干草产量存在显著差异，其中第1茬的干草产量最高，占全年总干草产量的51%，第2茬、第3茬的干草产量分别占全年总干草产量的35%、14%。本研究结果表明，苜蓿不同茬次的干草产量存在显著性差异，其中第1茬干草产量最高，占全年总干草产量权重的33.82%~34.88%，其次随刈割次数的增加其干草产量的权重依次递减，这主要是因为上一年最后一茬刈割在上冻前一个月完成，苜蓿根部积累了一定的地上光合产物，保证了本年度第1茬苜蓿在返青期的旺盛生长，同时，第1茬苜蓿的生长期较长（60d），而第2茬、第3茬的生长时间都较短（32~35d），虽然第4茬生长时间（45d）比第2茬、第3茬长，但由于秋季温度降低、光照强度减弱及光照时间缩短，导致该茬苜蓿干草产量最低。另外，该年度已经收获了3茬，苜蓿根部储存的养分可能已经消耗殆尽，造成了第4茬苜蓿生长养分供给不足。因此，苜蓿第1茬对1年总干草产量的贡献最大，应该做好第1茬苜蓿的田间管理工作；苜蓿第4茬对全年总产量的贡献最低，但并不能忽视苜蓿第4茬的田间管理，因为苜蓿为多年生牧草，最后一茬的生长状况会直接影响苜蓿的越冬性能和来年的产量。

3.2 结论

各品种苜蓿群体光合速率日变化均呈单峰曲线，峰值均出现在13：30，不同苜蓿品种中，胖多的群体光合速率日均值最大，阿尔冈金最小，不同品种苜蓿群体光合均无“午休”现象。苜蓿整个生育期的群体光合速率在初花期达到峰值。整个生育期，胖多的叶分布较为合理，不同苜蓿品种的群体光合速率大小顺序为：胖多>金皇后>WL-323>阿尔冈金>新牧1号。不同苜蓿品种中胖多的总干草产量最高，其次分别为阿尔冈金、金皇后、WL-323和新牧1号。各品种中苜蓿干草产量均为第1茬显著大于其他各茬次，且胖多的变异系数明显大于阿尔冈金。综上所述，从群体光合速率、冠层结构、各茬次产量及总干草产量的角度综合考虑，不同苜蓿品种中‘胖多’优于其他各品种，但其生产性能的稳定性较差。因此，在生产中应综合各方面的条件根据具体生产要求及生产实际选择适合本地区域种植的苜蓿品种。

参考文献（略）

基金项目：国家自然科学基金项目（31660693）；石河子大学青年创新人才培育计划项目（CXRC201605）；新疆生产建设兵团农业技术推广专项（CZ0021）；新疆生产建设兵团博士资金专项（2012BB017）；国家牧草产业技术体系项目（CARS-35）。

第一作者：张前兵（1985— ），男，甘肃静宁人，博士，副教授。

发表于《西北农业学报》，2017，26（6）.

第二部分
绿洲区苜蓿建植期生长特征与管理研究

苜蓿建植期的生长及管理是苜蓿优质高效生产过程中的关键环节。本部分主要介绍新疆绿洲区不同苜蓿品种田间幼苗生长特征分析、苜蓿建植当年田间生长发育与根系特征的比较、春播苜蓿幼苗期田间杂草的植物学成分及数量调查分析、春播紫花苜蓿幼苗期田间杂草化学防除、保护播种对滴灌苜蓿种植当年第 1 茬草生产性能的影响、灌溉对苜蓿种植当年产量及品质的影响，以及滴灌苜蓿不同花期农艺特征及与干草产量关系的研究，以期为新疆绿洲区苜蓿建植期的生长与管理提供理论依据及实际指导。

绿洲区不同苜蓿品种田间幼苗生长阶段特征分析

艾尼娃尔·艾合买提，于　磊，鲁为华，纪荣花
（石河子大学动物科技学院，新疆　石河子　832003）

摘　要：对8个紫花苜蓿品种田间幼苗生长阶段进行分析研究。测定分析8个品种的物候期、生长速率、自然高度、地下和地上部分生长发育特性等。苜蓿幼苗生长阶段品种间生长速度及生物量的积累表现出不同生物学特征，但无明显差异；根系生物量的积累与地上部分生物量的积累呈正相关；其中，WL-323、三得利和青睐苜蓿品种适应性及综合表现最好，阿尔冈金品种幼苗生长阶段综合表现不佳。各苜蓿品种在第1年生长初期阶段生长发育规律和生物学特征表现基本相似，其生长速度及生物量积累主要受气温变化的影响。

关键词：绿洲区；苜蓿品种；幼苗生长；生物量积累
中图分类号：S551.7

了解苜蓿的生长发育过程和生物量积累特征对于制定正确的苜蓿田间管理决策十分重要。苜蓿幼苗生长发育与生物量积累变化则对于苜蓿当年整体的生长发育过程和物质量累积具有直接的关系。深入认识苜蓿幼苗生长过程，特别是在荒漠绿洲区条件下研究分析不同苜蓿品种田间幼苗阶段生长发育特点和物质量累积等方面的差异性，有助于建立科学指导思想，有针对性地采取适当田间管理措施，促进当年生苜蓿的健康生长。国内外对苜蓿做了大量的研究工作，但多是以获得苜蓿的高产和优质为主要目的。有关苜蓿品种地上部分物质积累与根系之间的相互关系及生长初期阶段基本规律等研究甚少。通过对8个冬季播种的不同品种苜蓿幼苗生长阶段的物候期观察，地上生长特性、根系特性进行比较，研究各品种地上部分物质积累与根系之间的动态关系，分析不同苜蓿品种间差异与各自表现特点，对指导苜蓿生产具有一定的积极意义。

1　材料与方法

1.1　试验地概况

试验设在石河子大学试验站牧草试验田进行。试验田所在地为温带大陆性极端气候，冬季长而严寒，夏季短而炎热，年平均气温7.5~8.2℃，日照2 318~2 732h，无霜期147~191d，年降水量180~270mm，年蒸发量1 000~1 500mm。该试验地土壤为重

壤，含有机质 2.011%，全氮 0.115 7%，碱解氮 72.8mg/kg，速效磷 34.8mg/kg。试验地苜蓿生长期间不施肥，只进行人工除草，生长初期阶段田间灌溉 1 次。

1.2 材料

供试苜蓿品种及种子来源见表 1。

表 1 供试材料名称及来源

品种编号	品种名称	种子来源	品种编号	品种名称	种子来源
1	阿尔冈金	加拿大	5	三得利	荷兰
2	青睐	美国	6	WL-323	美国
3	苜蓿王	美国	7	宁苜 1 号	中国
4	皇冠	美国	8	亮苜 2 号	加拿大

1.3 方法

1.3.1 试验设计

各苜蓿品种均在 2008 年 11 月 8 日初冬时节人工条播，播深 2cm，行距 30cm。每个品种设 1 个试验小区；每个小区面积 $20m^2$，合计 12 个小区。整个试验地前茬作物为种植 4 年苜蓿地。

1.3.2 测定项目及方法

从种子萌发至生长发育初期阶段，分时段观察并记录不同苜蓿品种的物候期。春季气温回升，在苜蓿萌动生长开始进行田间试验观测；即每隔 5d 观测 1 次各苜蓿品种生长变化动态。各小区每隔 5d 测定 1 次株高，每个观测点随机重复取 10 株测定，取平均值。采用壕沟法，每小区取 2 点挖取苜蓿株丛 10 株，除去根端泥土和杂物，带回实验室进行测定。测定单株主根长度、干重，并同时测定单株地上部分干重，取平均值。每 10d 按照相同方法测定 1 次。

1.4 数据统计和分析

试验数据采用 Excel 和 DPS 数据处理软件进行统计分析。

2 结果与分析

2.1 物候期观察

各品种苜蓿在 2009 年 3 月 29 日观测时子叶出苗正常，均见子叶出土。4 月 5 日出现第 1 片真叶，至 4 月 10 日出现第 2 片真叶。4 月 30 日根茎处开始出现第 1 次分枝，至 5 月 5 日观测时苜蓿幼根开始出现根瘤。

2.2 株高变化

植株高度既是衡量其生长发育状况的重要标准，也是反映草地生产能力的生产指标。在4月10日青睐苜蓿的生长高度与阿尔冈金和宁苜1号差异极显著（P<0.01），与亮苜2号差异显著（P<0.05）；其他品种间差异不显著。在4月30日青睐与亮苜2号差异极显著（P<0.01），与阿尔冈金、皇冠和宁苜1号差异显著（P<0.05）；其他品种间差异不显著。在5月20日三得利和WL-323与阿尔冈金、宁苜1号差异极显著（P<0.01），与苜蓿王和皇冠差异显著（P<0.05）；其他品种间差异不显著。三得利与阿尔冈金品种的日生长速率差异极显著（P<0.01），与宁苜1号品种差异显著（P<0.05）；其他品种差异都不显著。幼苗期三得利品种生长速度最快，其日生长率达到0.917 5cm。日生长率为0.82~0.84cm的品种有青睐、WL-323和亮苜2号，日生长率在0.82cm以下的品种有苜蓿王、皇冠、宁苜1号和阿尔冈金品种；阿尔冈金品种的日生长率最慢，只有0.696 8cm（表2）。

表2 单株株高及生长速度

品种名称	4月10日	4月30日	5月20日	日生长量（cm）
阿尔冈金	1.5^{deC}	7.95^{bcBC}	29.09^{eC}	0.6968^{bB}
青睐	2.25^{aA}	10.21^{aA}	35.23^{bcAB}	0.8245^{abAB}
苜蓿王	1.72^{bcdeBC}	9.07^{abABC}	32.74^{cdBC}	0.7658^{abAB}
皇冠	2.09^{abAB}	8.56^{bcABC}	34.17^{cB}	0.794^{abAB}
三得利	1.83^{bcdABC}	9.51^{abAB}	38.53^{aA}	0.9175^{aA}
WL-323	2.060^{abcAB}	8.96^{abABC}	38.2^{abA}	0.82^{abAB}
宁苜1号	1.34^{eC}	8.44^{bcABC}	30.1^{deC}	0.719^{bAB}
亮苜2号	1.69^{cdeBC}	7.31^{cC}	35.31^{bcAB}	0.8405^{abAB}

注：不同小写字母之间表示差异显著（P<0.05），不同大写字母之间表示差异极显著（P<0.01）。

2.3 各品种地上和地下部分生长变化

2.3.1 主根入土深度变化过程

主根是侧根发生的基础，主根越长，侧根在土壤中发生的潜在机会也就越多。侧根数目和侧根的发达程度直接影响根系体积和其与土壤的接触面积，并且对地上部分生物量的积累起决定作用。苜蓿幼苗生长阶段主根长势明显优于侧根长，但随着主根生长期增长，侧根生长的长度慢慢接近主根。不同品种主根在生长初期伸入土壤的速率不同（图1）。

2.3.2 各品种苜蓿地上和地下部分生物量变化

WL-323和三得利品种与阿尔冈金品种的差异极显著（P<0.01），与皇冠、宁苜1号、亮苜2号品种差异显著（P<0.05）；与其他品种间差异不显著。其中，WL-323和三得利品种直根最长，分别达到了26.36cm和23.98cm；阿尔冈金品种最短，只有18.76cm（表3）。

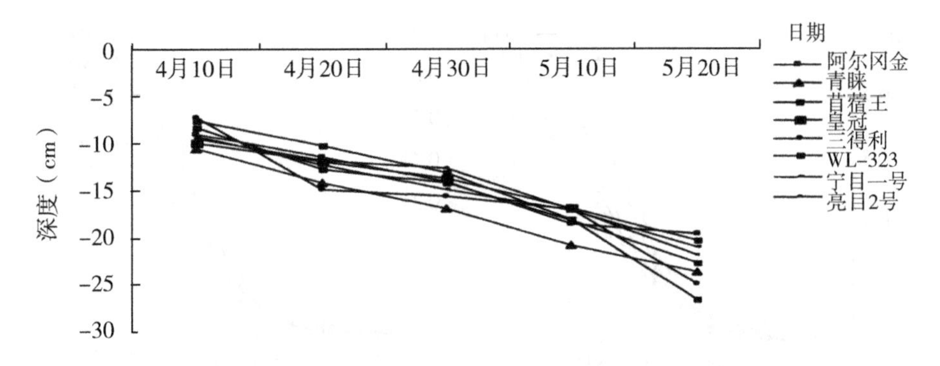

图 1　主根入土深度变化

表 3　各品种主根入土深度及地上和地下部分生物量分析

品种名称	主根入土深度（cm）	根干重（g/单株）	茎、叶干重（g/单株）
阿尔冈金	18.76^{cC}	0.036 2^{ab}	0.083 6^{b}
青睐	21.86^{bcBC}	0.060 9^{ab}	0.167 1^{ab}
苜蓿王	21.08^{bcBC}	0.038 2^{ab}	0.093^{ab}
皇冠	19.62^{cBC}	0.038 6^{ab}	0.120 9^{ab}
三得利	23.98^{abAB}	0.053 6^{ab}	0.176 5^{a}
WL-323	26.36^{aA}	0.065 1^{a}	0.173 7^{a}
宁苜 1 号	19.94^{cBC}	0.039 2^{ab}	0.134 3^{ab}
亮苜 2 号	20.22^{cBC}	0.035 5^{b}	0.146 7^{ab}

注：不同小写字母之间表示差异显著（$P<0.05$），不同大写字母之间表示差异极显著（$P<0.01$）。

幼苗期植株地上部分生物量的积累与根系的入土深度以及根的生物量呈正相关。根系的生物量与根的入土深度极显著相关（$P<0.01$）；茎、叶的生物量与主根入土深度、根的生物量显著相关（$P<0.05$）（表 4）。

表 4　地上部分和根系相关性分析

指标	根干重	茎、叶干重
主根长	0.92**	0.77*
根干重	—	0.75*

注：** 表示在 0.01 水平上相关；* 表示在 0.05 水平上相关。

紫花苜蓿是喜温植物，对温度反应敏感，当其他条件满足时，随温度的升高生长发育加快。各苜蓿品种起初生长发育变化不明显，之后随气温的上升生长速度加快，各苜蓿品种间生物积累量也有了明显的变化（图 2）。

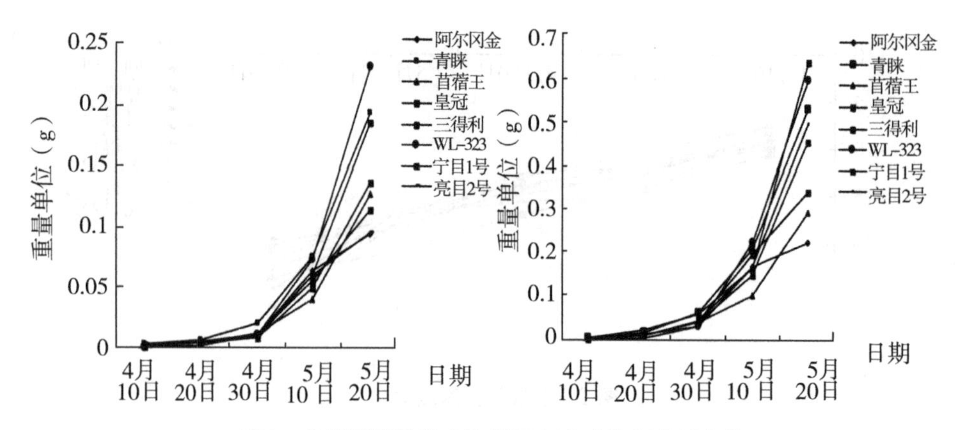

图 2　各苜蓿品种地上和地下部分生物量积累变化

3　讨论

根系是植物吸收、转化和储藏养分的器官，其生长发育状况直接影响着地上部分生物量。有报道认为，在非胁迫条件下，根系发育的差异与生物量及籽粒产量的差异无关，但根系的发育主要能量来源于茎叶光合产物，同时生长发育初始快和生长健壮根系为地上部分生物量的高速积累提供了更大可能。除了对水分和营养吸收有积极的影响外，一个分支发达的根系还可通过激素控制为地上部分生长提供更好的条件，根尖合成的内源细胞分裂素在维持活跃的光合作用、延缓衰老进程和减弱顶端优势对分蘖芽的抑制而促进分蘖方面发挥着重要作用，所以根系与地上部分应该是相互促进、相互依赖的关系。

对 8 个苜蓿品种幼苗生长阶段基本规律研究表明，各品种间表现出了各自不同的生长特点。苜蓿品种在第 1 年生长早期表现出来的特征，对整个生长期会产生一定的影响，但并不能肯定第 1 年生长早期生长发育快和综合表现优良的品种，在生长中后期就一定表现优良。

4　结论

不同苜蓿品种在生长初期阶段其生长速度主要受气温变化的影响。8 个苜蓿品种从子叶出土到 4 月 30 日根颈见到分枝芽时这段时期生长速度都十分缓慢。进入 5 月，随着气候温度的回升，8 个苜蓿品种的生长速度加快，品种间也表现出了不同的初期生长特点。

苜蓿根系积累的生物量与地上部分积累的生物量呈正相关，地下生物量积累越多的品种地上部分生物量就越多。在苜蓿幼苗生长阶段的早期，由于苜蓿植株地上部分生长叶片数较少，光合作用能力很弱，根系不发达，物质积累较为缓慢。之后，进入幼苗生长阶段的中后期，随着光合作用能力的增强地上和地下部分物质积累加快。

8 个苜蓿品种对绿洲区生态条件具有较好的适应性表现；其中，综合性表现最佳的品种有 WL-323、三得利和青睐。综合性表现不佳的是阿尔冈金。上述研究结论，有助于深入认识苜蓿生长发育规律，特别是第 1 年生长初期阶段生物量积累表现特征和苜蓿品种之间的差异性等具有一定科学意义及生产指导价值。

参考文献（略）

基金项目：国家“十一五”科技支撑项目（2007BAC17B04）；新疆生产建设兵团科技攻关计划项目（2007ZX02）。

第一作者：艾尼娃尔·艾合买提（1984— ），男（维吾尔族），新疆吐鲁番人，硕士研究生。

发表于《新疆农业科学》，2010，47（11）.

不同苜蓿品种建植当年田间生长发育与根系特征的比较

纪荣花，于　磊，鲁为华，艾尼娃尔·艾合买提
（石河子大学动物科技学院，新疆　石河子　832003）

摘　要：以8个苜蓿品种为研究对象，对其建植当年的生长速度、物质积累动态以及主根直径、根颈特性、根体积进行研究。结果表明，8个苜蓿品种在建植当年整个生育期的物质积累动态均表现为“慢—快—慢—快”的规律，但是不同品种的生长潜力及对环境敏感性存在差异，其中生长潜力较大且对环境敏感性小的品种有皇冠、阿尔冈金、WL-323、宁苜一号、三得利。参试苜蓿品种各根系参数间也存在差异，根系发育较好的有三得利、青睐、宁苜一号、WL-323。对物质积累与根系各指标的相关性分析表明，苜蓿地上部分生长发育与根系特性密切相关。

关键词：苜蓿品种；根系特性；物质积累

中图分类号：S541

紫花苜蓿素有“牧草之王”的美称，在我国有悠久的栽培历史。其蛋白质含量高，且含有多种矿物质及维生素，是多种家畜的优质饲料。新疆光热资源丰富，有利于苜蓿的物质积累，具有获得苜蓿高产得天独厚的自然条件，同时苜蓿根系发达，在改良土壤和保持水土方面成效显著，具有重要的生态意义。

苜蓿建植当年的生长发育状况不仅直接关系到当年获得的产量高低，而且对今后若干年的正常生长和饲草产量产生影响，苜蓿根系生长与地上部分关系密切，强大的根系优势是苜蓿高产的生理基础。选用了8个苜蓿品种为对象开展建植当年田间生长与根系发育状况的研究，力求探寻苜蓿生长当年地上部分生长与根系发育变化，揭示苜蓿地上和地下两部分生长发育相互之间的协调规律，并且比较了不同苜蓿品种之间的根系和地上部分生长发育的特征差异，为大田苜蓿生产选择适宜的品种和苜蓿建植当年田间管理提供科学依据。

1　材料与方法

1.1　试验地自然概况

试验地设在新疆石河子大学牧草试验地。石河子地处欧亚大陆腹地的准噶尔盆地南缘，海拔为444m。年均气温为6.6℃；极端低温为-42.8℃，极端高温为43.1℃。全年

无霜期 155~190d，年降水量 115~200mm，年蒸发量 1 500~1 900 mm。年均日照时数 2 526h。试验地具有灌溉条件作保证。

1.2 试验材料

供试苜蓿品种及来源见表 1。

表 1 供试紫花苜蓿品种名称、原产地及来源

品种名称	原产地	来源
阿尔冈金	加拿大	百绿（天津）国际草业有限公司
苜蓿王	美国	百绿（天津）国际草业有限公司
三得利	荷兰	百绿（天津）国际草业有限公司
皇冠	美国	百绿（天津）国际草业有限公司
亮苜 2 号	加拿大	百绿（天津）国际草业有限公司
青睐	美国	百绿（天津）国际草业有限公司
宁苜一号	中国	宁夏回族自治区*
WL-323	美国	百绿（天津）国际草业有限公司

注：* 以下简称宁夏。

1.3 试验方法

1.3.1 试验设计与田间管理

试验采用完全随机区组设计，8 个处理，3 次重复，共计 24 个小区。小区之间修筑田埂进行隔离。小区面积 4m × 7m。于 2008 年 11 月 8 日采用人工条播进行播种，行距 30cm，播种量为 $12kg/hm^2$，播深 1. 5~2. 0cm。在 2009 年苜蓿生长第 1 年的整个试验期内，采用畦灌方式，灌溉 4 次，未进行施肥等处理，并及时清除田间杂草。

1.3.2 测定项目及方法

自然高度：每隔 5d 每个小区随机取 10 株测定植株自然高度；植株生物量：在每个小区随机选取 3 个 1m 样段，采用壕沟法，每个小区随机取 10 株，洗净根端泥土，将样品带回实验室自然风干测定植株风干重。每月测定 1 次。

根系指标测定：在每个小区内随机选取 3 个 1m 样段，采用壕沟法，每个小区随机取 10 株，洗净根端泥土，将样品带回实验室测定根系指标。

主根直径：在每次刈割后测定，利用游标卡尺进行测量。

根颈直径：第 1 次刈割后每月测定 1 次，利用游标卡尺进行测量。

根颈分枝数：第 1 次刈割后每月测定 1 次。

根体积：第 1 次刈割后每月测定 1 次，采用量筒排水法。

用逻辑斯蒂方程反映整个种群的动态生长过程。其方程表达式为：

$$M_t = \frac{K}{1+e^{a-rt}}$$

式中，M_t经方程拟合后的拟合值，该值客观上要优于观察值；K 生物积累量的上限，该值可以通过对观察值的处理得到；e 自然对数的底；r 各苜蓿在特定时间点上的内禀增长率；a 模型的待定参数。

1.4 数据统计和分析

试验数据采用 Excel 和 DPS 6.05 数据处理软件进行统计分析。

2 结果与分析

2.1 生长发育拟合结果

采用逻辑斯蒂方程对不同苜蓿品种生长曲线进行拟合，结果表明（表 2），生长潜力较大的品种有皇冠、阿尔冈金、WL-323、宁苜一号、三得利，增长潜力较小的品种为亮苜 2 号、青睐、苜蓿王。r 值反映了各品种的内禀增长率，其值越大，说明该品种对环境条件越敏感，各品种对环境的敏感性大小为：亮苜 2 号>苜蓿王>青睐>WL-323>宁苜一号>阿尔冈金>三得利>皇冠。

表 2　不同苜蓿品种当年生长曲线拟合参数

品种名称	K	a	r	R^2	F	P 值
阿尔冈金	117.609	4.251 6	0.337 2	0.980 0	269.282 7	0.000 1
苜蓿王	79.845 5	4.076 7	0.405 0	0.987 5	434.489 8	0.000 1
三得利	102.657 4	3.698 1	0.335 6	0.980 2	271.619 0	0.000 1
皇冠	127.366 9	4.015 9	0.318 7	0.993 1	796.295 6	0.000 1
亮苜 2 号	82.646 3	4.554 7	0.461 8	0.986 6	403.586 8	0.000 1
青睐	79.174 2	3.587 1	0.398 8	0.990 2	539.620 8	0.000 1
宁苜一号	110.920 9	4.170 9	0.347 0	0.995 6	553.580 9	0.000 1
WL-323	114.095 5	4.647 3	0.392 7	0.980 0	1237.579 2	0.000 1

2.2 物质积累动态

不同苜蓿品种植株物质积累呈现出“慢—快—慢—快”的规律。在苜蓿生长早期，由于苜蓿植株地上部分生长叶片数较少，光合作用能力很弱，物质积累较为缓慢。之后，随着光合作用能力的增强，物质积累加快；在第 1 次刈割后，刈割使地上部分光合作用生产力降低，根系生长受到抑制，物质积累变得缓慢，在刈割后 10～15d，物质积累加快（图 1）。

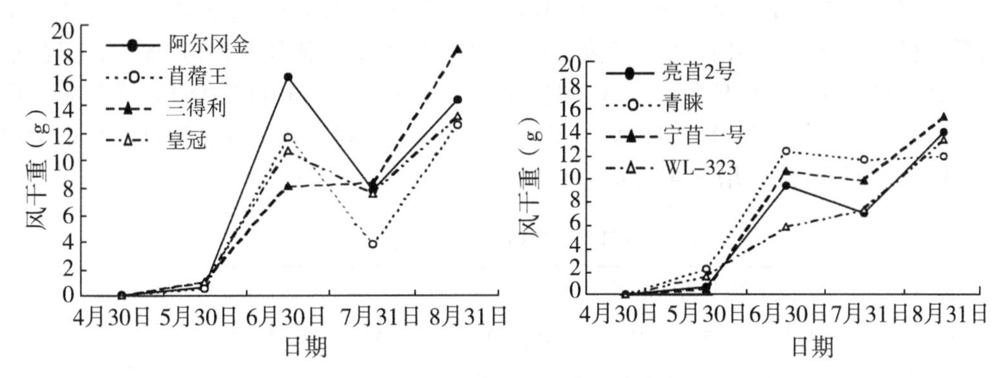

图 1　不同苜蓿品种当年物质积累动态

2.3　根系特性

不同苜蓿品种在不同土层中主根直径表现出规律性变化，即随着土层的加深，主根直径变小（表3）。各品种生长当年第 1 茬苜蓿主根直径在 10~20cm 土层显著差异（$P<0.05$）。青睐主根直径最粗，为 5.16mm，极显著（$P<0.01$）高于宁苜一号、皇冠和阿尔冈金，显著（$P<0.05$）高于 WL-323、亮苜 2 号。而苜蓿王与三得利显著（$P<0.05$）高于宁苜一号和皇冠。在 20~30cm 土层，WL-323、青睐、亮苜 2 号、三得利、苜蓿王差异不显著；青睐主根直径最粗，为 3.32cm，极显著（$P<0.01$）高于宁苜一号，显著（$P<0.05$）高于皇冠和阿尔冈金。在大于 30cm 土层，阿尔冈金和宁苜一号的根系长度低于 30cm，与除皇冠以外的几个品种表现出极显著差异（$P<0.01$）。在第 2 次刈割时，苜蓿主根直径明显变粗，在 0~10cm 土层，宁苜一号变化最大；在低于 30cm 土层，宁苜一号和阿尔冈金的主根直径分别为 2.30cm 和 2.27cm。

表 3　苜蓿品种不同土层深度主根直径　　（单位：mm）

品种名称	第1茬				第2茬			
	0~10cm	10~20cm	20~30cm	>30cm	0~10cm	10~20cm	20~30cm	>30cm
阿尔冈金	5.90 ± 1.14^{abA}	2.66 ± 0.74^{cdB}	1.59 ± 0.82^{bc}	0.00 ± 0.00^{bB}	6.49 ± 0.31^{bAB}	4.00 ± 0.42^{eF}	3.35 ± 0.25^{cdBC}	2.27 ± 0.24^{bABC}
苜蓿王	6.24 ± 0.42^{aA}	4.28 ± 0.30^{abAB}	2.95 ± 0.26^{a}	1.61 ± 0.36^{aA}	6.40 ± 0.40^{bB}	4.30 ± 0.34^{efDE}	3.34 ± 0.42^{cdBC}	1.80 ± 0.36^{cdCD}
三得利	5.32 ± 0.54^{abcAB}	4.08 ± 0.64^{abcAB}	2.57 ± 0.29^{ab}	1.72 ± 0.50^{aA}	6.94 ± 0.44^{aA}	5.60 ± 0.44^{aA}	4.08 ± 0.75^{aA}	2.70 ± 0.57^{aA}
皇冠	4.93 ± 0.75^{abcdAB}	2.48 ± 0.34^{dB}	1.74 ± 0.23^{bc}	0.99 ± 0.48^{abAB}	6.49 ± 0.56^{bAB}	4.70 ± 0.35^{cdCD}	2.96 ± 0.49^{eC}	2.08 ± 0.33^{bcBCD}
亮苜 2 号	4.77 ± 0.28^{bcdAB}	3.42 ± 0.55^{bcdAB}	2.24 ± 0.34^{abc}	1.43 ± 0.43^{aAB}	6.43 ± 0.89^{bB}	4.44 ± 0.74^{deDE}	3.05 ± 0.40^{deC}	1.67 ± 0.38^{dD}
青睐	6.09 ± 0.40^{abA}	5.16 ± 0.45^{aA}	3.32 ± 0.65^{a}	2.01 ± 0.53^{aA}	6.28 ± 0.96^{bB}	5.28 ± 0.83^{abAB}	3.63 ± 0.77^{bcAB}	2.10 ± 0.42^{bcBCD}
宁苜一号	3.82 ± 0.77^{dB}	2.41 ± 0.62^{dB}	1.44 ± 0.34^{c}	0.00 ± 0.00^{bB}	6.39 ± 0.66^{bB}	4.96 ± 0.56^{bcBC}	3.80 ± 0.44^{abAB}	2.30 ± 0.42^{bAB}
WL-323	4.53 ± 0.50^{cdAB}	3.37 ± 0.49^{bcdAB}	2.43 ± 0.29^{abc}	1.50 ± 0.18^{aA}	6.32 ± 0.28^{bB}	4.04 ± 0.32^{fE}	2.89 ± 0.32^{eC}	2.03 ± 0.27^{bcBCD}

注：表中同列不同小写字母表示在水平上差异显著（$P<0.05$），不同大写字母表示在水平上差异极显著（$P<0.01$），下同。

不同苜蓿品种生长当年第1茬根颈分枝数存在显著差异（表4）。以亮苜2号根颈分枝数最多，为5.4个，极显著（$P<0.01$）高于其他几个品种；皇冠次之，为3.2个分枝数，极显著（$P<0.01$）高于苜蓿王；其他几个品种均显著（$P<0.05$）高于苜蓿王，苜蓿王仅为0.6个分枝数。在试验期内各苜蓿品种根颈直径前后变化较大的有三得利、皇冠、宁苜一号、亮苜2号、WL-323。其中以三得利变化最大，比试验初期增加了6.29mm；皇冠次之，增加4.92mm。

表4　不同苜蓿品种根颈直径与分枝数

品种名称	根颈分枝数（个）			根颈直径（mm）		
	6月30日	7月31日	8月31日	6月30日	7月31日	8月31日
阿尔冈金	$1.75±0.63^{bcdBC}$	$3.60±0.24^{dD}$	$3.80±0.20^{eD}$	$6.89±0.10^{aA}$	$6.97±1.08^{deC}$	$9.96±0.99^{dC}$
苜蓿王	$0.60±0.24^{dC}$	$2.20±0.37^{fF}$	$6.20±1.02^{bcB}$	$6.56±0.37^{bcABC}$	$6.69±0.34^{eC}$	$8.71±0.40^{fE}$
三得利	$1.60±0.24^{cdBC}$	$2.75±0.25^{eE}$	$3.40±0.51^{fD}$	$6.16±0.53^{deCD}$	$7.16±0.74^{dC}$	$12.44±1.64^{aA}$
皇冠	$3.20±0.20^{bB}$	$3.80±0.58^{dCD}$	$6.40±0.68^{bB}$	$6.35±0.67^{cdBCD}$	$6.79±0.60^{eC}$	$11.28±0.68^{bB}$
亮苜2号	$5.40±0.68^{aA}$	$5.60±0.55^{aA}$	$6.00±0.89^{cBC}$	$5.95±0.53^{eD}$	$6.79±0.32^{eC}$	$10.83±1.07^{cB}$
青睐	$1.80±0.58^{bcdBC}$	$5.20±1.02^{bA}$	$5.60±0.87^{dC}$	$6.68±0.53^{abAB}$	$8.70±0.54^{bB}$	$9.20±1.09^{eD}$
宁苜一号	$2.20±0.37^{bcBC}$	$4.40±1.03^{cB}$	$7.80±2.48^{aA}$	$6.48±0.34^{bcdABC}$	$9.73±1.44^{aA}$	$11.23±0.77^{bB}$
WL-323	$2.40±0.93^{bcBC}$	$4.20±1.24^{cBC}$	$6.40±1.75^{bB}$	$5.23±0.25^{fE}$	$8.27±1.05^{cB}$	$9.82±1.45^{dC}$

在刈割前（6月30日），阿尔冈金的根体积为9.07cm³，比WL-323、宁苜一号分别高4.29cm³、4.11cm³（图2）。刈割后（7月31日）不同苜蓿品种其根系体积变化较小。在试验期内阿尔冈金根系体积增加最为缓慢，而WL-323、宁苜一号、三得利与刈割前体积相比，则增加60.17%、57.61%、50.09%，体积变化较大。

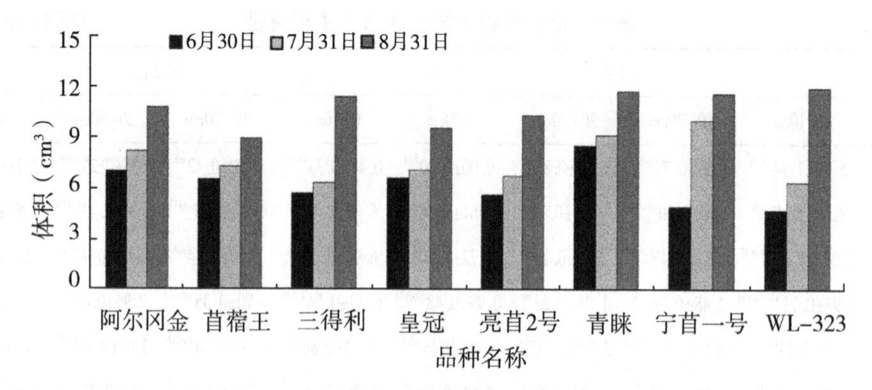

图2　苜蓿品种根体积变化动态

2.4　苜蓿物质积累和根系特性的相关性分析

苜蓿地上部分物质积累与根系生长发育紧密相关，苜蓿的物质积累与根体积、根颈直径极显著相关，与0~10cm土层主根直径显著相关，与根颈分枝数、主根在10~20cm、20~30cm、>30cm土层直径正相关。与根体积相关系数最大，为0.72，根颈直径次之，为0.61（表5）。

表5　苜蓿物质积累与根系参数的相关系数

相关系数		物质积累	根体积	根颈分枝数	根颈直径	不同土层深度主根直径（cm）			
						0~10	10~20	20~30	>30
物质积累		1	0.72**	0.24	0.61**	0.50*	0.41	0.46	0.26
根体积			1	0.59*	0.81**	0.60*	0.75**	0.75**	0.61**
根颈分枝数				1	0.62**	0.36	0.37	0.41	0.44
根颈直径					1	0.61*	0.62**	0.69**	0.68**
不同土层深度主根直径	0~10cm					1	0.77**	0.80**	0.70**
	10~20cm						1	0.95**	0.87**
	20~30cm							1	0.92**
	>30cm								1

注：*表示达到5%显著水平，**表示达到1%显著水平。

3　讨论

牧草生长力的强弱与牧草的生物量和利用方式有关。王秀领等研究表明苜蓿日增长高度在品种间、茬次间存在差异。指出各苜蓿品种均以第3茬草日增长量（1.5~2.0cm/d）最大，第4茬草日增长量（平均1.2cm/d左右）最小，这与苜蓿生长期间的温度、水分和光照有关。本研究中，环境敏感性越大的品种其生长潜力相对较小，这是由于敏感性大的品种适应能力较差，植物机体不能够及时积极地应对环境条件变化。

有研究指出，在苜蓿生长期内出现两个迟滞期，第1个迟滞期是在早春，由于光热条件较差，导致苜蓿生长缓慢，第2个迟滞期出现在生长后期，此时苜蓿开始生殖生长导致营养生长减弱，造成生长缓慢。本试验中苜蓿物质积累呈现“慢—快—慢—快”的规律，在刈割后植株物质积累变慢是由于刈割导致光合叶面积大幅减少，呼吸作用增强，光合效率低，植物本身在进行一定时间的生理调整之后光合作用逐渐恢复，物质积累增加。对各苜蓿品种根系特征的研究表明，不同苜蓿品种根系特性具有一定差异。就物质积累动态综合分析可得知各苜蓿品种在初期生长发育时，根系生长发育特性影响地上部分物质积累状况。根系发育较好的品种如阿尔冈金，干物质积累明显较高。在第2次刈割时，不同品种根系指标差异减小，地上部分物质积累差异表现出相同规律。这表明地上部分的物质积累与根系的生长发育紧密相关。

4 结论

参试各品种的生长拟合曲线表明皇冠、阿尔冈金、WL-323、宁苜一号、三得利在理想条件下具有较大的生长潜力，其对环境的敏感性较小。

各品种的物质积累动态均表现为“慢—快—慢—快”，在刈割后，植株光合作用能力的降低导致了植株生长速度的降低。

参试苜蓿品种各根系参数间存在差异。第 1 茬苜蓿以青睐、苜蓿王、三得利主根直径最粗，刈割后各苜蓿品种主根直径差异不显著；亮苜 2 号和皇冠根颈分枝数明显高于其他几个品种；阿尔冈金的根体积在整个测定期内变化不大且均维持在较高水平，试验结束时 WL-323、宁苜一号、三得利根体积均显著高于刈割前。综合分析可知，三得利、青睐、宁苜一号、WL-323 根系发育较好。

物质积累与根系各指标的相关性分析表明，物质积累与根体积、根颈直径极显著相关，与主根在 0～10cm 土层直径显著相关，与根颈分枝数、主根在 10～20cm、20～30cm、>30cm 土层直径呈正相关。因此，在选择苜蓿品种时，结合地上部分生长发育状况，应选择根系生长发育能力较强的品种，则可实现苜蓿的优质高产。

参考文献（略）

基金项目：新疆生产建设兵团科技攻关计划项目（2007ZX02）。
第一作者：纪荣花（1983— ），女，河北衡水人，硕士研究生。

发表于《草原与草坪》，2011，31（5）.

新疆石河子绿洲区春播苜蓿幼苗期田间杂草的植物学成分及数量调查分析

万娟娟[1]，于 磊[1]，鲁为华[1]，周培孝[2]，张凡凡[1]

（1. 石河子大学动物科技学院，新疆 石河子 832000；

2. 新疆农八师畜牧兽医站，新疆 石河子 832000）

摘 要：对石河子绿洲区春播苜蓿幼苗期田间杂草进行了调查。结果表明，春播苜蓿建植幼苗期田间杂草共有 10 科、26 种。其中主要的田间杂草有 6 种，分别是狗尾草、藜、反枝苋、马齿苋、苘麻和刺儿菜，同时对 6 种主要的田间杂草的形态学特征进行了简要描述。

关键词：绿洲区；春播苜蓿；田间杂草；植物学成分

素有“牧草之王”称号的紫花苜蓿，因其蛋白含量高、适口性好、适应性强、产量高等优点，而被广泛种植，是新疆绿洲区主栽牧草。由于苜蓿是多年生牧草，在苜蓿建植的当年，苜蓿生长特别是苗期生长阶段较为缓慢，竞争优势弱。杂草与苜蓿争夺水分、养分、光照和空间，从而影响了建植当年苜蓿的生长发育，特别是苜蓿幼苗的健康生长，其次杂草易传播病虫害，降低苜蓿生长当年的产量和质量，同时也增加了田间管理的难度和生产成本。目前，关于苜蓿建植当年幼苗期田间杂草的植物学成分及数量调查鲜见报道。为此，本试验对春播苜蓿建植当年初期生长阶段田间杂草的植物学成分及数量进行调查，同时对主要的田间杂草进行形态学特征描述，为建植当年苜蓿的田间杂草防治和田间管理提供理论依据的同时，对整个苜蓿的大田生产具有一定的指导意义。

1 材料与方法

1.1 试验地概况

试验设在石河子大学实验站牧草试验田进行。为温带大陆性极端气候，冬季长而严寒，夏季短而炎热；年平均气温 7.5～8.2℃，日照时间 2 318～2 732h，无霜期 147～191d；年降水量 180～270mm，年蒸发量 1 000～1 500mm。

1.2 试验材料

试验所用的两个苜蓿品种中三得利和新苜 2 号分别来源于荷兰和中国新疆。

1.3 试验方法

1.3.1 试验设计

两个苜蓿品种均在2012年4月26日播种，采取人工条播，条播深度为2cm，行距为30cm。每个品种设6个试验小区，每个小区的面积约为50m^2，共计18个小区，总面积为900m^2。

1.3.2 调查项目及方法

田间杂草种类调查：将田间杂草进行采集并制作标本，并对田间杂草的科、属、种进行植物分类学鉴定。

田间杂草的数量调查：采用植被群落种群出现次数的频度法测定，即用一个直径为33.3cm的样圈沿每个田间小区的对角线随机扔4次，记录每个样圈内出现的杂草种类。

1.4 数据统计分析

试验数据采用Excel数据处理软件进行分析。

2 结果与分析

2.1 苜蓿建植幼苗期田间杂草植物学成分

据调查，春播苜蓿建植幼苗期田间杂草共有10科、26种。其中，禾本科2种，菊科7种，蓼科4种，藜科3种，十字花科3种，苋科2种，旋花科1种，马齿苋科1种，锦葵科2种，玄参科1种（表1）。

表1 苜蓿建植当年田间杂草植物学成分

科名	种名	科名	种名
禾本科	狗尾草	藜科	藜
	稗		小藜
菊科	刺儿菜		地肤
	苦苣荬	十字花科	荠菜
	黄花蒿		遏蓝菜
	蒲公英		野油菜
	乳苣	苋科	反枝苋
	艾蒿		凹头苋
	小蓬草	旋花科	田旋花

（续表）

<table>
<tr><th>科名</th><th>种名</th><th>科名</th><th>种名</th></tr>
<tr><td rowspan="4">蓼科</td><td>扁蓄</td><td>马齿苋科</td><td>马齿苋</td></tr>
<tr><td>酸模叶蓼</td><td rowspan="2">锦葵科</td><td>苘麻</td></tr>
<tr><td>卷茎蓼</td><td>野西瓜苗</td></tr>
<tr><td>巴天酸模</td><td>玄参科</td><td>婆婆纳</td></tr>
</table>

2.2 主要田间杂草种类及其形态学基本特征

2.2.1 主要田间杂草的频度变化分析

石河子绿洲区苜蓿建植幼苗期田间杂草种类很多，但是对苜蓿幼苗生长发育阶段有主要危害作用的田间杂草种类不多。通过对苜蓿建植幼苗期田间杂草数量调查发现，以下6种田间杂草的种群数量多，群落中出现率高等，这些田间杂草对苜蓿幼苗生长发育阶段影响很大，对田间环境资源的竞争优势强（表2）。

表2　6种主要田间杂草频度排序

种名	频度指数排序	生长类型
狗尾草	71	一年生
藜	71	一年生
反枝苋	70	一年生
马齿苋	45	一年生
苘麻	35	一年生
刺儿菜	29	多年生

根据田间群落学调查，按种群个体出现的次数多寡的频度指数进行排序，列出了田间出现频度最多的前6位的田间杂草种类。这6种植物成为田间苜蓿幼苗期生长阶段主要为害杂草，其中狗尾草是单子叶植物，其他5种均为双子叶植物。

2.2.2 6种主要田间杂草的形态学基本特征

狗尾草名谷莠子。一年生草本，种子繁殖，秆疏丛生，株高40cm左右，直立或斜生。叶片为条状披针形，圆锥花序，直立或微弯曲，颖果近卵形。

藜名灰菜、灰条菜或落藜。一年生草本，种子繁殖，茎直立，株高约为80cm，多分枝，有条纹。叶互生，基部叶片较大，多呈菱形，边缘有不整齐的浅裂齿；叶片下部较宽，上部较窄，叶背均有粉粒。圆锥状花序，由多数花簇聚集而成，花被黄绿色。

反枝苋名野苋菜、西风谷或人苋菜。一年生草本，以种子繁殖。茎直立，株高60cm左右，粗壮，有分枝，密生短柔毛。叶互生，叶片下部较宽，上部较窄，先端钝圆，边缘略显波状，叶脉突出。圆锥花序顶生或腋生，花簇多刺毛，花被白色。

马齿苋名马菜或马蛇子菜。一年生肉质草本，以种子繁殖。茎自基部分枝，光滑无毛，平卧或先端斜上，叶互生，叶片倒卵形或椭圆形，全缘。花簇生枝顶，花瓣黄色，5 枚，蒴果圆锥形。

苘麻名青麻或白麻。一年生草本，种子繁殖。茎直立，圆柱形，表面有柔毛，株高为 120cm 左右。叶互生，呈圆心形，先端尖，基部心形，边缘有锯齿，两面均有毛。花单生于叶腋，花瓣鲜黄色，5 枚。蒴果灰褐色，呈半球形。

刺儿菜名小蓟。多年生草本，以根芽繁殖为主，种子繁殖为辅。茎直立，株高在 40cm 左右。基部为莲座叶，较大，茎生叶互生，较小；叶片椭圆形或长圆状披针形，部分由齿裂，有刺。头状花序单生于茎顶，花冠淡红色。

3 讨论与结论

石河子绿洲区苜蓿建植期常见田间杂草有 10 科、26 种。调查结果表明，新疆石河子绿洲区苜蓿建植当年田间杂草以禾本科、藜科、苋科、马齿苋科、锦葵科和菊科为优势科，以狗尾草、藜、反枝苋、马齿苋、苘麻和刺儿菜为优势种。由于苜蓿建植幼苗期阶段，田间杂草的种群数量大，生长速度显著快于苜蓿幼苗，与苜蓿幼苗争肥、争水、争生存空间，抑制了苜蓿幼苗期的正常生长，严重影响到整个建植当年苜蓿的生长发育进程，从而影响了苜蓿当年的收获产量，并因田间杂草的大量存在显著降低了苜蓿当年收获的饲草质量。另外，上述 6 种主要田间杂草均为绿洲农田杂草，其生命力极强，具有很强的繁殖力和传播能力，给苜蓿建植期田间杂草的防治造成了很大的困难。苜蓿建植幼苗期田间杂草种类很多，通过群落学频度法调查，在石河子绿洲区苜蓿春播时，对苜蓿幼苗生长发育阶段为害较大的田间杂草主要有 6 种；除刺儿菜为多年生植物外，其他均为一年生植物。另外，对这 6 种主要田间杂草进行了植物形态学特征描述，目的是为直观识别这些田间杂草和选择针对性防控措施等提供科学依据。应当强调的是，春播苜蓿建植期幼苗生长阶段，上述 6 种主要田间杂草会随着植物生长阶段的推移，种群数量发生消长变动，对苜蓿建植期间的危害程度会出现不同的变化情况，故需要继续进行研究。

参考文献（略）

基金项目：石河子大学科技服务项目（4004103）；自然科学研究与技术创新项目（RCGB201102）；石河子大学高层次人才科研启动资金（RCZX201022）。

第一作者：万娟娟（1989— ），女，新疆伊宁人，硕士研究生。

发表于《草食家畜》，2013（1）.

新疆石河子绿洲区春播紫花苜蓿幼苗期田间杂草化学防除研究

张凡凡，于　磊，鲁为华，万娟娟
（石河子大学动物科技学院，新疆　石河子　832000）

摘　要：为了对石河子绿洲区春播紫花苜蓿建植当年幼苗期田间的杂草进行化学除莠，试验采用植物频度样方法和伤害等级评定法，分析田间主要杂草及混合药物对主要杂草的药效。结果表明，与施用精吡氟禾草灵 1.05kg/hm^2+氟磺胺草醚 1.5kg/hm^2 混合药物相比，施用精吡氟禾草灵 1.05kg/hm^2+ 氟磺胺草醚 3kg/hm^2 混合药物对田间主要杂草藜、苘麻、反枝苋、刺儿菜、狗尾草的除莠效果不显著（$P>0.05$），灭杀效果排序为刺儿菜>狗尾草、反枝苋>苘麻>藜，施用此混合药物对苜蓿有微毒害作用，但均在 15d 后趋于正常，并且不影响苜蓿的后期生长。说明在石河子绿洲区春播苜蓿建植当年幼苗期施用精吡氟禾草灵 1.05kg/hm^2+氟磺胺草醚 1.5kg/hm^2 混合药物就可达到最经济的除莠效果，并且对紫花苜蓿后期生长影响不大。

关键词：绿洲区；春播；紫花苜蓿；田间幼苗期；化学防除
中图分类号：S482.4

紫花苜蓿是多年生豆科牧草，因其具有适应性强、产量高、品质好等优点，素有“牧草之王”之美称。特别是在新疆地区，苜蓿一直作为畜牧业的主要支撑牧草，为了获得高产量、高品质的苜蓿，一方面要解决肥料的问题，另一方面草害的问题也不容忽视。尤其是在苜蓿建植当年，由于苜蓿生长较缓慢，竞争优势弱，因此，杂草的侵害尤为突出，轻者降低饲草产量和质量，重者甚至导致建植失败而毁种。

苜蓿是一次性种植连续多年收割的作物，播种建植当年从春季到秋季整个生长季节都可能遭受杂草的危害。因此，必须贯彻“预防为主，综合治理”的质保方针，采用综合措施创造不利于杂草发生危害的条件，通过人为干扰把杂草控制在最低程度。研究针对春播紫花苜蓿幼苗期田间的化学防除，提出适宜的施用浓度及灭除的对象。

1　材料与方法

石河子大学动物科技学院牧草试验地地理坐标为 88°3′E、44°20′N。海拔 420m，属典型的温带大陆性极端气候，冬季长而寒冷，夏季短而炎热，年平均气温为 7.5～8.2℃，年日照时数为 2 318～2 732h，无霜期为 147～191d，年降水量为 180～270mm，年蒸发量为 1 000～1 500mm。

1.1 供试除草剂的选择

精吡氟禾草灵（有效成分含量为15%），化学名称为（R）2-［-（5-三氟甲基-2-吡啶氧基）苯氧基］丙酸丁酯，主要用于大豆、棉花、油菜、花生及甘蓝等阔叶植物田除莠，为选择性除草剂，对一年和多年生禾本科杂草有很好的药效，但这类除草剂和干扰激素平衡的除草剂（如2,4-D）有拮抗作用。氟磺胺草醚（有效成分25%），化学名称为5-（2-氯-4-三氟甲基苯氧基）-N-甲磺酰-2-硝基苯甲酰胺，主要用于旱地作物除草，对花生、大豆田防除阔叶杂草极为有效。氟磺胺草醚是一个高效选择性大豆田苗期除草剂，有极好的活性，除草效果好，对大豆安全，对环境及后茬作物安全。试验选用精吡氟禾草灵和氟磺胺草醚混合药剂作除草剂。

1.2 喷施期天气情况

于2012年6月7日喷洒除草剂，喷洒药剂当天阴转晴，微风，无持续风向。试验期（6月7—23日）平均气温为27.2℃，最高气温为35.0℃，最低气温为17.0℃。

1.3 试验设计

试验地设置为A1~A7共7个小区，每个小区面积约为150m^2，种植的紫花苜蓿品种为三得利，于2012年4月26日播种，采用人工条播，灌溉方式采用滴灌。

除草剂喷洒设置2个浓度梯度，即处理Ⅰ为精吡氟禾草灵1.05kg/hm^2+氟磺胺草醚1.5kg/hm^2，处理Ⅱ为精吡氟禾草灵1.05kg/hm^2+氟磺胺草醚3kg/hm^2；并设立喷水对照处理，水量为450kg/hm^2。采用人工喷洒，使用手摇背负式喷雾器喷雾，喷药顺序由低浓度到高浓度A1、A3、A5均采用处理Ⅰ，A2、A4、A6采用处理Ⅱ，A7为对照。

1.4 调查内容

田间主要杂草调查采用植物频度样方法，即在每个小区对角线上随机设置12个1m^2样方，调查杂草出现的频率；另外分别在喷施药后4d、8d、12d、16d分别对样方中的杂草伤害进行评定，对杂草的药效分析采用等级评定法，即对单株杂草的伤害在70%以下记为0分，伤害70%~80%记为1分，伤害80%~90%记为2分，伤害90%以上记为3分；并在施药后5d、10d、15d分别对除草剂的安全性进行分析。

1.5 数据统计分析

试验数据采用Excel和DPS 7.05统计软件进行统计分析。

2 结果及分析

2.1 田间主要杂草及除莠效果分析

苜蓿苗期田间主要杂草见表1。各主要杂草的生育期均处在营养生长初期阶段，其株高为5~15cm，喷施不同处理的混合药剂对杂草的伤害见表2。处理Ⅰ和处理Ⅱ对田间杂草藜、苘麻、反枝苋、狗尾草、刺儿菜均在第8天时呈现出最大除莠药效，且2种处理间差异不显著（$P>0.05$）。施药后第16天，与第8天相比药效显著降低（$P<0.05$）。对苜蓿幼苗期田间主要5种杂草的总除莠效果为刺儿菜>狗尾草=反枝苋>苘麻>藜。

表1　苜蓿苗期田间主要杂草

科名	中文名	频度	生长类型	为害时间
藜科	藜	71	一年生	春季
禾本科	狗尾草	71	一年生	春季
苋科	反枝苋	70	一年生	夏季
锦葵科	苘麻	35	一年生	夏季
菊科	刺儿菜	29	多年生	春季、夏季

表2　田间主要杂草的药效分析

主要杂草	处理	4d	8d	12d	16d	不同处理间评分
藜	Ⅰ	1.06	1.34	1.06	0.75	$1.05^{e}\pm0.24$
	Ⅱ	1.30	1.32	1.17	1.00	$1.20^{e}\pm0.15$
苘麻	Ⅰ	1.89	2.24	2.00	1.91	$2.01^{d}\pm0.16$
	Ⅱ	2.33	2.57	2.09	1.88	$2.22^{cd}\pm0.30$
反枝苋	Ⅰ	2.00	2.37	2.21	2.15	$2.18^{cd}\pm0.15$
	Ⅱ	2.29	2.50	2.39	2.31	$2.37^{bc}\pm0.10$
刺儿菜	Ⅰ	2.65	2.83	2.64	2.60	$2.68^{a}\pm0.10$
	Ⅱ	2.95	3.00	2.89	2.89	$2.93^{ab}\pm0.05$
狗尾草	Ⅰ	2.21	2.77	2.29	1.62	$2.23^{cd}\pm0.47$
	Ⅱ	2.68	2.89	2.42	2.04	$2.51^{bc}\pm0.36$
对照		0	0	0	0	0^{f}
不同天数间评分		$1.94^{b}\pm0.86$	$2.17^{a}\pm0.92$	$1.92^{b}\pm0.85$	$1.74^{c}\pm0.85$	—

注：同列数据肩标小写字母完全不同表示差异显著（$P<0.05$），含有相同字母表示差异不显著（$P>0.05$）。

2.2　喷施除草剂对苜蓿幼苗期的安全性分析

处理Ⅰ和处理Ⅱ均对苜蓿有微毒害作用，在药后5d苜蓿幼苗植株的上部叶片及茎均出现不同程度的毒害，在药后10d毒害作用更为明显，苜蓿幼苗上端2~5cm的叶片大部分枯黄；顶端茎也有一定程度的枯黄，但毒害均在15d左右消失，苜蓿的茎及叶片逐渐趋于正常（表3），且除草剂的毒害作用对苜蓿后期的生长发育无明显影响。

表 3 安全性调查

处理	施药后 5d		施药后 10d		施药后 15d	
	叶片	茎	叶片	茎	叶片	茎
Ⅰ	萎蔫	出现黄斑	上端枯黄	上端枯黄	萎蔫	正常
Ⅱ	萎蔫	出现黄斑	上端枯黄	上端枯黄	萎蔫	正常
对照	正常	正常	正常	正常	正常	正常

3 讨论与结论

施用除草剂精吡氟禾草灵和氟磺胺草醚混合药物对苜蓿幼苗期田间 5 种主要杂草均有明显的灭杀效果，在施用后第 8 天除草效果最为明显，16d 后药效明显降低。施用精吡氟禾草灵 1.05kg/hm^2+ 氟磺胺草醚 1.5kg/hm^2 能对紫花苜蓿幼苗期田间主要 5 种杂草达到最经济的灭杀效果，总除莠效果为刺儿菜>狗尾草=反枝苋>苘麻>藜。施用此混合药物除莠对于苜蓿幼苗期有一定微毒害作用，但是在 15d 后基本消除，对紫花苜蓿后期生长影响不大。

在农业生产中，为了提高防除效果，往往片面加大用药量，从而带来不可避免的副作用，一是有可能对作物产生药害，二是促使杂草产生抗药性。试验结果表明，在石河子绿洲区春播紫花苜蓿幼苗期阶段施用精吡氟禾草灵 1.05kg/hm^2+ 氟磺胺草醚 1.5kg/hm^2 就能达到很好的除莠效果。

鉴于苜蓿播种建植幼苗期生长阶段，田间杂草侵害严重，除施用选择性除草剂外，最有效的方法是采用种植掩护作物，种植一年生掩护作物可以很大程度地抑制杂草的生长，掩护作物可以选择前期竞争优势较强的禾谷类作物如小麦等。

采取轮作方式，对一些难除的杂草，其他方法难奏效时可选用此方法。其主要包括双子叶作物和单子叶作物的轮作，如苜蓿与棉花、苜蓿与玉米轮作等。

参考文献（略）

基金项目：石河子大学自然科学研究与技术创新项目（RCGB201102）；石河子大学高层次人才科研启动资金项目（RCZX201022）；石河子大学科技服务项目（4004103）。

第一作者：张凡凡（1989— ），男，新疆乌鲁木齐人，硕士研究生。

发表于《黑龙江畜牧兽医》，2013（17）.

保护播种对滴灌苜蓿种植当年第一茬草生产性能的影响

张前兵[1,2]，于　磊[1,2]，鲁为华[1,2]，马春晖[1]，和海秀[3]

（1. 石河子大学动物科技学院，新疆　石河子　832003；

2. 新疆生产建设兵团绿洲生态农业重点实验室，新疆　石河子　832003；

3. 新疆生产建设兵团第十师农业科学研究所，新疆　阿勒泰　836000）

摘　要： 明确春小麦与紫花苜蓿混合播种对田间杂草发生率的控制效应，探讨保护播种对紫花苜蓿种植当年第1茬草产量及营养品质的影响。研究设120kg/hm^2（S_1）、180kg/hm^2（S_2）、240kg/hm^2（S_3）3种不同的春小麦播种量，以不播种为对照（S_0），对紫花苜蓿第1茬草的各生长性状指标进行测定与分析。随播种量的增加，春小麦干物质产量逐渐增大，杂草比例由35.3%降至18.4%。紫花苜蓿种植当年第1茬的株高、茎粗、茎叶比、干草产量均为$S_1>S_0>S_2>S_3$处理，且干草产量均为S_1处理显著大于S_3、S_0处理（$P<0.05$），而S_1与S_2处理、S_2与S_3、S_0处理差异不显著（$P>0.05$）；紫花苜蓿播种当年第1茬的粗蛋白、中性洗涤纤维、酸性洗涤纤维、粗脂肪、钙、磷含量均逐渐减小，S_1处理显著大于S_0、S_3处理（$P<0.05$），两个苜蓿品种表现出相同的变化规律。保护播种能够有效降低建植当年紫花苜蓿田间杂草比例，综合考虑苜蓿产量及营养品质，当春小麦播种量为120~180kg/hm^{2}时，紫花苜蓿第1茬草的生产性能最优。

关键词： 保护播种；春小麦；苜蓿；第1茬；生产性能

紫花苜蓿具有草质优良、产草量高、适口性好、适应性强等众多优点，被誉为“牧草之王”，是我国面积最大的人工栽培牧草，对我国西北地区农牧业产业结构调整及生态环境的健康稳定发展具有相当重要的作用。而在苜蓿生产中，由于受杂草危害，建植当年苜蓿产草量大幅度下降，严重影响种植者经济收入，使苜蓿建植当年第1茬草产量不被生产者重视，造成了饲草的低效生产及资源的浪费。因此，明确影响苜蓿建植当年第1茬草生产性能的制约因素，是进一步提高苜蓿建植当年干草产量的关键及最终潜力所在，对苜蓿高效生产具有重要的意义。田间杂草出苗早、生长较快，对空间的占据能力强，严重影响其他作物的正常生长；而混合大麦播种能够显著提高白三叶草的密度，并有效地控制田间杂草，使杂草的干物质产量降低16.9%~50.6%。研究表明，小黑麦作为保护作物与紫花苜蓿混合播种，能够明显抑制苜蓿田间杂草、增加总干物质量，并显著提高苜蓿种植效益。同时，前人采用不同作物作为保护作物与苜蓿混播，在抑制田间杂草、保护苜蓿生长的同时，能够弥补苜蓿种植当年效应低下的缺陷。然而，针对保护作物播种对苜蓿建植当年第1茬草生产性能的影响研究仍然较少，滴灌技术作为新疆推广速度最快、应用面积最大的节水灌溉技术，在新疆苜蓿生产中已被广泛应用，而有关干旱区滴灌条件下保护播种对苜蓿生产性能影响的研究鲜见报道。以春小麦为保护作物，研究保护作物不同播种量对苜蓿建植当年田间杂草的抑制效果和第 1 茬草产量及营养品质的影响。明确提高滴灌苜蓿生产性能及地上总生物量的春小麦适宜播种量及影响机制，以期为绿洲区滴灌苜蓿规模化建植、适宜播种期选择、进一步提高种植效益提供实际指导与数据参考。

1 材料与方法

1.1 试验地概况

试验地位于石河子垦区天业集团农研所农业示范园区（44°31′ N，85°52′ E）。该地年均降水量为 153. 1mm，年均蒸发量为 2 004. 4mm，无霜期约 162d，生长季节≥10℃年积温为 3 300～3 800℃。试验地 0～20cm 土层土壤有机质 25. 5g/kg，碱解氮 60. 8mg/kg，速效磷 25. 5mg/kg，速效钾 330. 2mg/kg。前茬作物为豌豆。

1.2 试验设计

试验采用完全随机区组设计，在紫花苜蓿总播种量为 18kg/hm^2 不变的情况下，以新春 35 号春小麦品种（来源于新疆农垦科学院）作为保护作物，设 3 种不同的播种量（在新疆石河子垦区大田生产中，春小麦单播播种量为 300kg/hm^2）：单播种量的 40%（即播种量为 120kg/hm^2，S_1）、单播种量的 60%（即播种量为 180kg/hm^2，S_2）、单播种量的 80%（即播种量为 240kg/hm^2，S_3），以单播种量 0（即播种量为 0，S_0）为对照，3 次重复。供试紫花苜蓿品种为 WL354 和巨能（来源于北京正道生态科技有限公司）。将春小麦种子与紫花苜蓿种子混合后于 2015 年 4 月 26 日进行播种，播种方式为人工条播，播种行距为 20cm，播种深度为 2cm，播后镇压，4 月 28 日滴出苗水，苗期根据春小麦及紫花苜蓿生长情况进行充分灌溉，6 月 30 日小麦测产，7 月 20 日紫花苜蓿第 1 茬刈割。滴灌带浅埋于地表 8～10cm，间距 60cm，小区面积 5. 0m × 8. 0m（滴灌试验小区及滴灌带布局如图 1 所示），各个小区之间设 1m 宽的人行通道，以防小区之间水分相互渗透。田间管理统一按照当地滴灌紫花苜蓿田进行（施用肥料分别为：尿素 150kg/hm^2、磷酸一铵 150～240kg/hm^2，平均分两次在每茬刈割后第一次灌水时通过滴灌系统采用“随水滴施”的方式进行施肥）。试验期间各月平均气温与降水量见表 1。

表 1　试验期间各月平均气温与降水量

项目	4 月	5 月	6 月	7 月
平均气温（℃）	13. 4	21. 5	23. 7	26. 4
降水量（mm）	20. 5	23. 4	36. 4	11. 5

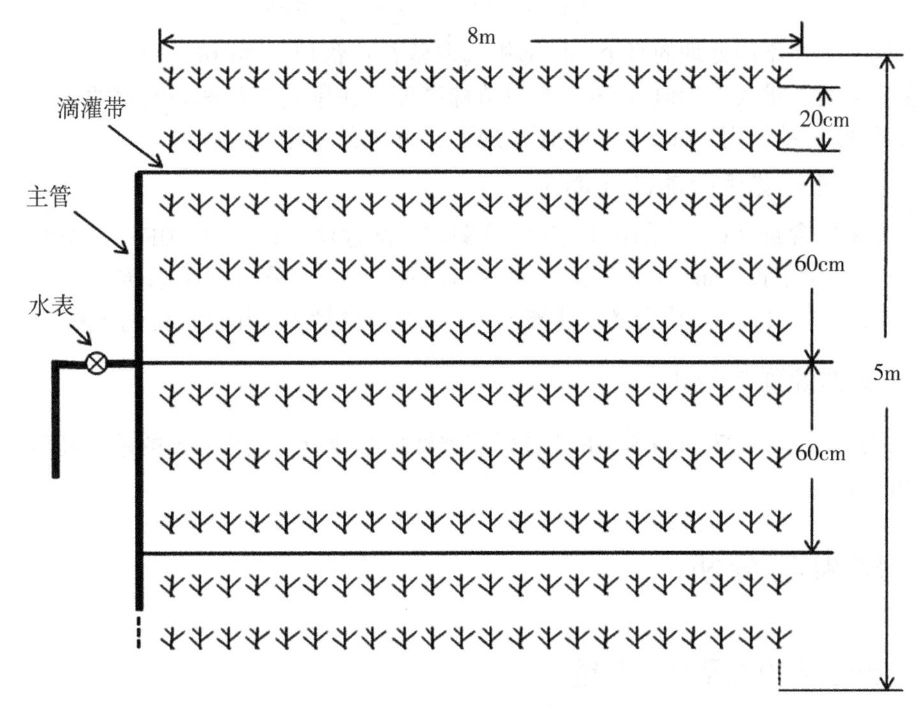

图 1　滴灌试验小区及滴灌带布局

1.3　测定指标与方法

1.3.1　春小麦植株干物质测定

采用样方法测定。在春小麦灌浆期选取长势均匀一致的植株，以 1m × 1m 为一个样方，用剪刀剪取样方内的植株（留茬高度 25cm，即上半部分），称重，记录植株鲜重，3 次重复；另取 3 份 300g 左右植株样品带回实验室，用烘干法测定小麦植株上半部分秸秆及籽实的干物质重量；在紫花苜蓿产量测定的同时（紫花苜蓿产量测定见 1.3.2），将苜蓿植株中夹杂的春小麦秸秆（之前 25cm 的留茬，即下半部分）分离出来，测定其鲜重，并带回实验室用烘干法测定其干物质重量，最后将春小麦的上下两部分相加即为其全株的干物质重量（kg/hm^2）。

1.3.2　紫花苜蓿产量测定

采用样方法测定。在初花期（开花 5%左右）选取长势均匀一致的紫花苜蓿植株，以 1m × 1m 为一个样方，用剪刀留茬 5cm 剪取样方内的紫花苜蓿植株，剔除灰藜、狗尾草等其他杂草后称重，记录其植株鲜草产量，3 次重复；另取 3 份 300g 左右紫花苜蓿鲜草样品带回实验室，置于阴凉通风处自然风干至恒重，测定其含水率并计算出紫花苜蓿的干草产量（kg/hm^2）。具体计算公式如下：

$$干草产量=鲜草产量\times[1-含水率(\%)] \quad (1)$$

在紫花苜蓿草产量测定的同时，将取回带至实验室风干至恒重的紫花苜蓿样品进行人工茎、叶分离并称重，进行茎叶比的计算。具体计算公式如下：

茎叶比=茎秆重量/叶片重量　　(2)

同时，在不同处理的每个小区随机选取紫花苜蓿植株30株，用卷尺测定其到地表的垂直高度，求其平均值（cm）即为植株高度；在紫花苜蓿株高测定的同时，对测定株高的30株单株用游标卡尺测量距离地面5cm处的茎粗（mm）。

1.3.3　紫花苜蓿营养品质测定

粗蛋白含量（CP）采用凯氏定氮法测定，酸性洗涤纤维（ADF）与中性洗涤纤维（NDF）含量根据Van Soest方法测定，粗脂肪（EE）采用索氏脂肪浸提法测定，钙（Ca）含量采用EDTA络合滴定法测定，磷（P）含量采用钼锑抗比色法测定。

1.4　数据处理与分析

采用Excel 2007和SPSS 18.0进行数据处理与分析，试验数据的差异显著性分析采用Duncan法。

2　结果与分析

2.1　春小麦植株及籽实产量

不同处理春小麦秸秆重及穗重变化如表2所示。随着播种量的增加，春小麦穗重、秸秆重及整株干物质重均呈逐渐增大的趋势，其大小顺序均为$S_3>S_2>S_1>S_0$处理，且S_2和S_3处理显著大于S_1处理（$P<0.05$），而S_2和S_3处理间差异不显著（$P>0.05$）。穗/秸秆比率表现出相同的规律。可见，在适宜的春小麦种子播种量范围内（0～240kg/hm^2），随播种量的增加春小麦整株干物质产量也随之增加。

表2　不同处理下春小麦干物质产量

处理	穗重（kg/hm^2）	秸秆重（kg/hm^2）	穗/秸秆（%）	干物质（kg/hm^2）
S_0	0	0	0	0
S_1	2 577±18b	2 196±21b	1.17±0.02b	4 773±22b
S_2	3 026±25a	2 456±35a	1.23±0.01a	5 482±63a
S_3	3 080±33a	2 510±28a	1.23±0.01a	5 590±51a

注：列中不同小写字母表示不同处理差异显著（$P<0.05$）。下同。

2.2　紫花苜蓿产量性状指标及田间杂草比例

不同处理下滴灌紫花苜蓿产量性状指标如表3所示。紫花苜蓿种植当年第1茬的株高、茎粗、茎叶比、干草产量均为$S_1>S_0>S_2>S_3$处理，两个紫花苜蓿品种表现出相同的变化规律。两个品种间的差异显著性略有不同，品种WL354的株高、茎粗的差异显著性水平为S_1、S_2、S_0处理显著大于S_3处理（$P<0.05$），S_1、S_2与S_0处理差异不显著（$P>0.05$）；茎叶比为S_1处理显著大于S_2、S_3、S_0处理（$P<0.05$），S_2、S_3与S_0处理

差异不显著（$P>0.05$）。品种巨能的株高、茎叶比均为 S_1、S_2、S_0 处理显著大于 S_3 处理（$P<0.05$），且 S_1、S_2 与 S_0 处理差异不显著（$P>0.05$）。两个紫花苜蓿品种的干草产量均为 S_1 处理显著大于 S_3、S_0 处理（$P<0.05$），而 S_1 与 S_2 处理、S_2 与 S_3、S_0 处理差异不显著（$P>0.05$）。随春小麦播种量的增加，灰藜、狗尾草等杂草比例显著降低（$P<0.05$），杂草比例从最高的 35.3%降至 18.4%。说明春小麦作为保护作物与紫花苜蓿种子混合播种，能够有效降低苜蓿田间的杂草危害，并对紫花苜蓿种植当年第 1 茬各产量性状产生影响，春小麦播种量为 180kg/hm^2（S_2 处理）时有利于紫花苜蓿第 1 茬草产量的保持，而当春小麦种子的播种量增加至一定量（240kg/hm^2）时，播种当年紫花苜蓿第 1 茬草产量显著下降。

表 3　不同处理下苜蓿产量性状指标

品种名称	处理	株高（cm）	茎粗（mm）	茎叶比	苜蓿草产量（kg/hm^2）	杂草比例（%）
WL354	S_0	65.9±3.1a	2.41±0.03a	0.811±0.01b	3 265±48b	35.3±2.6a
	S_1	66.6±3.2a	2.46±0.05a	0.997±0.02a	3 353±72a	28.5±2.4b
	S_2	65.7±3.4a	2.39±0.04a	0.806±0.01b	3 277±75ab	23.1±2.1c
	S_3	62.2±2.9b	2.10±0.01b	0.803±0.01b	3 217±60b	18.4±2.3d
巨能	S_0	66.3±3.3a	2.55±0.02ab	0.843±0.02a	3 240±55b	34.8±2.8a
	S_1	66.9±4.2a	2.60±0.03a	0.863±0.03a	3 450±69a	27.6±2.5b
	S_2	66.1±3.6a	2.41±0.04b	0.855±0.02a	3 347±56ab	23.7±2.4c
	S_3	63.1±2.5b	2.19±0.02c	0.814±0.01b	3 289±71b	19.5±2.2d

2.3　紫花苜蓿营养品质

不同处理下紫花苜蓿营养品质如表 4 所示，种植当年两个紫花苜蓿品种第 1 茬各营养品质中，粗蛋白含量均为 S_1、S_2 处理显著大于 S_0、S_3 处理（$P<0.05$），S_1 与 S_2 处理、S_0 与 S_3 处理差异不显著（$P>0.05$）；中性洗涤纤维含量差异显著性略有不同，但两个紫花苜蓿品种均为 S_1 处理显著大于 S_0、S_3 处理（$P<0.05$）；酸性洗涤纤维含量均为 S_1 处理显著大于 S_2、S_0、S_3 处理（$P<0.05$），S_2 与 S_3 处理差异不显著（$P>0.05$）；两个紫花苜蓿的粗脂肪、钙、磷含量在不同处理间均差异不显著（$P>0.05$）。随小麦播种量的逐渐增加，紫花苜蓿播种当年第 1 茬的粗蛋白、中性洗涤纤维、酸性洗涤纤维、粗脂肪、钙、磷含量均逐渐减小，S_1 处理显著大于 S_0、S_3 处理（$P<0.05$），两种紫花苜蓿表现出相同的变化规律。说明春小麦作为保护作物和紫花苜蓿种子混合播种，随播种量的增加，对紫花苜蓿第 1 茬营养品质具有重要影响，尤其是对粗蛋白、中性洗涤纤维、酸性洗涤纤维含量影响显著。且在增加春小麦播种量进而提高小麦饲草产量的基础上，播种量为 180kg/hm^2（S_2 处理）时紫花苜蓿第 1 茬的粗蛋白含量下降不显著，中性洗涤纤维和酸性洗涤纤维含量也保持在相对较低的范围内，进而有利于单位土地面积上小麦饲草产量与紫花苜蓿饲草产量及营养品质的最大化。

表 4　不同处理下苜蓿营养品质处理结果分析　（单位:%）

品种名称	处理	粗蛋白	中性洗涤纤维	酸性洗涤纤维	粗脂肪	钙	磷
WL354	S_0	17.21±0.19b	48.17±2.15b	37.95±1.34b	3.81±0.55a	1.58±0.14a	0.45±0.12a
	S_1	18.01±0.25a	49.08±2.45a	38.65±1.67a	4.05±0.65a	1.64±0.13a	0.55±0.11a
	S_2	17.86±0.31a	48.34±2.19ab	38.01±1.08b	3.85±0.52a	1.53±0.11a	0.44±0.14a
	S_3	17.17±0.17b	47.97±2.35b	37.88±1.52b	3.73±0.49a	1.51±0.16a	0.42±0.29a
巨能	S_0	17.44±0.15b	47.08±1.53b	36.86±1.25b	3.89±0.58a	1.54±0.15a	0.48±0.19a
	S_1	18.13±0.21a	48.51±2.17a	37.84±1.23a	4.08±0.53a	1.61±0.18a	0.51±0.24a
	S_2	17.91±0.18a	47.15±1.86b	37.05±1.36b	3.95±0.46a	1.47±0.11a	0.46±0.19a
	S_3	17.34±0.11b	47.02±1.67b	36.64±1.19b	3.82±0.67a	1.44±0.15a	0.45±0.25a

3　讨论

3.1　田间杂草对苜蓿生产性能的影响

田间杂草对苜蓿草产量具有重要影响。研究表明，苜蓿田间杂草危害严重时能够导致苜蓿减产达50%以上，主要体现在与苜蓿植株间生态位的竞争，主要包括光照、水分、温度、养分及空间的相互竞争，以及化感作用产生抑制物，主要表现在影响植物群落演替、影响物种生长、导致物种变异、维持植物种子生命力，进而影响苜蓿生长。另有研究发现，当杂草的覆盖度达到20%时，苜蓿草的产量将下降15%左右，而当覆盖度达到40%时，草产量的下降达59%。本研究表明，杂草比例最大时，苜蓿产量相对较低，可能由于苜蓿苗期生长缓慢，杂草对光照、养分等的竞争优于苜蓿，进而导致苜蓿减产。

3.2　保护播种对田间杂草的影响

保护播种即为把一年生的作物与苜蓿混合进行播种，由于一年生作物产生的遮掩可以有效防止苜蓿幼苗被烈日暴晒、大于袭击及大风干扰，尤其是对西北干旱区的保护效果更好，同时，还可使播种当年有所收益。研究表明，一年生作物的播种量为单播时的50%~75%时，对苜蓿的保护效果较好，苜蓿的出苗数可以提高77%。本研究结果表明，春小麦播种量为单播时的60%时能够显著提高苜蓿草产量及保持较高的营养品质（表3、表4），并获得相对较高的春小麦饲草产量（表2），进而提高综合经济效益。因此，在牧草实际生产中可根据生产目的进行适宜的保护播种作物品种的选择。

4　结论

将春小麦作为保护作物与紫花苜蓿种子混合播种，能够有效减轻杂草对紫花苜蓿播种当年第1茬草产量性状的影响。在小麦灌浆期将其刈割并作为饲草利用的角度考虑，在一定的播种量范围内（0~240kg/hm^2），春小麦播种量的增加有利于小麦饲草产量的提高。综合考虑，春小麦作为保护作物与紫花苜蓿种子混合播种时的播种量为120~180kg/hm^2 时，在有效减轻杂草危害的同时，能够有效保证紫花苜蓿第1茬草的高产、优质。

参考文献（略）

基金项目：国家自然科学基金项目（31660693）；石河子大学青年创新人才培育计划项目（CXRC201605）。

第一作者：张前兵（1985—　），男，甘肃静宁人，副教授，博士。

发表于《新疆农业科学》，2017，54（4）.

优化灌溉制度提高苜蓿种植当年产量及品质

张前兵[1]，于　磊[1]，鲁为华[1]，马春晖[1*]，和海秀[2]
（1. 石河子大学动物科技学院，新疆　石河子　832003；
2. 新疆生产建设兵团第十师农业科学研究所，新疆　阿勒泰　836000）

摘　要：为探讨灌溉定额及分配对滴灌苜蓿种植当年生产性能及水分利用效率的影响，该研究设 3 种滴灌灌溉定额，分别为：3 750m^3/hm^2（W_1）、4 500m^3/hm^2（W_2）、5 250m^3/hm^2（W_3），且在 W_2 处理下，设 3 种灌溉定额分配模式（Q_1：刈割前灌溉本茬次总灌水量的 35%+刈割后灌溉本茬次总灌水量的 65%；Q_2：刈割前灌溉本茬次总灌水量的 50%+刈割后灌溉本茬次总灌水量的 50%；Q_3：刈割前灌溉本茬次总灌水量的 65%+刈割后灌溉本茬次总灌水量的 35%）。结果表明，滴灌苜蓿种植当年，不同灌溉量条件下，苜蓿的株高、叶茎比、茎粗、生长速度、干草产量、粗蛋白（CP）含量均为 $W_3>W_1$ 处理，中性洗涤纤维（NDF）、酸性洗涤纤维（ADF）含量为 $W_3>W_2$ 处理，水分利用效率（WUE）为 $W_1>W_3$ 处理；不同灌溉定额分配条件下，苜蓿的株高、叶茎比、茎粗、生长速度、干草产量、CP、WUE 均为 $Q_1>Q_3$ 处理，且 Q_1 处理的干草产量最高达到 9 916～10 172 kg/hm^2，WUE 为 3. 31～3. 9kg/（mm · hm^2），NDF、ADF 含量为 $Q_1<Q_3$ 处理。适宜的灌水量（4 500m^3/hm^2）有利于苜蓿种植当年干草产量的提高，并保持较高的粗蛋白含量和相对较低的纤维含量；刈割前灌溉本茬次总灌水量的 35%，并在刈割后灌溉本茬次总灌水量的 65%，有利于苜蓿种植当年干草产量的提高及营养品质的改善。

关键词：灌溉；生物量；质量分析；苜蓿；生产性能；水分利用效率；生长第 1 年

紫花苜蓿具有产草量高、营养丰富、草质优良、适应性强、适口性好等众多优点，被誉为“牧草之王”，是我国人工栽培面积最大的牧草，对我国西北地区农牧业产业结构调整和生态环境稳定健康发展具有极其重要的作用。提高农作物的水分利用效率不仅是促进农业增产节水的关键和最终潜力所在，也是发展农业节水的重要途径之一。因此，开展绿洲区苜蓿生产性能及水分利用效率的研究对区域农业节水及农牧业产业结构调整具有重要的意义。

水分是影响紫花苜蓿植株生长发育、干草产量、营养品质及水分利用效率的重要因素。研究发现，在灌水量较为充足的条件下，紫花苜蓿植株的茎节长度增加、茎节数增多，其叶片的光合作用也较强，而在水分胁迫下，成熟植株叶片和茎的生长速率明显减小，产量下降。可见，适宜的灌溉量能够明显改善苜蓿的生产性能并提高其水分利用效率。在新疆绿洲区的农业生产中，滴灌技术作为推广速度最快、应用面积最大的节水灌溉技术，与传统的大水漫灌灌溉方式相比，能够增产20%~30%，节省灌溉水量40%~50%。但滴灌技术在苜蓿生产中的应用仍处于起步阶段，而有关灌溉定额及分配对苜蓿生长第一年生产性能及水分利用效率的研究鲜见报道，尤其是从滴灌的角度分析新疆绿洲区灌溉定额及分配对苜蓿干草产量及营养品质形成的影响研究未见报道。因此，本研究通过设置不同的灌溉定额及分配比例，明确不同灌溉定额分配条件下滴灌苜蓿的水分利用效率，为绿洲区滴灌苜蓿大面积推广节水、优质高产种植提供理论依据。

1　材料与方法

1.1　试验设计

试验分别于2014年在石河子大学农学院试验站（44°26′N，85°95′E）、2015年在石河子天业集团农研所农业示范园区试验田（44°31′N，85°52′E）进行。试验采用完全随机区组设计，灌溉量设三个灌溉梯度，分别为：3 750m^3/hm^2（W_1）、4 500m^3/hm^2（W_2，当地滴灌苜蓿高产田的实际灌水量）、5 250m^3/hm^2（W_3），苜蓿生长第一年共滴水6次，具体灌溉时间根据田间生长及天气情况在刈割前8~10d、刈割后5~6d进行灌溉。同时，在灌水量为4 500m^3/hm^2（W_2）的情况下，假设每茬苜蓿生长所需的水量相同，将每茬刈割前后的灌溉量设3种定额分配模式，分别为：刈割前灌溉本茬次总灌水量的35%+刈割后灌溉本茬次总灌水量的65%（Q_1）；刈割前灌溉本茬次总灌水量的50%+刈割后灌溉本茬次总灌水量的50%（Q_2）；刈割前灌溉本茬次总灌水量的65%+刈割后灌溉本茬次总灌水量的35%（Q_3），3种灌溉模式的灌溉量均相同，3次重复。具体灌溉定额分配见表1。

表1　不同灌溉定额分配　（单位：m^3/hm^2）

处理	第1茬		第2茬	
	刈割前	刈割后	刈割前	刈割后
Q_1	787.5	1 462.5	787.5	1 462.5
Q_2	1 125	1 125	1 125	1 125
Q_3	1 462.5	787.5	1 462.5	787.5

供试苜蓿品种为WL354，2014年4月19日播种，苜蓿生长第一年刈割2茬，均在初花期（5%植株开花）进行刈割，具体刈割日期为：7月6日第1茬刈割，8月23日第2茬刈割；2015年4月26日播种，生长第一年刈割2茬，具体为：7月10日第1茬刈割，8月24日第2茬刈割。两年播种方式为均人工条播，行距20cm，播种深度2cm，播种量18kg/hm^2，滴灌带浅埋于地表下8~10cm，间距60cm，具体灌溉量由水表控制，试验小区面积8.0m×5.0m，各小区之间设1m的走道，以防小区之

间水分相互渗透。

1.2 测定指标与方法

1.2.1 草产量测定

采用样方法测定。在初花期（开花 5%左右）选取长势均匀一致的苜蓿植株，以 1m × 1m 为一个样方，用剪刀剪取样方内的苜蓿植株（留茬高度 5cm），剔除其他杂草后称重，记录苜蓿植株鲜草产量，3 次重复；另取 3 份 300g 左右苜蓿鲜草样品带回实验室，置于阴凉通风处自然风干至恒重，测定其含水率并计算出苜蓿的干草产量（kg/hm^2）。具体计算公式如下：

$$干草产量 = 鲜草产量 \times [1-含水率(\%)] \tag{1}$$

1.2.2 叶茎比测定

在草产量测定的同时，将风干至恒重的苜蓿样品进行人工叶、茎分离并称重，进行叶茎比的计算（%）。具体计算公式如下：

$$叶茎比(\%) = 叶片重量 / 茎秆重量 \times 100 \tag{2}$$

1.2.3 株高测定

在草产量测定的同时，在不同处理的每个小区随机选取苜蓿植株 30 株，用卷尺测定其到地表的垂直高度，求其平均值（cm）。

1.2.4 茎粗测定

在株高测定的同时，对测定株高的 30 株单株用游标卡尺测量距离地面 5cm 处的茎粗（mm）。

1.2.5 营养品质测定

粗蛋白含量（CP）测定采用凯氏定氮法，酸性洗涤纤维（ADF）与中性洗涤纤维（NDF）含量根据 Van Soest 方法测定。

1.2.6 水分利用效率计算

产量水平上紫花苜蓿的水分利用效率（WUE）采用以下公式计算：

$$WUE = HY / ET \tag{3}$$

式中，WUE 是水分利用效率（$kg/mm \cdot hm^2$），HY 是干草产量（kg/hm^2），ET 为生育期耗水量（mm），总耗水量采用水量平衡公式计算：

$$ET = R + Q + \Delta W \tag{4}$$

式中，ET 为紫花苜蓿生育期内的耗水量（mm），R 为生育期降水量（mm），Q 为生育期内的灌水量（mm），ΔW 为土壤的供水量（mm）。

1.2.7 数据处理与分析

采用 Excel 2007 和 SPSS 18.0 进行数据处理与分析，试验数据的差异显著性分析采用 Duncan 法。

2 结果与分析

2.1 苜蓿植株生长性状

不同灌溉定额分配条件下滴灌苜蓿生长性状如表 2 所示，滴灌苜蓿生长第 1 年，随灌溉量的增加苜蓿的株高、叶茎比、茎粗、生长速度均逐渐增加，且 W_3 处理显著大于 W_1 处理（$P<0.05$），而除茎粗外，W_2 处理与 W_1、W_3 处理的株高、叶茎比差异不显著（$P>0.05$），刈割第 1 茬与第 2 茬苜蓿表现出相同的规律。说明当灌水量增加至一定额度时苜蓿的株高、叶茎比、生长速度虽然有所增加，但增加效果并不明显。不同灌溉定额分配处理条件下，苜蓿的株高、叶茎比、茎粗、生长速度的大小顺序均为 $Q_1>Q_2>Q_3$ 处理，且第 1 茬各项性状指标均为 Q_1、Q_2 显著大于 Q_3 处理，第 2 茬均为 Q_1 显著大于 Q_3 处理（$P<0.05$），可见，刈割前（8～10d）灌溉本茬次总灌水量的 35%+刈割后（5～6d）灌溉本茬次总灌水量的 65%（Q_1）有利于苜蓿各生长性状指标的形成，在刈割前 8～10d 内灌溉量越大或刈割后 5～6d 内灌溉量越小均不利于苜蓿生长性状各指标的良好发挥。

表 2　不同处理下苜蓿生长性状

年份	处理	第 1 茬			第 2 茬			
		株高（cm）	叶茎比	茎粗（mm）	株高（cm）	叶茎比	生长速度（cm/d）	茎粗（mm）
2014	W_1	57.9±1.7b	1.33±0.03b	2.23±0.01b	59.2±1.5b	1.08±0.01b	0.81±0.01b	2.26±0.02b
	W_2	60.6±1.8ab	1.43±0.04ab	2.31±0.02a	65.5±1.3ab	1.14±0.01ab	0.93±0.03a	2.35±0.01a
	W_3	62.9±1.3a	1.58±0.02a	2.36±0.01a	66.1±1.9a	1.18±0.03a	0.95±0.01a	2.37±0.02a
2015	W_1	62.5±2.2b	1.33±0.01b	2.25±0.02b	63.4±1.2b	1.07±0.02b	0.83±0.01b	2.27±0.01b
	W_2	65.5±1.9ab	1.38±0.02ab	2.34±0.03a	66.7±1.8ab	1.16±0.01ab	0.95±0.02a	2.36±0.02a
	W_3	68.7±1.7a	1.44±0.01a	2.37±0.03a	69.8±1.4a	1.21±0.03a	0.97±0.01a	2.39±0.03a
2014	Q_1	62.2±2.1a	1.49±0.03a	2.27±0.01a	68.3±1.2a	1.38±0.05a	0.98±0.02a	2.41±0.03a
	Q_2	61.4±1.2a	1.42±0.01a	2.21±0.04a	64.1±1.3b	1.20±0.07b	0.89±0.01a	2.35±0.01a
	Q_3	58.2±1.6b	1.16±0.01b	2.08±0.03b	59.5±1.4c	1.01±0.04c	0.73±0.01b	2.19±0.02b
2015	Q_1	65.7±1.5a	1.46±0.02a	2.41±0.05a	70.1±1.6a	1.39±0.02a	1.01±0.03a	2.46±0.05a
	Q_2	65.0±1.8a	1.34±0.02b	2.38±0.03a	67.9±1.5b	1.22±0.03b	0.97±0.02a	2.44±0.03a
	Q_3	61.4±1.4b	1.12±0.01c	2.29±0.02b	65.4±1.1c	1.03±0.01c	0.86±0.01b	2.39±0.02b

注：列中不同小写字母表示不同处理差异显著（$P<0.05$）。下同。

2.2 苜蓿干草产量

对 2 年滴灌苜蓿干草产量测定的结果表明（表 3），不同灌溉定额分配条件下，滴灌苜蓿生长第 1 年，除 2014 年第 1 茬外，苜蓿不同茬次干草产量均随灌溉量的增大呈增加的趋势，苜蓿生长第 1 年的总干草产量大小顺序均为 $W_3>W_2>W_1$，W_3 与 W_2 处理均显著大于 W_1 处理（$P<0.05$），且 W_3 与 W_2 处理之间差异不显著（$P>0.05$），说明灌溉量的增加有利于苜蓿生长第 1 年干草产量的形成，但当灌溉定额超过一定量时产量增加效果不明显。不同灌溉定额分配条件下，除 2015 年第 1 茬外，苜蓿生长第 1 年不同茬次干草产量大小顺序均为 $Q_1>Q_2>Q_3$ 处理，且 Q_1、Q_2、Q_3 处理间均差异显著（$P<0.05$），生长第 1 年总干草产量表现出相同的规律。说明刈割前（8~10d）灌溉本茬次总灌水量的 35%+刈割后（5~6d）灌溉本茬次总灌水量的 65%（Q_1）有利于苜蓿生长第 1 年总干草产量的形成，而刈割前 8~10d 内灌溉量越大或刈割后 5~6d 内灌溉量越小均不利于苜蓿干草产量的形成。

表 3　不同处理下苜蓿干草产量　（单位：kg/hm^2）

年份	处理	第 1 茬	第 2 茬	总产量	年份	处理	第 1 茬	第 2 茬	总产量
2014	W_1	3 614±108b	4 537±124b	8 151b	2014	Q_1	4 338±131a	5 834±156a	10 172a
	W_2	4 450±156a	5 407±135a	9 858a		Q_2	4 106±105b	5 206±145b	9 312b
	W_3	4 420±144a	5 592±167a	10 012a		Q_3	3 750±116c	4 402±108c	8 152c
2015	W_1	3 734±119b	4 273±104c	8 007b	2015	Q_1	3 883±145a	6 033±139a	9 916a
	W_2	4 268±167a	5 372±159b	9 640a		Q_2	3 633±94b	5 305±116b	8 938b
	W_3	4 349±179a	5 695±147a	10 044a		Q_3	3 510±177b	4 313±131c	7 822c

2.3　苜蓿干草营养品质

不同灌溉定额分配条件下苜蓿不同茬次营养品质如表 4 所示，苜蓿生长第 1 年，不同茬次苜蓿粗蛋白含量随灌水量的增加均呈逐渐增大的趋势，且不同年份 W_3 处理两茬苜蓿的粗蛋白含量均显著大于 W_1、W_2 处理（$P<0.05$）。不同茬次苜蓿中性洗涤纤维、酸性洗涤纤维含量均随灌溉量的增加呈先降低后增加的趋势，且不同年份 W_3 处理两茬苜蓿的中性洗涤纤维、酸性洗涤纤维含量均显著大于 W_1、W_2 处理（$P<0.05$），说明在 3 750~5 250 m^3/hm^2 时随灌溉量的增加有利于粗蛋白含量的形成，灌溉量越小或越大均有利于苜蓿纤维含量的形成。不同灌溉定额分配条件下，苜蓿生长第 1 年不同处理下第 1 茬、第 2 茬苜蓿粗蛋白含量的大小顺序均为 $Q_1>Q_2>Q_3$ 处理，且 Q_1、Q_2 处理显著大于 Q_3 处理（$P<0.05$）；第 1 茬、第 2 茬苜蓿中性洗涤纤维、酸性洗涤纤维含量的大小顺序均为 $Q_1<Q_2<Q_3$ 处理，Q_1 与 Q_2 处理、Q_2 与 Q_3 处理间差异不显著（$P>0.05$），而 Q_1 与 Q_3 处理间差异显著（$P<0.05$），说明 Q_1 处理有利于提高滴灌苜蓿生长第一年粗蛋白含量，并有利于降低苜蓿的中性洗涤纤维、酸性洗涤纤维含量。

表 4　不同处理下苜蓿营养品质结果分析　　(单位:%)

年份	处理	第 1 茬			第 2 茬		
		粗蛋白	中性洗涤纤维	酸性洗涤纤维	粗蛋白	中性洗涤纤维	酸性洗涤纤维
2014	W_1	18.01±0.26b	49.08±2.45b	38.86±1.67a	14.45±0.13c	48.04±1.64a	36.26±1.35ab
	W_2	18.26±0.34b	48.34±2.19b	38.21±1.08b	15.35±0.17b	45.77±2.06b	35.85±1.14b
	W_3	18.87±0.19a	52.67±2.35a	39.08±1.52a	16.38±0.24a	48.38±1.82a	36.68±1.29a
2015	W_1	18.23±0.15b	47.56±2.43b	37.89±1.43b	14.61±0.12c	45.26±1.67b	35.21±1.24b
	W_2	18.41±0.19b	46.23±1.98b	37.15±1.35b	15.43±0.18b	44.61±1.91b	35.01±1.19b
	W_3	19.04±0.23a	50.06±2.16a	38.24±1.13a	16.74±0.14a	47.86±2.08a	36.14±1.25a
2014	Q_1	19.54±0.21a	49.50±2.34b	39.18±1.09b	17.71±0.23a	46.14±1.59b	36.19±1.07b
	Q_2	19.47±0.32a	51.36±2.17ab	39.65±1.26ab	17.08±0.18a	46.54±2.14b	36.67±1.21ab
	Q_3	19.03±0.16b	52.52±1.86a	40.08±1.46a	15.42±0.19b	47.78±1.67a	37.52±1.43a
2015	Q_1	19.62±0.24a	48.06±1.38b	37.46±1.35b	17.88±0.16a	44.29±1.36b	34.98±1.05b
	Q_2	19.45±0.18a	48.92±1.35ab	38.45±1.09ab	17.14±0.21a	45.76±1.59ab	35.67±1.14ab
	Q_3	18.89±0.11b	49.85±1.67a	39.76±1.28a	15.69±0.17b	46.53±1.76a	36.48±1.21a

2.4　苜蓿水分利用效率

不同灌溉处理下，苜蓿的水分利用效率如表 5 所示，灌溉量为 3 750~5 250m^3/hm^2 时，随灌水量的增加苜蓿的水分利用效率逐渐降低，W_3 处理显著低于 W_1、W_2 处理（$P<0.05$），W_1 与 W_2 处理差异不显著（$P>0.05$）。不同灌溉定额处理条件下，苜蓿的水分利用效率大小顺序均为 $Q_1>Q_2>Q_3$ 处理，Q_1 与 Q_2 处理、Q_2 与 Q_3 处理的水分利用效率差异不显著（$P>0.05$），但 Q_1 处理的水分利用效率显著大于 Q_3 处理（$P<0.05$）。不同灌溉量及灌溉定额处理条件下，两年间苜蓿的水分利用效率变化表现出相同的规律。

表 5　不同处理下苜蓿水分利用效率　　[单位：kg/（mm · hm^2）]

年份	处理	水分利用效率	年份	处理	水分利用效率
2014	W_1	4.35±0.06a	2014	Q_1	3.39±0.07a
	W_2	4.38±0.09a		Q_2	3.10±0.06ab
	W_3	3.81±0.05b		Q_3	2.72±0.04b
2015	W_1	4.27±0.07a	2015	Q_1	3.31±0.08a
	W_2	4.28±0.09a		Q_2	2.98±0.03ab
	W_3	3.83±0.04b		Q_3	2.61±0.05b

3 讨论

3.1 灌溉定额及分配对苜蓿干草产量的影响

灌溉定额及分配对苜蓿干草产量具有重要的影响。研究表明，滴灌能够增加苜蓿干草产量、提高苜蓿营养品质、减少灌溉量并降低农业生产成本。本研究表明，随灌水量的增加，苜蓿干草产量呈增加的趋势，但当灌水量增加至一定额度时（W_3）苜蓿干草产量增产效果不明显（表3），说明随灌水量的增加，叶茎比、茎粗差异不大，进而导致苜蓿干草产量增产效果不显著，过多的灌溉量只能造成水资源的大量浪费，且随灌水量的增加，水分利用效率明显下降（表5），综合整体经济效益来看，适宜的灌溉量（4 500m^3/hm^2，W_2）不仅具有较高的水分利用效率，而且有利于苜蓿干草产量的提高。刈割前灌溉本茬次总灌水量的35%+刈割后灌溉本茬次总灌水量的65%（Q_1）有利于苜蓿各生长性状指标及干草产量的形成（表2、表3），其主要原因可能是苜蓿在刈割后为了能够快速分枝，长出新的茎叶以进行光合作用合成更多的光合物质而需要充足的水量。

3.2 灌溉定额分配对苜蓿营养品质的影响

灌溉定额分配对苜蓿营养品质改善具有重要的影响。本研究表明，说明灌水量的增加对提高苜蓿粗蛋白含量具有一定的潜力，其可能原因是苜蓿本身为喜水作物，在干旱区农田土壤缺水严重，土壤水分蒸发速度快，苜蓿整个生育期需水量较多，故随灌水量的增加苜蓿粗蛋白含量呈增加趋势。而灌溉量越小或越大苜蓿纤维素含量明显增加（表4），这可能是因为灌溉量越小（W_1），苜蓿植株处于极度干旱缺水条件下，其正常生长发育受阻，植株含水量下降，木质化程度增高，导致中性洗涤纤维、酸性洗涤纤维含量显著升高，而适宜的灌水量（W_2），使苜蓿植株得到合适的水分供应，其生长发育恢复正常，中性洗涤纤维、酸性洗涤纤维含量相对降低，而随灌水量的进一步增大（W_3），苜蓿植株地上生物量也随之进一步增大（表3），茎秆占据整个苜蓿植株的比例升高，茎粗明显增大（表2），进而导致中性洗涤纤维、酸性洗涤纤维含量升高，苜蓿营养品质下降，适口性降低。

3.3 灌溉对苜蓿水分利用效率的影响

灌溉对苜蓿的水分利用效率具有十分重要的影响。本研究结果表明，随灌水量的增加，苜蓿的水分利用效率逐渐降低（表5），这可能是由于随着灌水量的增加苜蓿干草产量增加差异不明显所致（表3）。而在相同灌溉量条件下，不同灌溉定额分配苜蓿的水分利用效率差异显著，刈割前灌溉本茬次总灌水量的35%+刈割后灌溉本茬次总灌水量的65%（Q_1）的水分利用效率较高，说明改灌溉方式，更有利于苜蓿植株对水分的吸收利用。不同灌溉方式对苜蓿的水分利用效率具有重要影响。研究发现，滴灌方式下苜蓿的水分利用效率明显大于传统的大水漫灌方式，其主要原因是滴灌技术能够精确控制灌溉水量和灌溉方向，使灌溉水尽可能集中滴在苜蓿植株根部，且在滴灌条件下滴头处地表的湿润峰为圆形分布，从而使滴灌的灌溉水在根系周围分布较为均匀，有利于根系对水分的良好吸收，进而使苜蓿产量大幅度增加的同时，提高苜蓿的水分利用效率。

4 结论

适宜的灌水量（4 500m^3/hm^2）有利于苜蓿生长第 1 年干草产量的提高，并保持较高的粗蛋白含量和相对较低的纤维含量。

在相同灌溉量条件下，适宜的灌溉定额分配：刈割前灌溉本茬次总灌水量的 35%，并在刈割后灌溉本茬次总灌水量的 65%，有利于提高滴灌苜蓿生长第 1 年干草产量及粗蛋白含量，降低苜蓿的中性洗涤纤维、酸性洗涤纤维含量，改善苜蓿营养品质的同时，能够明显提高苜蓿的水分利用效率。

参考文献（略）

基金项目：国家自然科学基金项目（31660693）；石河子大学高层次人才科研启动资金专项（RCZX201301）；石河子大学青年创新人才培育计划项目（CXRC201605）；国家牧草产业技术体系项目（CARS-35）。

第一作者：张前兵（1985— ），男，甘肃静宁人，副教授，博士。

发表于《农业工程学报》，2016，32（23）.

第三部分
绿洲区苜蓿施肥与产量及品质关系研究

施肥作为农业生产过程中重要的管理措施，对苜蓿草产量及营养品质的形成具有重要的影响。本部分主要介绍施肥对新疆绿洲区不同苜蓿品种饲草产量和品质及生产性能的影响、灌溉定额分配及水磷耦合对滴灌苜蓿生长规律的影响、氮磷互作对不同茬次滴灌苜蓿生产性能及营养品质的影响、喷施硼钼肥对滴灌苜蓿生产性能及营养品质的影响，以及解磷细菌和丛枝菌根真菌对苜蓿生产性能及地下生物量影响的研究，以期为新疆绿洲区苜蓿优质高效生产过程中确定适宜的施肥制度提供理论依据及实际指导。

施肥对绿洲农区不同苜蓿品种生产性能的影响

林祥群[1]，于　磊[1,2*]，鲁为华[1,2]
（1. 石河子大学动物科技学院，新疆　石河子　832003；
2. 新疆生产建设兵团绿洲生态农业重点实验室，新疆　石河子　832003）

摘　要：以12个苜蓿品种生长第3年的植株作为研究对象，在每茬生长初期灌溉后施525kg/hm^{2}的磷、钾肥，测定其株高、叶茎比和生物量的变化。结果表明，施肥对苜蓿生长速度和产量的影响为正效应，对叶茎比影响因品种不同而有差异。各品种表现出对肥料不同的敏感性，其中WL-323、三得利、胖多、野生黄花较为敏感，生产性能及经济效益都排在前列。

关键词：苜蓿；施肥；品种；生产性能

中图分类号：S147.5

苜蓿在生长发育过程中需要很多营养元素，尤其是生长多年的苜蓿，仅依靠土壤提供养分是远远不够的。一般认为，磷、钾肥对苜蓿产量和质量影响较大，合理地施用磷肥可促进根的形成和发育，增加苜蓿体内固氮酶的积累，促进体内营养物质的合成与转化；苜蓿对钾的需要量较其他元素多，对于苜蓿的产量和质量来说，钾是关键性的肥料元素，为了获得高产、优质的苜蓿干草，必须施用钾肥。

在绿洲区灌溉条件下，对国内外种植较广泛、表现较好、生长第3年的12个苜蓿品种进行同一施肥量处理，观察施肥处理下苜蓿生长速度、叶茎比、产量的变化，探讨不同品种对肥料的响应，为苜蓿栽培过程中品种选育、施肥管理措施提供科学依据。

1　试验材料与方法

1.1　材料

试验设在石河子大学试验站试验田。土壤重壤，含有机质2.011%、全氮0.115 7%、碱解氮72.8mg/kg、速效磷34.8mg/kg。属典型的温带大陆性气候，冬季长而严寒，夏季短而炎热，年平均气温7.5~8.2℃，年日照时间2 318~2 732h，无霜期147~191d，年降水量180~270mm，年蒸发量1 000~1 500mm。以重过磷酸钙（总磷含量≥44%）作磷肥供体，以氯化钾（K_2O含量≥33%）作钾肥供体，苜蓿品种为新牧2号（新疆农业大学）、安苜1号（新天科文草业）、阿尔冈金［百绿（天津）国际草业有限公司]、敖汉（中种集团）、先驱者［百绿（天津）国际草业有限公司］、三得利［百绿（天津）国际草业有限公司］、野生黄花（新疆农业大学）、WL-323［百绿（天津）国际草业有限公司］、费纳尔［百绿（天津）国际草业有限公司］、亮牧2号（新疆农业大学）、金皇后（新天科文草业）、胖多（新天科文草业）。各品种的净度和发芽率均在90%以上。

1.2 方法

各苜蓿品种于2004年3月28日进行人工条播，播种时设置试验组及对照组，每个小区50m^2，播种当年只进行必要的杂草防除及灌溉等管理措施。2006年除对试验组进行施肥处理外，其他管理措施不变。每茬生长初期灌溉后将磷、钾肥按比例（以180kg/hm^{2}磷肥和345kg/hm^{2}钾肥）混合均匀人工撒施于试验组地块。

从施肥当日起开始计算，各个品种隔7d随机选取10株测量品种绝对高度；在苜蓿进入初花期（20%开花）时，每个品种取1m×1m测定其鲜草产量，重复3次，并将鲜样带回，在烘箱内80℃条件下烘24h，然后测定其干物质量；叶茎比测定采用手工分离法，分别测定叶、茎鲜质量及干物质量。

2 结果与分析

2.1 各品种株高变化

施肥处理组较对照组高度普遍增加（除胖多、费纳尔外）。说明施肥处理对苜蓿高度变化有明显影响。而胖多、费纳尔在施肥后高度变化不明显，施肥处理下不同品种苜蓿生长能力的强弱依次为：三得利、WL-323、金皇后、胖多、敖汉、野生黄花、先驱者、亮牧2号、阿尔冈金、安苜1号、费纳尔、新牧2号；对照组依次为；胖多、敖汉、金皇后、费纳尔、亮牧2号、先驱者、三得利、新牧2号、WL-323、野生黄花、阿尔冈金、安苜1号（表1）。

表1　各苜蓿品种生长速度比较

品种名称	施肥组		对照组	
	方程	决定系数	方程	决定系数
新牧2号	$y=11.28x+19.50$	0.976 3	$y=10.69x+27.14$	0.976 5
安苜1号	$y=11.64x+18.73$	0.984 2	$y=10.08x+25.51$	0.987 2
阿尔冈金	$y=11.86x+19.70$	0.982 2	$y=10.12x+23.47$	0.967 8
敖汉	$y=12.25x+9.39$	0.986 0	$y=12.42x+3.41$	0.989 5
先驱者	$y=11.92x+17.63$	0.975 7	$y=10.76x+19.34$	0.963 6
三得利	$y=13.21x+17.46$	0.984 6	$y=10.73x+27.46$	0.978 3

（续表）

品种名称	施肥组		对照组	
	方程	决定系数	方程	决定系数
野生黄花	$y=12.18x+15.39$	0.983 0	$y=10.56x+21.06$	0.952 8
WL-323	$y=12.70x+18.80$	0.981 6	$y=10.66x+23.84$	0.976 0
费纳尔	$y=11.47x+16.50$	0.975 2	$y=11.37x+15.27$	0.986 5
亮牧 2 号	$y=11.86x+20.87$	0.977 6	$y=10.95x+22.00$	0.957 2
金皇后	$y=12.67x+14.76$	0.987 8	$y=11.50x+12.79$	0.982 1
胖多	$y=12.64x+19.73$	0.972 5	$y=12.99x+20.27$	0.988 4

2.2 各品种叶茎比

各品种苜蓿第 1 茬叶茎比较大，后两茬较小且变化不明显（表 2）。施肥与对照叶茎比都较高的品种有安苜 1 号、费纳尔、WL-323、亮牧 2 号、金皇后、胖多、三得利。不同品种苜蓿对肥料的反应有差别，有些品种在施肥处理下叶茎比增大，如新牧 2 号、先驱者；有些品种在施肥处理下叶茎比变化不大，如胖多、WL-323、三得利、费纳尔、阿尔冈金、亮牧 2 号、野生黄花；还有一些品种在施肥处理下叶茎比下降，如安苜 1 号、金皇后。

表 2　各苜蓿品种叶茎比分析

品种名称	施肥组				对照组			
	第 1 茬	第 2 茬	第 3 茬	均值	第 1 茬	第 2 茬	第 3 茬	均值
新牧 2 号	0.72	0.62	0.50	0.61	0.63	0.45	0.44	0.51
安苜 1 号	0.78	0.69	0.69	0.72	0.83	0.85	0.85	0.84
阿尔冈金	0.79	0.55	0.55	0.63	0.80	0.55	0.50	0.62
敖汉	0.78	0.64	0.58	0.67	0.70	0.77	0.73	0.73
先驱者	0.73	0.60	0.67	0.67	0.81	0.55	0.44	0.60
三得利	0.78	0.56	0.56	0.63	0.76	0.58	0.52	0.62
野生黄花	0.72	0.44	0.45	0.54	0.76	0.50	0.47	0.58
WL-323	0.81	0.60	0.63	0.68	0.78	0.66	0.60	0.68
费纳尔	0.83	0.62	0.79	0.75	0.76	0.78	0.76	0.77
亮牧 2 号	0.73	0.62	0.58	0.64	0.82	0.62	0.60	0.68
金皇后	0.65	0.64	0.61	0.63	0.75	0.71	0.68	0.71
胖多	0.80	0.54	0.54	0.63	0.78	0.55	0.52	0.62

2.3 各品种产量

施肥处理条件下，胖多与其他品种差异显著，且产量最大；三得利、WL-323、亮牧 2 号、野生黄花、费纳尔之间差异不显著，但与其他品种差异显著，产量仅次于胖多；敖汉产量最低。在对照组中胖多与其他品种差异极显著，产量最大；野生黄花、WL-323、亮牧 2 号、费纳尔、先驱者、阿尔冈、三得利之间差异不显著，但与其他品种差异显著，产量仅次于胖多；敖汉与其他品种差异极显著，且产量最低（表 3）。

表 3 施肥与对照产量及品种间方差分析

品种名称	施肥组		对照组	
	总产量（t/hm^2）	变异系数	总产量（t/hm^2）	变异系数
新牧 2 号	13 668ABab	0.462 69	10 468ABab	0.491 09
安苜 1 号	14 328ABab	0.578 42	13 552ABab	0.421 40
阿尔冈金	15 423ABab	0.434 03	15 144ABabc	0.275 76
敖汉	12 538ABa	0.517 15	7 908Bb	0.738 22
先驱者	16 731ABab	0.318 33	14 473ABabc	0.370 04
三得利	19 812ABabc	0.377 06	14 948ABabc	0.510 24
野生黄花	17 626ABabc	0.242 72	14 005ABabc	0.414 02
WL-323	18 919ABabc	0.246 38	14 055ABabc	0.429 94
费纳尔	17 409ABabc	0.241 44	15 367ABabc	0.274 01
亮牧 2 号	18 243ABabc	0.337 10	14 959ABabc	0.220 51
金皇后	15 438ABab	0.266 29	13 804ABab	0.285 44
胖多	20 533ABab	0.283 74	16 753Aa	0.310 02

注：不同大写字母表示 0.01 水平差异极显著，不同小写字母表示 0.05 水平差异显著。

2.4 经济效益比较

根据市场 2006 年苜蓿价格和肥料价格进行苜蓿品种在施肥处理下的增产经济效益比较。肥料、干草、工费均以当地市场价计（重过磷酸钙 1.7 元/kg，氯化钾 1.7 元/kg，苜蓿干草 0.7 元/kg，施肥工费 150 元/hm^2）。

由表 4 可见，施肥与对照比较增加了苜蓿产量，但不同苜蓿品种对肥料的敏感度不同，增值大的品种则经济效益高；增值低的将会出现入不敷出的现象，如安苜 1 号、阿尔冈金这类品种在栽培过程中不提倡施肥。经济效益与品种产量排序不完全一致，产草量居第 1 位的胖多经济效益却居第 5 位，而适应性最差的敖汉经济效益却居第 3 位。施肥与对照比较经济效益前 5 位的苜蓿品种为三得利、WL-323、敖汉、野生黄花、胖多。

表 4　施肥后产量和经济效益情况

品种名称	增产量（kg/hm²）	增加产值（元/hm²）	增值收入（元/hm²）
新牧 2 号	3 199.5	2 239.7	1 189.7
安苜 1 号	775.5	542.9	-507.2
阿尔冈金	279.0	195.3	-854.7
敖汉	4 630.5	3 241.4	2 191.4
先驱者	2 257.5	1 580.3	530.3
三得利	6 864.0	4 804.8	3 754.8
野生黄花	4 221.0	2 954.7	1 904.7
WL-323	4 864.5	3 405.2	2 355.2
费纳尔	2 041.5	1 429.1	379.1
亮牧 2 号	3 283.5	2 298.5	1 248.5
金皇后	1 633.5	1 143.5	93.5
胖多	3 780.0	2 646.0	1 596.0

3　结论与讨论

通过对试验数据和变化规律的分析得出：各苜蓿品种的生长规律均满足线性函数 $y=ax+b$ 关系。

不同品种表现出对环境的适应性或者生产潜能的发挥有所不同，对施肥的敏感程度也有所不同。但总体来说，施肥对苜蓿的生长为正效应。因此，在苜蓿的栽培过程中，品种挑选十分重要，要选择既有良好的生产性能或者对环境有良好的适应能力，又对施肥敏感的品种，才能最大限度地获得经济效益。

综合考虑施肥对各苜蓿品种生产性能的影响，以及施肥后的经济效益等因素得出：金皇后排在最后，安苜 1 号、阿尔冈金其经济效益为负增值；胖多、WL-323、野生黄花、三得利对肥料敏感，生产性能及经济效益都排在前列，这 4 个品种肥料效应和品种效应之间达到了很好的耦合。在该试验类似环境下的苜蓿引种栽培过程中应优先考虑这 4 个品种。

参考文献（略）

基金项目：新疆生产建设兵团绿洲生态农业重点实验室资助项目（5003-841001）。

第一作者：林祥群（1980—　），女，新疆沙湾县人，硕士研究生。

发表于《草业科学》，2017，24（9）.

施肥对两个苜蓿品种饲草产量和品质的影响比较

托尔坤·买买提，于　磊*，郭江松，林祥群

（石河子大学动物科技学院，新疆　石河子　832003）

摘要：为了平衡施肥，提高饲草产量和品质，本研究设置不同梯度的氮、磷、钾施肥对两个品种的苜蓿进行施肥试验，研究施肥对苜蓿的生长性状、干草产量和品质的影响。磷360kg/hm^2+钾450kg/hm^2施肥处理时，苜蓿品种胖多和三得利干草产量最高，达18 506.78kg/hm^2和17 191.97kg/hm^2，各茬干草产量间差异均达到显著水平（$P<0.05$）。各茬株高明显高于对照（除胖多处理a1第3茬外）；胖多各茬次粗蛋白含量比对照高14.00%、23.28%、16.36%，三得利比对照分别高12.68%、15.69%、21.40%，较对照差异显著（$P<0.05$）。在绿洲区内的苜蓿生产，采用磷360kg/hm^2+钾450kg/hm^2施肥处理更有利于胖多和三得利生长能力的发挥，显著提高饲草产量和品质。

关键词：胖多；三得利；施肥；产量；品质

中图分类号：S551.706.1

紫花苜蓿在生长发育过程中需要很多营养元素，尤其是生长多年的苜蓿，仅依靠土壤提供养分是远远不够的。氮、磷、钾营养作为植物正常生长所必需的大量营养元素，也是评价牧草品质高低的重要指标，对提高紫花苜蓿草产量和品质有重要的影响。前人研究进展一般认为磷、钾肥对苜蓿产量和质量影响较大，合理地施用磷肥可促进根的形成和发育。紫花苜蓿在各地种植较为广泛，特别是在增加优质饲草生产、促进养殖业发展和改良土壤中发挥了重要作用。

平衡施肥对胖多和三得利苜蓿品种饲草产量和品质的影响缺乏研究。拟解决的关键问题在荒漠绿洲区灌溉条件下，对生长第3年的两个苜蓿品种进行不同梯度施肥处理，观察施肥处理下苜蓿株高、品质、饲草产量的变化，探讨不同施肥量对胖多和三得利的影响，为平衡施肥及苜蓿生产提供科学依据。

1　材料与方法

1.1　试验区概况

试验区设在石河子大学试验站牧草试验田。属典型的温带大陆性气候，冬季长而严寒，夏季短而炎热，年平均气温7.5~8.2℃，年日照2 318~2 732h，无霜期147~191d，

年降水量 180~270mm，年蒸发量 1 000~1 500mm。土壤为重壤，含有机质 2.011%、全氮 0.115 7%、碱解氮 72.8mg/kg、速效磷 34.8mg/kg。

1.2 材料

尿素 [$CO(NH_2)_2$]，含氮 46%，重过磷酸钙（P_2O_5 总磷含量≥44%）作磷肥供体，以氯化钾（K_2O 含量≥33%）作钾肥供体，苜蓿品种为三得利、胖多。

1.3 试验设计

各苜蓿品种于2005 年 3 月 28 日进行人工条播，播种时设置试验组及对照组，设 10 个小区、每个小区面积 50m²。播种当年只进行必要的杂草防除及灌溉等管理措施。2008 年除对试验组进行施肥处理外，其他管理措施不变。磷肥采用全年一次性施入，其他每茬生长初期灌溉后将氮、钾肥按比例混合均匀人工撒施于试验组地块。施肥量见表 1。

表 1　氮、磷、钾施肥量　（单位：kg/hm²）

处理	N	P_2O_5	K_2O
1	75	180	450
2	0	180	225
3	0	360	450
4	0	360	225
5（CK）	0	0	0

1.4 方法

1.4.1 苜蓿产草量及株高测定

每茬均在初花期测产，每小区随机取 1m×1m 的样方，称其鲜重，留茬高度 5cm。每个小区设 3 个重复。取 150~200g 苜蓿带回实验室自然阴干称其干重。自苜蓿进入返青期开始，各个小区隔 7d 随机选取 10 个具有代表性的植株，测量植株自然高度，取平均值。

1.4.2 粗蛋白含量测定

采用凯氏定氮法测定不同梯度施肥量的三得利和胖多各茬粗蛋白含量。

1.4.3 数据处理与分析

用 DPS 数据处理软件对株高进行回归分析、对产量和品质进行方差分析。

2 结果与分析

2.1 施肥对苜蓿株高变化的影响

以胖多为处理 a，三得利为处理 b，进行处理 1、处理 2、处理 3、处理 4 不同梯度施肥处理，处理 5 为对照。以生长天数为自变量（X），以高度值为因变量（Y），对各茬苜蓿株高变化进行线性回归分析，其变化过程符合 $Y=aX+b$ 的线性方程；其中，a 值是生长速度的反映，即 a 值越大生长能力越强（表 2）。

表 2 施肥对苜蓿株高的影响

品种	处理	第 1 茬		第 2 茬		第 3 茬	
		方程	相关系数	方程	相关系数	方程	相关系数
胖多	a1	$Y=1.97X+19.50$	0.999 0	$Y=1.89X+14.00$	0.990 6	$Y=1.38X+23.50$	0.931 0
	a2	$Y=1.99X+21.50$	0.995 0	$Y=1.98X+20.50$	0.999 6	$Y=1.77X+18.50$	0.979 6
	a3	$Y=2.16X+23.00$	0.992 8	$Y=2.00X+24.00$	0.996 9	$Y=1.91X+18.00$	0.970 6
	a4	$Y=2.04X+21.50$	0.999 8	$Y=1.90X+23.00$	0.996 4	$Y=1.67X+21.00$	0.991 1
	a5	$Y=1.80X+22.50$	0.997 3	$Y=1.73X+11.50$	0.999 5	$Y=1.50X+21.50$	0.993 3
三得利	b1	$Y=1.96X+21.00$	0.987 8	$Y=1.80X+23.50$	0.997 3	$Y=1.77X+16.00$	0.997 9
	b2	$Y=1.97X+23.50$	0.999 0	$Y=1.90X+25.00$	0.999 8	$Y=1.66X+20.50$	0.988 2
	b3	$Y=2.18X+20.00$	0.992 0	$Y=2.17X+18.00$	0.992 0	$Y=1.94X+14.00$	0.962 6
	b4	$Y=2.08X+17.00$	0.991 1	$Y=2.04X+12.50$	0.996 9	$Y=1.64X+22.50$	0.994 4
	b5	$Y=1.67X+23.50$	0.995 4	$Y=1.64X+14.50$	0.989 9	$Y=1.50X+18.50$	0.996 8

注：处理 1 至处理 4 分别表示施肥处理，处理 5 为对照，a 表示为胖多，b 表示为三得利。

2.2 施肥对苜蓿干草产量的影响

施肥可提高苜蓿各茬干草产量（$P<0.05$），有显著的增产作用，各施肥处理干草产量均显著高于对照产量，其中施磷 360kg/hm^2+钾 450kg/hm^2 时，胖多总产量最高达 18 506.78kg/hm^2，各茬产量比对照高 41.31%、51.85%和 40.98%。其中处理 a2、处理 a3、处理 a4 施肥处理在第 1 茬干草产量间差异显著（$P<0.05$），处理 a1 施肥处理草产量差异不显著；在第 2 茬、第 3 茬处理 a3 施肥处理干草产量间差异显著（$P<0.05$），处理 a1、处理 a2、处理 a4 施肥处理干草产量差异不显著。

三得利处理组与对照相比，处理 b3 在各茬增产效果最佳（$P<0.05$），三得利总产量最高达 17 191.97kg/hm^2，较对照增高 9.33%、35.51%和 51.83%。其中 b3 施肥处理各茬干草产量间差异显著（$P<0.05$），处理 b1、处理 b2、处理 b4 施肥处理草产量差异不显著（表 3）。

表 3　施肥对苜蓿干草产量的影响　　　（单位：kg/hm²）

品种名称	处理	第 1 茬	增产（%）	第 2 茬	增产（%）	第 3 茬	增产(%)
胖多	a1	5 434. 72cd	7. 62	4 760. 55bc	9. 91	3 627. 81bc	6. 69
	a2	6 922. 64ab	37. 08	4 958. 48bc	14. 48	4 118. 28ab	21. 11
	a3	7 136. 07ab	41. 31	6 576. 97a	51. 85	4 793. 74a	40. 98
	a4	5 668. 33c	12. 24	4 467. 35c	3. 14	3 815. 41b	21. 21
	a5	5 050. 02d	—	4 331. 16c	—	3 400. 37bcd	—
三得利	b1	6 727. 31b	1. 23	4 650. 32c	7. 35	2 925. 06cd	9. 50
	b2	6 963. 48ab	4. 79	5 044. 40bc	16. 44	3 050. 64cd	14. 20
	b3	7 265. 63a	9. 33	5 870. 43ab	35. 51	4 055. 91ab	51. 83
	b4	6 815. 91ab	2. 57	4 374. 69c	0. 98	2 675. 33d	0. 15
	b5	6 645. 32b	—	4 332. 00c	—	2 671. 34d	—

注：同列中不同字母间差异显著（$P<0.05$）；处理 1-4 分别表示施肥处理，处理 5 为对照，a 表示为胖多，b 表示为三得利，下同。

2.3　施肥对苜蓿品质的影响

施肥后各处理粗蛋白含量较对照差异显著（$P<0.05$），处理 a3 效果最佳。各茬分别高于对照 14. 00%、23. 28%、16. 36%。处理 a1 施肥处理在第 2 茬、第 3 茬粗蛋白含量间差异显著（$P<0.05$），在第 1 茬粗蛋白含量差异不显著。处理 a2 施肥处理在第 1 茬粗蛋白含量间差异显著（$P<0.05$），在第 1 茬、第 3 茬粗蛋白含量差异不显著。处理 a4 施肥处理各茬粗蛋白含量间差异不显著。

不同处理苜蓿中粗蛋白的含量不同。效果最好的是处理 b3，各茬粗蛋白含量显著高于对照（$P<0.05$），分别高 12. 68%、15. 69%、21. 40%，而处理 b1、处理 b2、处理 b4 施肥处理在第 1 茬、第 2 茬粗蛋白含量间差异不显著。处理 b1、处理 b4 在第 3 茬粗蛋白含量差异显著（$P<0.05$），处理 b2 在第 3 茬粗蛋白含差异不显著。从增加苜蓿粗蛋白的角度考虑，磷肥 360kg/hm²+钾肥 450kg/hm² 时效果最好（表 4）。

表 4　施肥对苜蓿粗蛋白含量（%）的影响

品种名称	处理	第 1 茬	高于对照（%）	第 2 茬	高于对照（%）	第 3 茬	高于对照（%）
胖多	a1	17. 99abc	7. 60	18. 02cd	10. 14	17. 51b	11. 03
	a2	17. 88abcd	6. 94	19. 80a	21. 03	16. 19c	2. 66
	a3	19. 06a	14. 00	20. 17c	23. 28	18. 35a	16. 36
	a4	16. 89cd	1. 02	17. 23def	5. 32	16. 15c	2. 41
	a5	16. 72cd	—	16. 36f	—	15. 77cd	—

（续表）

品种名称	处理	第 1 茬	高于对照（%）	第 2 茬	高于对照（%）	第 3 茬	高于对照（%）
三得利	b1	16. 80cd	0. 96	17. 56def	3. 97	16. 26c	15. 24
	b2	16. 97cd	1. 98	17. 36def	2. 78	14. 85ef	5. 24
	b3	18. 75ab	12. 68	19. 54ab	15. 69	17. 13b	21. 40
	b4	17. 71bcd	6. 43	17. 73cde	4. 97	15. 04de	6. 59
	b5	16. 64d	—	16. 89ef	—	14. 11f	—

3 讨论

通过对试验数据和变化规律的分析得出：胖多和三得利各茬生长规律均满足线性函数 $Y=aX+b$ 关系。各处理在第 1 茬生长速度呈增长优势，因此可以适当延长第 1 茬的收获时间，通过增加株高提高产量。

氮、磷、钾是苜蓿生长发育的必需营养元素，施氮肥可以显著增加其产量，特别是磷、钾肥可以显著提高苜蓿干草产量。各施肥处理下苜蓿品种和对照产量差异明显，说明所有供试品种对肥料有很强的敏感性，施肥能明显提高各苜蓿品种的产量。有研究者认为，施氮肥只对无效根瘤菌的苜蓿有明显的增产效果，同时也增加了氮积累。也可能是几种肥料互相作用的效果。试验表明，各施肥处理条件下，胖多比三得利差异显著，且产量和粗蛋白含量高。

我国虽然苜蓿栽培历史悠久，但由于栽培管理技术等条件的限制，苜蓿草产量一直较低，2002—2003 年全国苜蓿干草产量平均为 4 500~7 500kg/hm^2，质量也较差，粗蛋白含量常不足 15%，还未达到国家一级草产品的标准。但在美国等国家，单位面积苜蓿草产量很高，平均干草产量可达 12 000kg/hm^2，灌溉条件下可达 54 000kg/hm^2。所以提高苜蓿草产量、提升草产品质量是我国畜牧业发展的关键。在绿洲区，通过采用氮、磷、钾施肥来促进紫花苜蓿生长，提高产量、增加其粗蛋白含量，是最有效的农业技术措施。

4 结论

适宜用量范围内，施磷量、施钾量的增加可促使苜蓿植株高度和产量均相应增加，而且磷、钾配比交互作用明显。不同梯度的氮、磷、钾量对苜蓿的产草量差异显著，处理 3 干草产量最高、品质最佳，推荐施肥处理 3（磷 360kg/hm^2+钾 450kg/hm^2）为最佳组合。

参考文献（略）

基金项目：新疆生产建设兵团科技攻关计划项目（2007ZX02）。

第一作者：托尔坤·买买提（1983— ），女（柯尔克孜族），新疆阿合其县人，硕士研究生。

发表于《新疆农业科学》，2009，46（6）.

绿洲区滴灌条件下施磷对紫花苜蓿生产性能及品质的影响

张凡凡，于　磊*，马春晖，张前兵，鲁为华
（石河子大学动物科技学院，新疆　石河子　832000）

摘　要： 为提高滴灌条件下紫花苜蓿的生产性能及营养品质，对北疆绿洲区滴灌条件下两个品种紫花苜蓿开展施磷的研究。设置一次性施 180kg/hm^2 磷肥（L_1）、一次性施 360kg/hm^2 磷肥（H_1）、分次施 180kg/hm^2 磷肥（L_2）、分次施 360kg/hm^2 磷肥（H_2）及不施肥（CK）5 个处理，通过对其生产性能和营养品质进行测定。结果表明，不同施磷模式对新牧 2 号第 1 茬干草产量、生长速度、叶茎比及第 3 茬株高有显著影响（$P<0.05$），对三得利第 3 茬干草产量、生长速度有显著影响（$P<0.05$），对其余各生产性能相关指标均无显著影响（$P>0.05$）。不同施磷模式对新牧 2 号各茬次粗蛋白、粗纤维及第 1 茬粗灰分有显著影响（$P<0.05$），对三得利第 1 茬、第 3 茬粗灰分有显著影响（$P<0.05$），对其余各营养品质相关指标均无显著影响（$P>0.05$）。采取模糊相似优先比分析法综合生产性能及品质的各项指标，得到新牧 2 号和三得利的最佳施磷模式，按优劣排序为 $H_1>L_1>H_2>L_2>CK$。

关键词： 紫花苜蓿；滴灌；磷肥；生产性能；营养品质；相似优先比分析

紫花苜蓿是我国分布最广，栽培历史最悠久的豆科牧草，其经济价值高、生态效应好，在我国栽培草地建植中具有举足轻重的作用。国内外大量研究均表明，磷素是作物生长的重要营养成分，其对于调节紫花苜蓿的生理功能、生产性状、营养品质等均有重要的作用，并且还能促进紫花苜蓿对其他营养元素的吸收利用。有关研究还加入解磷真菌，从而促进紫花苜蓿对磷素的吸收。因此如何有效利用磷肥是紫花苜蓿高效生产的关键技术之一。但就目前磷肥的利用现状来看，当季利用效率低下，所以针对紫花苜蓿的高效施磷肥理论进行研究具有重要意义。新疆绿洲区是我国苜蓿种植生产的重要地区，现已大面积推广使用滴灌技术，其为苜蓿的高效生产创造了有利条件。将磷肥的施用技术与滴灌技术进行结合，对提高紫花苜蓿的产量和品质非常重要。本文以北疆绿洲区滴灌条件为研究背景，采取不同施磷肥量和施磷肥方式的组合，对紫花苜蓿的生产性能进行研究，以期探索出符合绿洲区特点的施磷模式。

1 材料与方法

1.1 试验地概况

试验地位于新疆石河子大学农学试验站（88°30′E，44°20′N，海拔420m）。该地为典型温带大陆性干旱气候，夏季短而炎热，冬季长而寒冷，年均气温6.0~6.6℃。该地日照充沛，年日照数为2 721～2 818h。年降水量110～200mm，年蒸发量1 000～1 500mm，无霜期160～170d。试验当年（2013年）气候条件良好，与30年间（1981—2011年）平均气温及降水条件基本相似，总降水较30年平均值高5.16%，总积温高5.92%（表1）。试验当年（2013年）耕作土层（0~20cm）土壤类型为重壤土，有机质24.29g/kg，碱解氮70.23mg/kg，全磷0.43g/kg，速效磷9.12mg/kg，pH值为6.44。

表1 1981—2011年及试验年2013年3—10月的平均降水量和平均气温

项目	3月	4月	5月	6月	7月	8月	9月	10月
30年平均降水量（mm）	12.5	26.2	29.9	21.0	21.5	15.1	15.9	18.9
试验当年降水量（mm）	5.0	38.1	26.0	29.2	31.4	19.0	7.1	13.5
30年平均温度（℃）	-0.1	12.1	18.8	23.6	25.3	23.3	17.2	8.2
试验当年温度（℃）	0.1	14.3	19.3	23.5	25.4	23.9	18.2	11.3

1.2 试验设计

以生长第2年的2个紫花苜蓿品种三得利、新牧2号为试验材料，磷肥源为重过磷酸钙，有效磷含量44%。紫花苜蓿地建植于2012年，播种深度为2～3cm，行间距30cm，播种量18kg/hm^2，播种前每个小区之间均埋深度为50cm的防渗膜（聚乙烯膜），以防串肥。采取滴灌方式进行灌水。采取双因素随机设计，设计施磷量和施磷方式两个因素，施磷量分别为180kg/hm^{2}和360kg/hm^2，施磷方式为一次性施入和均分3次施入，分别在返青及每次刈割后施入，共计5个处理。即一次性施180kg/hm^{2}磷肥（L_1）、一次性施360kg/hm^{2}磷肥（H_1）、分次施180kg/hm^{2}磷肥（L_2）、分次施360kg/hm^{2}磷肥（H_2）及不施肥（CK），每个处理2个重复。追施方式为沟施，开沟深度为5cm左右，每次施肥后立即进行滴灌，灌水量按全生长季4 500 m^3/hm^{2}分配，每茬灌水约1 500m^3/hm^2。

1.3 测定内容与方法

生产性能测定的指标为干草产量、生长速度、株高及叶茎比。干草产量的测定：在紫花苜蓿进入初花期（30%开花）时，每个小区随机取1m^2，测定鲜草产量（重复3次），再随机称取3份200g左右鲜草样，自然风干称量，至质量恒定后折算自然含水率及干草产量。生长速度的测定：以每次测产时单位面积的干草产量除以两次生长期间的时间，统计出单位面积单位时间生长的干草产量。株高及叶茎比的测定：紫花苜蓿测产的同时（初花期），随机从每小区选取 20 株具有代表性的植株，测量植株地面到顶部的自然高度，取平均值；并随机选取 20 株，离地 5cm 左右剪下，将叶和茎分离，分别称其鲜重，再自然风干称量，至质量恒定后计算叶（干）和茎（干）的比例。粗蛋白采用凯氏定氮法，粗脂肪采用索氏浸提法，粗纤维采用范氏洗涤纤维分析法，粗灰分采用灰化法。

1.4 数据处理

采用 Excel 2007 和 SPSS 18.0 进行数据处理和统计分析，其中统计分析采取最小显著差数法（LSD）。综合评价方法采取 DPS 7.0 软件中的模糊相似优先比分析，将待处理样品的各个指标进行分析计算，对其给予识别表示为 1，固定样本（参考品种）识别表示为 0，执行“相似优先比分析”。

2 结果与分析

2.1 紫花苜蓿生育期的观测

紫花苜蓿的生育期直接反映出其生长发育的情况，通过对供试紫花苜蓿试验当年（2013 年）生育期的观测。结果表明（表 2），两个品种紫花苜蓿各茬次物候期均近似。整个生育期间隔时间为，返青至第 1 茬 62d，第 1~2 茬 30d，第 2~3 茬 43d。整个观测直至 2013 年 10 月 25 日左右紫花苜蓿全年生育期结束为止。

表 2 试验当年（2013 年）紫花苜蓿物候期

茬次	物候期（月/日）			
	返青/再生期	分枝期	现蕾期	初花期/生育期结束
第 1 茬	3/23	4/30	5/18	5/24
第 2 茬	6/5	6/24	6/30	7/5
第 3 茬	7/12	8/9	8/17	8/24
第 4 茬	9/1	—	—	10/25

2.2 不同施磷模式对紫花苜蓿生产性能的影响

通过对两个品种紫花苜蓿生产性能的测定结果表明（表 3），干草产量随着刈割次数的增加处于下降趋势。两个品种紫花苜蓿全年总干草产量按优劣排序均为 $H_1>H_2>L_1>L>CK$，其中新牧 2 号干草产量间的差异主要表现在第 1 茬，各处理按优劣排序为 $H_1>H_2>L_1>L_2>CK$（$F=8.05$）。三得利干草产量间的差异主要表现在第 3 茬，各处理按

表 3　不同施磷模式对紫花苜蓿生产性能及营养品质的影响

苜蓿品种	处理	粗蛋白含量（%）				粗纤维含量（%）				粗脂肪含量（%）				粗灰分含量（%）			
		第 1 茬	第 2 茬	第 3 茬	共计	第 1 茬	第 2 茬	第 3 茬	平均	第 1 茬	第 2 茬	第 3 茬	平均	第 1 茬	第 2 茬	第 3 茬	平均
新牧 2 号	H_1	18. 03b	18. 95a	16. 90ab	17. 96a	52. 00a	41. 50bc	44. 50b	46. 00a	11. 75a	10. 75a	10. 50a	11. 00a	1050a	8. 75a	7. 75a	9. 00a
	L_1	18. 69a	18. 08b	17. 88a	18. 22a	43. 50bc	37. 00c	43. 50bc	41. 33a	13. 75a	11. 25a	10. 75a	11. 67a	11. 00a	8. 50a	7. 75a	9. 08a
	H_2	16. 59c	17. 12c	18. 67a	17. 46a	48. 50ab	49. 50ab	44. 00b	47. 33a	11. 75a	10. 75a	11. 00a	11. 17a	8. 75b	8. 75a	8. 00a	8. 50a
	L_4	18. 36ab	17. 12c	17. 34ab	17. 61a	42. 00bc	52. 50a	38. 50c	44. 33a	11. 75a	11. 00a	12. 00a	11. 58a	1050a	7. 75a	8. 25a	8. 83a
	CK	16. 42c	15. 14d	16. 03b	15. 86b	41. 00c	51. 00a	50. 50a	47. 50a	11. 50a	10. 50a	10. 75a	10. 92a	8. 75b	7. 75a	6. 75a	7. 75a
	$LSD_{0.05}$	58. 36	35. 27	4. 08	3. 88	6. 26	8. 12	30. 33	ns	ns	ns	ns	ns	15. 25	ns	ns	ns
三得利	H_1	17. 84a	16. 55a	18. 67a	1769a	52. 50a	50. 00a	44. 25a	48. 92a	12. 50a	12. 25a	10. 75a	11. 83a	8. 75ab	8. 25a	8. 75ab	8. 58ab
	L_1	17. 25a	17. 99a	18. 36a	17. 87a	48. 50a	46. 25a	40. 75a	45. 17a	11. 50a	12. 63a	11. 50a	11. 88a	9. 75a	8. 50a	8. 75ab	9. 00a
	H_2	17. 50a	17. 22a	17. 63a	17. 45a	42. 25a	49. 75a	46. 00a	46. 00a	11. 25a	12. 63a	10. 88a	11. 59a	9. 25ab	7. 75a	8. 00bc	8. 33ab
	L_2	17. 36a	17. 55a	18. 08a	17. 66a	43. 50a	46. 25a	42. 50a	44. 17a	11. 75a	11. 88a	12. 13a	11. 92a	8. 50ab	8. 00a	9. 25a	8. 58ab
	CK	17. 13a	16. 95a	17. 40a	17. 16a	46. 25a	48. 50a	48. 00a	47. 58a	11. 25a	11. 75a	10. 88a	11. 29a	7. 75b	7. 88a	7. 75c	7. 79b
	$LSD_{0.05}$	ns	ns	ns	ns	ns	ns	ns	ns	ns	ns	ns	ns	2. 88	ns	ns	ns

（续表）

苜蓿品种	处理	干草产量（t/hm²）				生长速度［kg/(d·hm²)］				株高（cm）				叶茎比			
		第1茬	第2茬	第3茬	共计	第1茬	第2茬	第3茬	平均	第1茬	第2茬	第3茬	平均	第1茬	第2茬	第3茬	平均
新牧2号	H_1	13.84a	8.26a	7.35a	29.45a	223.16a	275.33a	170.95a	223.15a	125.90a	106.20a	78.90a	103.67a	0.58a	0.64a	0.69a	0.64a
	L_1	10.67bc	6.63a	5.72a	23.02ab	172.12bc	220.86a	133.02a	175.33a	122.25a	102.47a	72.60ab	99.11a	0.52ab	0.55a	0.55a	0.54bc
	H_2	12.5ab	8.4a	6.28a	27.18a	201.53ab	280.14a	145.96a	209.21a	125.55a	106.13a	77.00ab	102.89a	0.54ab	0.57a	0.57a	0.58ab
	L_4	9.11c	7.99a	5.65a	22.74b	146.86c	266.18a	131.42a	181.49a	121.60a	100.93a	73.20ab	98.58a	0.44ab	0.50a	0.50a	0.49cd
	CK	8.72c	6.58a	5.07a	20.37b	140.66c	219.41a	117.84a	159.30a	119.00a	101.67a	72.00b	97.56a	0.40b	0.48a	0.48a	0.45d
	$LSD_{0.05}$	8.05	ns	ns	18.41	8.05	ns	ns	ns	ns	ns	1.84	ns	3.24	ns	ns	8.13
三得利	H_1	11.40a	8.22a	6.04a	25.66a	183.93a	273.91a	140.35a	199.40a	121.00a	100.43a	80.05a	100.49a	0.54a	0.51a	0.58a	0.54a
	L_1	9.99a	7.12a	5.76ab	22.86a	161.07a	237.34a	133.92ab	177.44a	118.60a	98.38a	77.70a	98.23a	0.46a	0.52a	0.56a	0.51a
	H_2	10.59a	7.35a	5.83ab	23.77a	170.78a	244.97a	125.62ab	183.79a	121.20a	101.64a	76.55a	99.80a	0.45a	0.51a	0.55a	0.50a
	L_2	9.83a	7.00a	5.49ab	22.32a	158.58a	233.33a	127.70ab	173.20a	120.68a	96.07a	76.25a	97.67a	0.44a	0.47a	0.56a	0.49a
	CK	9.77a	6.79a	4.55b	21.11a	157.58a	226.37a	105.84b	163.26a	113.81a	95.87a	76.65a	95.44a	0.44a	0.46a	0.52a	0.47a
	$LSD_{0.05}$	ns	ns	3.13	ns	ns	ns	3.13	ns	ns	ns	ns	ns	ns	ns	ns	ns

注：通过 LSD 检验，同列字母相同表明在 5%水平下差异不显著，$LSD_{0.05}$表明至少在 5%水平下有显著差异，ns 表明无差异。

优劣排序为 $H_1>H_2>L_1>L_2>CK$（$F=3.13$）。生长速度随刈割次数的增加呈倒“U”形变化，各茬次不同处理间变化差异同干草产量，其中仅新牧 2 号平均生长速度有所不同，其排序为 $H_1>H_2>L_2>L_1>CK$（$P>0.05$）。株高的变化规律同干草产量。叶茎比随刈割次数的增加略微呈升高趋势。

2.3 不同施磷模式对紫花苜蓿营养品质的影响

通过对两个品种紫花苜蓿营养品质的测定结果表明（表 3），粗蛋白含量随刈割次数的增加略微呈升高趋势，两个品种紫花苜蓿全年平均粗蛋白按优劣排序均为 $L_1>H_1>L_2>H_2>CK$。三得利各茬次不同处理间粗蛋白含量变化差异均不显著（$P>0.05$）。CF 含量随刈割次数的增加呈“U”形变化，新牧 2 号全年平均粗纤维按优劣排序为 $L_1>L_2>H_1>H_2>CK$（$P>0.05$），三得利为 $L_2>L_1>H_2>CK>H_1$（$P>0.05$）。三得利各茬次不同处理间粗纤维含量变化差异均不显著（$P>0.05$）。不同处理对粗脂肪含量影响不大，两个品种紫花苜蓿各茬次不同处理间粗脂肪含量变化差异均不显著（$P>0.05$）。粗灰分随刈割次数的增加变化趋势同 CF。

2.4 最佳施磷模式的模糊相似优先比评价

将两个品种紫花苜蓿生产性能和营养品质各指标的全年和值（均值）进行综合评价。按相似度评分从小到大的顺序进行排序，新牧 2 号为 15 分（H_1）>17 分（L_1）>23 分（H_2）>25 分（L_2）>40 分（CK），三得利排序为 16 分（H_1）>1 分（L_1）>23 分（H_2）>23 分（L_2）>38 分（CK）（表 4）。

表 4 紫花苜蓿生产性能及营养品质各相关指标的权重及参考指标

项目	生产性能				营养价值			
	干草产量（t/hm²）	生长速度［kg/(d·hm²)］	株高（cm）	叶茎比	粗蛋白（%DM）	粗纤维（%DM）	粗脂肪（%DM）	粗灰分（%DM）
参考指标	30	230	110	0.7	19	40	12	10
权重（%）	22.264	16.698	11.132	5.566	17.736	13.302	8.868	4.434

3 讨论

3.1 不同施磷模式对紫花苜蓿生产性能及品质的影响

磷肥对于紫花苜蓿的生长发育起着至关重要的作用，在滴灌条件下不同施磷量和施磷方式的组合必然会影响紫花苜蓿的生产性能。本试验研究表明，不同施磷模式对紫花苜蓿的各生产性能指标均有一定影响，这表明施用磷肥可显著增加紫花苜蓿叶茎比，从而提高单位面积的干草产量。另外，不同施磷模式主要影响紫花苜蓿第 1 茬、第 3 茬的生产性能，其原因可能为第 2 茬水、热条件较好，此时紫花苜蓿的生长主要依赖于环境因子，而仅当气温较低时（第1茬、第3茬），磷肥才起主导作用。

营养品质的指标主要包括构成因素为粗蛋白、粗纤维、粗脂肪和粗灰分。本试验研究结果表明，一次性施入180kg/hm^{2}磷肥对新牧2号营养品质的增益效果最好，而一次性施入360kg/hm^{2}磷肥的增益效果却有所下降，这表明高磷肥的施入会抑制紫花苜蓿的营养品质。对于提高紫花苜蓿营养品质的施磷模式一次性施肥优于分次施肥，施用180kg/hm^{2}磷肥优于360kg/hm^{2}磷肥，这说明紫花苜蓿在生长过程中确实需要磷素的供应，但过剩会引起紫花苜蓿的早衰及失绿症的发生，并抑制其对于其他营养物质的吸收，从而导致营养品质的下降。

3.2 绿洲区滴灌条件下紫花苜蓿最佳施磷模式初探

不同施磷模式对不同品种紫花苜蓿的生产性能及营养品质的影响不同（表3），这说明磷肥对紫花苜蓿具有品种选择性，只有在适合的条件种植合适的品种才能达到增产效果，磷肥的施用量才会与紫花苜蓿的生产性能和品质呈正相关。最佳施磷模式为一次性施用360kg/hm^{2}磷肥，在此施磷模式下紫花苜蓿亩（1亩约为667m^2）产可接近报道出的最大产量（30 000/hm^2）。这表明滴灌条件下合理的施磷模式可大幅度提高苜蓿的综合性能。而结合磷肥报酬、磷肥后作效应及水肥耦合等问题的最佳施磷模式本文没有涉及，在后续工作中尚需继续深入研究。针对环境因素及紫花苜蓿的需磷特性，建议在水热条件较差的情况下增施磷肥，条件较好时少施或不施磷肥。

4 结论

绿洲区滴灌条件下种植三得利综合表现较好，而结合不同施磷模式后新牧2号综合表现较好。综合生产性能和营养品质的最佳施肥模式按优劣排序为：一次性施360kg/hm^{2}磷肥>一次性施180kg/hm^{2}磷肥>分次施360kg/hm^{2}磷肥>分次施180kg/hm^{2}磷肥>不施肥。此结果为绿洲区滴灌条件紫花苜蓿的合理施磷提供了部分理论依据。

参考文献（略）

基金项目：石河子大学自然科学研究与技术创新项目（RCGB201102）；石河子大学高层次人才科研启动资金专项（RCZX201301）；国家牧草产业技术体系项目（CARS-35）。

第一作者：张凡凡（1989—　），男，新疆乌鲁木齐人，博士研究生。

发表于《草地学报》，2016，24（6）.

氮磷互作对不同茬次滴灌苜蓿生产性能及营养品质的影响

苗晓茸，孙艳梅，于　磊，马春晖，张前兵*
（石河子大学动物科技学院，新疆　石河子　832003）

摘　要：为探讨滴灌条件下不同氮磷互作模式对绿洲区滴灌苜蓿生产性能及营养品质的影响，本试验设置施氮 105kg/hm^2（N_1）和 210kg/hm^2（N_2）2 种施氮梯度，施 P_2O_5 0（CK）、50kg/hm^2（P_1）、100kg/hm^2（P_2）和 150kg/hm^2（P_3）4 种施磷梯度，交互配施共 8 个处理（N_1P_0、N_1P_1、N_1P_2、N_1P_3、N_2P_0、N_2P_1、N_2P_2、N_2P_3），采用随机区组设计，对滴灌苜蓿各生长性状、干草产量及营养品质进行了测定。结果表明，N_1 条件下，前 3 茬中，苜蓿的株高、茎粗、生长速度、干草产量和粗蛋白含量均表现为 P_2 处理大于其他处理，N_2 条件下，前 3 茬中，苜蓿的株高、茎粗、生长速度、干草产量和粗蛋白含量均表现为 P_1 处理大于其他处理；N_1、N_2 条件下，各茬次苜蓿叶片、茎秆的酸性洗涤纤维、中性洗涤纤维含量均表现为 P_2 处理小于其他处理。P_0、P_2、P_3 条件下，前 3 茬中，苜蓿的株高、茎粗、生长速度、干草产量和粗蛋白含量均表现为 N_1 处理大于 N_2 处理；相同施磷条件下，苜蓿叶片、茎秆的酸性洗涤纤维、中性洗涤纤维含量均表现为 N_1 处理小于 N_2 处理。通过对苜蓿各生长性状指标与干草产量灰色关联度分析表明，生长速度和茎粗对苜蓿干草产量的贡献率较大，株高和茎叶比对苜蓿干草产量的贡献率较小。通过模糊相似优先比评价表明，不同氮磷处理下滴灌苜蓿各茬次的较优施肥模式为 N_1P_2 处理，此处理下，苜蓿能够获得较高干草产量（25 103.19kg/hm^2）、高蛋白含量（叶：23.60%～26.47%，茎：10.57%～11.76%），低酸性洗涤纤维含量（叶：13.28%～17.41%，茎：38.63%～47.21%）和低中性洗涤纤维含量（叶：18.18%～22.93%，茎：49.53%～59.83%）。在新疆绿洲区，施氮（N）105kg/hm^2、磷（P_2O_5）100kg/hm^2 有利于促进滴灌苜蓿干草产量的形成及营养品质的提高。

关键词：苜蓿；氮磷互作；滴灌；干草产量；营养品质
中图分类号：S541.9；S275.6

紫花苜蓿是世界上分布范围广，也是我国种植面积最大的高蛋白牧草之一，具有营养价值高、适口性好、适应性强等特点，被称为“牧草之王”。氮、磷是苜蓿生长过程中必需的营养元素，施用氮、磷肥对紫花苜蓿的干草产量和营养品质具有重要的影响。作为豆科牧草，苜蓿自身的固氮量基本可以满足自身生长发育对氮素的需求。但施入适量的氮肥更有利于提高苜蓿粗蛋白含量并降低其粗纤维含量。磷是影响苜蓿生产力的重要因素之一，磷的主要作用是储存和转运能量供植物吸收，紫花苜蓿根系的生长需要充足的磷肥供应，缺磷不仅影响苜蓿根瘤菌对氮的固定与吸收，而且限制植株的正常生长发育。研究表明，充足的磷肥供应才能维持苜蓿根系的正常生长发育，缺磷不仅影响苜蓿根瘤菌对氮的固定与吸收，而且限制植株的正常生长发育。可见，氮、磷以及氮磷合理配施对提高苜蓿的干草产量具有重要的意义。

新疆地区降水量少且气候干燥，是我国苜蓿种植的主产区之一。随着新疆机械化程度的普遍使用及滴灌系统的应用，苜蓿的刈割茬次由每年2~3茬提高至4~5茬，随着苜蓿刈割茬次的增多，营养元素从土壤中流失就更多，因此提高肥料利用率是保证高产的重要前提。目前，在实际生产中人们对苜蓿的氮磷钾肥进行了大量的研究，但氮磷的施肥方式及施肥量仍因区域不同而不统一，特别是新疆绿洲区滴灌条件下，随水滴施氮磷肥的量以及不同氮磷互作模式对滴灌苜蓿干草产量及营养品质的影响机制仍不明确。因此，本研究以滴灌苜蓿为研究对象，开展不同氮磷耦合模式对紫花苜蓿干草产量和营养品质的影响研究，旨在提高滴灌条件下紫花苜蓿干草产量和营养品质，为新疆绿洲区滴灌苜蓿科学施肥制度提供数据参考。

1 材料与方法

1.1 试验地概况

试验在石河子市天业集团农研所农业示范园区试验田（44°26′N，85°95′E）进行。年降水量为125.0~207.7mm；年日照时数为2 721~2 818h。试验地的土壤类型为灰漠土。土壤容重为1.47g/cm^3，土壤耕层（0~20cm）含速效磷16.5mg/kg、全磷0.21g/kg、碱解氮73.1mg/kg、有机质25.6g/kg、速效钾330mg/kg。

1.2 试验设计

试验苜蓿品种为WL354，于2015年进行人工条播，播种行距为20cm，播种深度1.5~2.0cm，播种量为18kg/hm^2，小区面积为5m×8m=40m^2。本试验于苜蓿生长第3年（2017年）进行，苜蓿全年刈割4茬，均在初花期（开花10%）进行，留茬高度为5cm。滴灌带浅埋于地表8~10cm，间距60cm，所用滴灌带为内镶式滴灌带，滴头间距为20cm。

试验采用二因素随机区组设计，设2种施氮梯度，分别为施氮105kg/hm^2（N_1）和210kg/hm^2（N_2）；4种施磷梯度，分别为施P_2O_5 0（CK）、50kg/hm^2（P_1）、100kg/hm^2（P_2）和150kg/hm^2（P_3），交互配施共8个处理，所用氮肥为尿素（含氮46%），所用磷肥为磷酸一铵（含P_2O_5 52%），3次重复。肥料在返青后的分枝期、第1茬、第2茬、第3茬刈割后3~5d随水滴施，具体施肥时间分别为2017年4月30日、5月26日、6月29日、8月5日。

1.3 测定内容及方法

1.3.1 产量测定

采用样方法测定，在初花期（开花10%左右）以1m×1m为一个样方，在每个小区随机选取3个长势均一且能够代表该小区长势的苜蓿样方，用镰刀割取样方内的苜蓿植株，留茬高度5cm左右；另取300g左右鲜草样带回实验室于105℃下杀青30min后65℃烘干至恒重，折算出苜蓿干草产量（kg/hm^2）。具体计算公式如下：

$$含水率（\%）=（鲜草产量-干草产量）/干草产量\times100 \quad (1)$$

$$干草产量=鲜草产量\times（1-含水率） \quad (2)$$

1.3.2 株高和茎粗

在产量测定的同时，在各处理的每个小区随机选取10株，用钢卷尺测定其垂直高度，取平均值（cm），并用游标卡尺测量其距地表5cm处的茎粗（mm）。

1.3.3 茎叶比

在产量过程中，将取回称重的鲜样于105℃下杀青30min，再于65℃烘干至恒重，然后将茎、叶分别收集，称量其干重。根据茎、叶的生物重，按下式计算茎叶比：

$$茎叶比（\%）=茎秆干重/叶片干重 \quad (3)$$

1.3.4 生长速度

根据测得的苜蓿干草产量以及每茬刈割间隔的天数计算出紫花苜蓿每一茬的生长速度，具体计算公式如下：

$$生长速度[kg/(hm^2\cdot d)]=干草产量/间隔天数 \quad (4)$$

1.3.5 营养品质测定

采用半微量凯氏定氮法测定粗蛋白（CP）含量。

采用国标测定法测定中性洗涤纤维（NDF）和酸性洗涤纤维（ADF）含量。

1.4 数据处理与分析

采用Microsoft Excel 2010对数据进行整理，SPSS 19.0统计分析软件对数据进行二因素方差分析，并进行差异显著性分析，数据表示为“平均值±标准差”。

2 结果与分析

2.1 不同施肥处理下滴灌苜蓿各生长性状指标

不同处理下苜蓿的株高、茎粗、茎叶比、生长速度（表1）在各茬次的变化为：N_1条件下，前3茬中，随着施磷量的增加，苜蓿的株高、茎粗、生长速度呈先增加后降低的趋势，在P_2处理下达到最高值；N_2条件下，在P_1处理达到最高值。P_0、P_2、P_3条件下，在前3茬中，N_1处理的株高、茎粗、生长速度大于N_2处理。不同处理下苜蓿的茎叶比在各茬次的变化为：N_1条件下，前3茬中，茎叶比随施磷量的增加呈先降后增的趋势，在P_2处理下达到最小值；N_2条件下，前3茬中，P_1处理达到最小值，第4茬中，P_2处理下达到最小值。第1茬和第4茬中，各处理之间的株高均无显著差异（$P>0.05$）；第1茬、第3茬和第4茬中，N_1条件下，P_2处理的茎粗与P_0处理存在显著差异（$P<0.05$）；N_2条件下，P_1处理显著大于P_0、P_2处理（$P<0.05$）；P_2条件下，除

第 2 茬外，N_1 处理的茎粗显著大于 N_2 处理（$P<0.05$）。各茬次中，N_1 条件下，P_2 处理的茎叶比与 P_1 处理之间无差异显著（$P>0.05$）；N_2 条件下，除第 1 茬外，P_1 与 P_0 处理之间差异显著（$P<0.05$）。

各茬次中，施氮、氮磷互作处理对苜蓿的株高均无显著影响；不同施磷处理对苜蓿的茎粗均有显著影响；施氮处理对第 2 茬和第 3 茬苜蓿的茎叶比有显著影响；在各茬次中，施氮、氮磷互作处理对苜蓿的生长速度均无显著影响。

表 1　不同施肥处理下滴灌苜蓿生长性状指标

处理	株高（cm）				茎粗（mm）			
	第1茬	第2茬	第3茬	第4茬	第1茬	第2茬	第3茬	第4茬
N_1P_0	82.38±6.63Aa	82.25±4.92Ab	87.45±3.57Ab	81.05±3.09Aa	3.17±0.06Ac	3.18±0.03Aa	2.99±0.02Ab	2.20±0.06Ac
N_1P_1	83.25±5.44Aa	84.28±1.69Bb	89.00±2.62Aab	81.42±3.87Aa	3.24±0.05Bbc	3.24±0.04Aa	3.23±0.09Aa	2.36±0.06Bab
N_1P_2	83.46±4.38Aa	90.25±2.25Aa	91.48±2.80Aa	84.33±3.40Aa	3.43±0.04Aa	3.25±0.04Aa	3.28±0.06Aa	2.43±0.02Aa
N_1P_3	82.88±2.96Aa	86.00±2.66Ab	91.38±3.97Aa	81.83±3.68Aa	3.33±0.06Aab	3.21±0.02Aa	3.26±0.03Aa	2.34±0.08Ab
N_2P_0	81.63±3.73Aa	81.38±2.46Ab	85.88±2.90Ab	79.90±3.03Aa	3.09±0.05Ac	3.16±0.02Ab	2.87±0.06Bc	2.18±0.07Ac
N_2P_1	82.73±3.31Aa	88.75±3.88Aa	90.40±2.50Aa	80.70±3.32Aa	3.40±0.12Aa	3.29±0.06Aa	3.17±0.01Ba	2.46±0.03Aa
N_2P_2	82.30±3.14Aa	88.63±3.25Aa	90.33±2.95Aa	82.63±2.23Aa	3.26±0.03Bb	3.21±0.05Ab	3.05±0.06Bb	2.34±0.02Bb
N_2P_3	82.05±3.04Aa	85.38±2.56Aab	88.88±2.93Aa	81.77±3.28Aa	3.10±0.08Bc	3.22±0.05Ab	2.98±0.06Bb	2.41±0.03Aab
N	ns	ns	ns	ns	*	ns	*	ns
P	ns	*	*	ns	*	*	*	*
N×P	ns	ns	ns	ns	*	ns	*	*

处理	茎叶比				生长速度［kg/（hm^2·d）］			
	第1茬	第2茬	第3茬	第4茬	第1茬	第2茬	第3茬	第4茬
N_1P_0	1.16±0.04Aa	1.08±0.09Aa	1.23±0.03Ba	0.85±0.01Aa	128.53±8.48Ab	178.18±7.24Aa	155.02±10.20Aa	75.35±4.76Aa
N_1P_1	1.14±0.07Aa	1.04±0.08Aa	1.18±0.03Bab	0.82±0.02Aa	134.59±11.29Ab	180.49±8.87Aa	156.65±10.50Aa	80.23±6.20Aa
N_1P_2	1.10±0.03Aa	0.96±0.02Ba	1.11±0.04Bb	0.81±0.04Aa	146.69±5.93Aa	188.75±9.28Aa	164.41±8.37Aa	82.60±6.11Aa
N_1P_3	1.13±0.08Aa	1.00±0.05Ba	1.17±0.02Bab	0.67±0.04Bb	138.60±7.62Aab	188.34±9.07Aa	158.61±12.79Aa	83.87±5.83Aa
N_2P_0	1.24±0.08Aa	1.17±0.03Aa	1.58±0.05Aa	0.86±0.03Aa	125.74±8.32Ac	174.25±11.44Aa	149.59±8.60Aa	73.40±5.07Aa
N_2P_1	1.14±0.16Aa	1.03±0.11Ab	1.26±0.03Ab	0.75±0.04Ab	144.97±8.03Aa	186.92±12.60Aa	156.64±9.14Aa	79.15±6.56Aa
N_2P_2	1.16±0.13Aa	1.08±0.08Aab	1.28±0.02Ab	0.66±0.04Bc	139.25±7.58Aab	183.94±8.15Aa	154.75±8.24Aa	81.82±3.48Aa
N_2P_3	1.21±0.13Aa	1.13±0.03Aab	1.30±0.07Ab	0.79±0.10Aab	130.97±4.54Abc	179.77±8.16Aa	156.09±8.65Aa	77.06±3.17Aa
N	ns	*	*	ns	ns	ns	ns	ns
P	ns	ns	*	*	*	ns	ns	ns
N×P	ns	ns	*	*	ns	ns	ns	ns

注：同列不同大写字母表示在相同施磷条件下，不同氮肥水平之间的差异显著（$P<0.05$），同列不同小写字母表示相同施氮条件下，不同磷肥水平之间差异显著（$P<0.05$）。ns 表示差异不显著（$P>0.05$），*表示差异显著（$P<0.05$），下同。

2.2 不同施肥处理下滴灌苜蓿干草产量

不同施肥处理条件下滴灌苜蓿的总干草产量为 22 416. 72～25 103. 19kg/hm^2（表 2）。不同氮磷互作处理滴灌苜蓿干草产量的大小顺序为 $N_1P_2>N_1P_3>N_2P_1>N_2P_2>N_1P_1>N_2P_3>N_1P_0>N_2P_0$。施氮处理除第 2 茬外均对苜蓿的干草产量有显著影响；在各茬次中，施磷处理对苜蓿的干草产量均有显著影响；在各茬次中，氮磷互作处理仅对第 1 茬和第 2 茬苜蓿的干草产量有显著影响。

表 2 不同施肥处理下苜蓿干草产量 （单位：kg/hm^2）

处理	第 1 茬	第 2 茬	第 3 茬	第 4 茬	总干草产量
N_1P_0	6 940. 35±80. 12Ad	5 879. 78±143. 59Ab	6 355. 89±131. 32Ab	3 842. 88±104. 80Ab	23 018. 90
N_1P_1	7 267. 81±129. 62Bc	5 956. 04±139. 19Bb	6 422. 72±91. 02Ab	4 091. 91±112. 27Aa	23 738. 48
N_1P_2	7 921. 39±144. 44Aa	6 228. 66±110. 77Aa	6 740. 65±115. 66Aa	4 212. 49±107. 70Aa	25 103. 19
N_1P_3	7 484. 45±132. 24Ab	6 215. 07±102. 33Aa	6 503. 19±135. 07Ab	4 277. 13±99. 62Aa	24 479. 84
N_2P_0	6 789. 96±118. 90Ad	5 750. 41±89. 26Ac	6 133. 14±107. 09Ab	3 743. 21±106. 31Ac	22 416. 72
N_2P_1	7 828. 19±141. 78Aa	6 168. 29±96. 38Aa	6 422. 27±179. 71Aa	4 036. 49±130. 62Aab	24 455. 24
N_2P_2	7 519. 27±173. 95Bb	6 070. 04±115. 98Aab	6 344. 77±94. 72Bab	4 172. 79±177. 72Aa	24 106. 87
N_2P_3	7 072. 27±106. 42Bc	5 932. 40±106. 24Bbc	6 399. 68±151. 01Aa	3 929. 82±161. 45Bbc	23 334. 17
N	*	ns	*	*	
P	*	*	*	*	
N×P	*	*	ns	ns	

2.3 不同施肥处理下滴灌苜蓿粗蛋白

相同处理条件下滴灌苜蓿叶片的粗蛋白含量比茎秆高 2 倍以上（表 3）。N_1 条件下，各茬次中，随着施磷量的增加，苜蓿叶片、茎秆的粗蛋白含量均呈现先增加后降低的趋势，在 P_2 处理下达到最高值，且 P_2 处理苜蓿叶片的粗蛋白含量显著大于 P_0 处理（$P<0.05$）；N_2 条件下，前 3 茬中，苜蓿叶片、茎秆的粗蛋白含量 P_1 处理下最高，且 P_1 处理苜蓿叶片的粗蛋白含量显著大于 P_0 处理，第 4 茬中，P_2 处理最高。P_0、P_2、P_3 条件下，苜蓿各茬次的叶片、茎秆的粗蛋白含量为 N_1 处理大于 N_2 处理。在各茬次中，苜蓿茎秆的粗蛋白含量差异均不显著（$P>0.05$）。

各茬次中，施氮处理仅对第 4 茬苜蓿叶片的粗蛋白含量有显著影响；施磷处理对苜蓿叶片的粗蛋白含量均有显著影响；氮磷互作处理仅对第 3 茬苜蓿叶片的粗蛋白含量有显著影响；施氮、施磷处理和氮磷互作处理对苜蓿茎秆的粗蛋白含量均无显著影响。

表3 不同施肥处理下苜蓿粗蛋白含量 （单位:%）

器官	处理	第1茬	第2茬	第3茬	第4茬
叶	N_1P_0	21.94±1.30Ab	22.41±0.98Ac	23.65±0.88Ab	22.01±0.85Ab
	N_1P_1	22.30±0.19Aab	23.91±1.14Abc	24.62±0.51Bb	23.72±1.59Aab
	N_1P_2	23.60±1.07Aa	25.98±1.76Aa	27.52±1.05Aa	24.59±1.00Aa
	N_1P_3	22.44±0.69Aab	24.72±0.18Aab	26.47±0.11Aa	24.01±0.59Aa
	N_2P_0	21.17±1.06Ab	22.15±0.48Ab	23.11±0.96Ab	21.70±0.39Ab
	N_2P_1	23.34±0.40Aa	24.66±1.05Aa	27.10±1.16Aa	23.24±1.00Aab
	N_2P_2	22.48±0.37Aab	23.58±1.19Bab	26.27±1.00Aa	23.67±0.76Aa
	N_2P_3	21.61±0.73Ab	23.25±0.51Aab	24.53±0.93Bb	21.41±0.80Bb
	N	ns	ns	ns	*
	P	*	*	*	*
	N×P	ns	ns	*	ns
茎	N_1P_0	10.57±0.18Aa	9.94±0.35Aa	10.14±1.07Aa	10.13±0.19Aa
	N_1P_1	11.27±1.01Aa	10.49±0.28Aa	10.33±0.04Aa	10.50±1.33Aa
	N_1P_2	11.76±0.50Aa	10.80±0.92Aa	11.14±1.32Aa	11.07±1.08Aa
	N_1P_3	11.01±1.50Aa	10.57±0.17Aa	10.80±0.77Aa	10.57±1.63Aa
	N_2P_0	10.33±0.51Aa	9.80±0.54Aa	10.09±0.36Aa	10.01±0.19Aa
	N_2P_1	11.40±0.68Aa	10.70±0.73Aa	11.07±1.25Aa	10.45±1.06Aa
	N_2P_2	10.85±1.10Aa	10.63±0.35Aa	10.84±0.64Aa	10.87±0.53Aa
	N_2P_3	10.62±0.44Aa	10.53±0.78Aa	10.72±1.26Aa	10.49±0.81Aa
	N	ns	ns	ns	ns
	P	ns	ns	ns	ns
	N×P	ns	ns	ns	ns

2.4 不同施肥处理下滴灌苜蓿酸性洗涤纤维（ADF）

滴灌苜蓿茎秆的酸性洗涤纤维含量比叶片高2~3倍（表4）。N_1、N_2条件下，随着施磷量的增加，各茬次中苜蓿叶片、茎秆的ADF含量均呈现先降低后增加的趋势，在P_2处理下达到最小值。N_1条件下，除第2茬外，P_2处理的苜蓿叶片的ADF含量与P_1、P_3处理之间差异不显著（$P>0.05$）；N_2条件下，第1茬、第2茬中，P_2处理苜蓿叶片的ADF含量显著小于P_0处理（$P<0.05$）。相同施磷条件下，第1茬、第4茬中N_2处理苜蓿叶片的ADF含量与N_1处理差异不显著（$P>0.05$）。

各茬次中，施氮处理仅对第3茬苜蓿叶片的ADF含量有显著影响；施磷处理仅对第2茬苜蓿叶片的ADF含量有显著影响；氮磷互作处理对苜蓿叶片的ADF含量无显著影响。

表 4　不同施肥处理下滴灌苜蓿酸性洗涤纤维含量　　　　(单位:%)

器官	处理	第 1 茬	第 2 茬	第 3 茬	第 4 茬
叶	N_1P_0	19. 94±1. 12Aa	20. 55±0. 56Aa	16. 03±1. 28Aa	15. 85±0. 58Aa
	N_1P_1	18. 81±1. 49Aa	18. 79±0. 65Ab	14. 53±0. 81Ba	14. 74±0. 98Aab
	N_1P_2	17. 41±0. 93Aa	16. 34±1. 17Ac	14. 15±0. 81Aa	13. 28±1. 02Ab
	N_1P_3	18. 53±2. 80Aa	16. 77±0. 99Bc	15. 21±0. 63Aa	14. 09±1. 63Aab
	N_2P_0	20. 84±2. 29Aa	20. 94±0. 38Aa	16. 82±1. 21Aa	15. 37±1. 20Aa
	N_2P_1	18. 09±1. 77Aab	19. 07±0. 97Ab	16. 62±0. 87Aa	14. 89±1. 48Aa
	N_2P_2	17. 40±1. 21Ab	16. 55±1. 11Ac	15. 35±1. 24Aa	14. 67±0. 26Aa
	N_2P_3	19. 83±1. 29Aab	18. 72±1. 49Ab	16. 44±1. 97Aa	15. 13±1. 96Aa
	N	ns	ns	*	ns
	P	ns	*	ns	ns
	N×P	ns	ns	ns	ns
茎	N_1P_0	48. 88±1. 14Aa	52. 01±1. 55Aa	46. 57±1. 49Aa	40. 91±0. 86Aa
	N_1P_1	47. 20±1. 89Aa	51. 95±1. 81Aa	44. 09±1. 31Aab	40. 04±1. 48Aa
	N_1P_2	47. 16±0. 80Aa	47. 21±2. 38Aa	42. 10±0. 86Bb	38. 63±8. 11Aa
	N_1P_3	48. 44±1. 12Aa	50. 40±3. 74Aa	45. 81±2. 01Aa	39. 49±0. 80Aa
	N_2P_0	48. 24±1. 90Aa	52. 73±4. 01Aa	47. 25±1. 44Aa	44. 26±1. 44Aa
	N_2P_1	47. 59±1. 40Aa	50. 29±4. 04Aa	46. 71±1. 61Aa	42. 88±1. 13Aa
	N_2P_2	46. 64±1. 25Aa	49. 31±1. 83Aa	45. 83±0. 55Aa	40. 47±0. 71Aa
	N_2P_3	47. 03±0. 31Aa	51. 63±2. 97Aa	46. 29±2. 14Aa	41. 81±1. 34Aa
	N	ns	ns	*	ns
	P	ns	ns	*	ns
	N×P	ns	ns	ns	ns

2.5　不同施肥处理下滴灌苜蓿中性洗涤纤维（NDF）

滴灌苜蓿茎秆的中性洗涤纤维含量比叶片高 2~3 倍（表 5）。N_1、N_2 条件下，各茬次中苜蓿叶片、茎秆的 NDF 含量的变化规律与 ADF 相同，即随着施磷量的增加呈先降低后增加的趋势，在 P_2 处理下达到最小值。N_1 条件下，第 1 茬、第 2 茬中，P_2 处理苜蓿叶片的 NDF 含量显著小于 P_0 处理（$P<0.05$）；N_2 条件下，除第 3 茬外，P_2 处理苜蓿叶片的 NDF 含量与 P_0 处理之间存在显著差异（$P<0.05$）。相同施磷条件下，除第 4 茬外，N_1 处理苜蓿叶片的 NDF 含量与 N_2 处理差异不显著（$P>0.05$）。施氮条件下，P_2 处理苜蓿茎秆的 NDF 含量显著小于 P_0 处理（$P<0.05$）。

各茬次中，施氮处理对第 1 茬、第 4 茬苜蓿叶片的 NDF 含量有显著影响；施磷处理对第 1 茬、第 2 茬和第 4 茬苜蓿叶片 NDF 含量有显著影响；氮磷互作处理对苜蓿叶片的 NDF 无显著影响。

表5　不同施肥处理下滴灌苜蓿中性洗涤纤维含量　　　(单位:%)

器官	处理	第1茬	第2茬	第3茬	第4茬
叶	N_1P_0	26.27±1.32Aa	23.28±1.30Aa	21.50±1.93Aa	24.75±1.03Aa
	N_1P_1	24.53±1.38Aa	21.69±1.81Aab	21.21±2.03Aa	23.93±1.32Ba
	N_1P_2	18.18±2.31Ab	19.23±1.13Ab	19.91±1.31Aa	22.93±3.59Aa
	N_1P_3	23.60±1.61Aa	21.94±1.45Aab	20.80±0.51Aa	23.99±1.46Aa
	N_2P_0	26.95±1.34Aa	24.23±2.45Aa	22.88±1.07Aa	27.29±1.82Aa
	N_2P_1	25.05±1.14Aa	20.75±0.38Ab	21.42±2.83Aa	26.50±1.49Aa
	N_2P_2	20.60±2.65Ab	20.35±3.06Ab	20.34±2.11Aa	23.49±0.50Ab
	N_2P_3	25.72±1.51Aa	20.46±1.13Ab	20.86±0.65Aa	26.13±1.48Aa
	N	*	ns	ns	*
	P	*	*	ns	*
	N×P	ns	ns	ns	ns
茎	N_1P_0	56.55±0.67Aa	59.11±1.27Aa	62.49±1.25Aa	52.52±2.14Ba
	N_1P_1	56.22±1.21Aa	57.98±3.48Aab	60.17±0.17Aab	51.78±1.94Bab
	N_1P_2	52.56±2.65Ab	54.75±3.49Ab	58.76±1.66Ab	49.53±1.32Bb
	N_1P_3	54.51±1.38Aab	57.66±1.43Aab	59.83±1.22Aab	51.63±1.07Bab
	N_2P_0	56.75±1.08Aa	59.42±2.67Aa	62.64±2.93Aa	60.65±0.72Aa
	N_2P_1	55.33±0.95Aa	58.24±0.71Aab	60.76±1.85Aab	59.55±1.08Aa
	N_2P_2	52.78±2.17Ab	55.26±3.13Ab	59.62±0.88Ab	54.28±1.09Ab
	N_2P_3	53.01±0.69Ab	58.32±1.36Aab	60.18±1.58Aab	58.22±1.32Aa
	N	ns	ns	ns	*
	P	*	*	*	*
	N×P	ns	ns	ns	ns

2.6　灰色关联度分析和模糊相似优先比评价

第1茬、第2茬、第4茬的关联系数大小顺序为生长速度>茎粗>株高>茎叶比（表6），说明生长速度、茎粗与干草产量的相关性较大，对苜蓿干草产量的贡献率较大，株高和茎叶比与干草产量的相关性较小，对苜蓿干草产量的贡献率较小。

为了进一步说明滴灌苜蓿各茬次的最优施肥模式，将滴灌苜蓿的干草产量、ADF、NDF进行模糊相似优先比评价（表7），相似度最低的是第3茬 N_1P_2 处理，且前10个处理的排序中，N_1P_2 处理有4个，可见，N_1P_2 处理更有利于促进苜蓿干草产量的形成及营养品质的提高。

表6 不同处理下各茬苜蓿生产性状与产量的灰色关联度分析

茬次	株高	茎粗	茎叶比	生长速度
第1茬	0.775 0	0.885 4	0.568 6	0.997 5
第2茬	0.828 6	0.746 0	0.592 6	0.994 8
第3茬	0.809 3	0.811 3	0.709 0	0.994 3
第4茬	0.713 4	0.743 4	0.555 8	0.995 6

表7 不同处理下苜蓿各茬次最优组合相似度排序

排序	处理	相似度
1	第3茬 N_1P_2	48
2	第4茬 N_1P_2	66
3	第1茬 N_1P_2	72
4	第4茬 N_2P_2	72
5	第1茬 N_2P_2	73
6	第3茬 N_2P_2	75
7	第3茬 N_1P_1	76
8	第4茬 N_1P_3	77
9	第3茬 N_1P_3	77
10	第2茬 N_1P_2	79

3 讨论

3.1 氮磷互作对滴灌苜蓿生产性能和干草产量的影响

氮肥和磷肥在紫花苜蓿生长发育过程中起着至关重要的作用，在滴灌条件下苜蓿的生产性能受到不同施肥量和施肥方式的影响，而苜蓿的生产性能主要表现在干草产量上，株高、茎粗和生长速度与干草产量呈正相关。施磷和氮磷互作处理对苜蓿的茎粗影响较大，而且根据灰色关联度分析，对苜蓿干草产量的提高贡献率较大的是生长速度与茎粗，因此在苜蓿的生长期，施适量的氮磷肥更有助于提高产量；茎叶比是衡量苜蓿营养品质的重要指标，茎叶比越大，苜蓿的纤维素和木质素含量越高，粗蛋白含量越低，反之，茎叶比越小，粗蛋白含量越高。

研究表明，紫花苜蓿在一般情况下不需要施氮肥，除非是针对含氮量低的土壤，在播种前作为基肥或者刈割之后施用少量氮肥以保证苜蓿的幼苗可以正常生长。本研究表明，相对于高氮（N_2）处理，低氮（N_1）处理有利于滴灌苜蓿干草产量的提高（表

2)，且除第 3 茬以外，P_0、P_2、P_3 条件下，N_1 处理苜蓿的干草产量均大于 N_2 处理，这可能是因为施低含量的氮促进了根瘤的形成并增加了其固氮能力，从而促进苜蓿的生长发育。本研究结果表明，施氮处理除第 2 茬外均对苜蓿的干草产量有显著影响，施磷处理对各茬苜蓿干草产量有显著影响，氮磷互作处理对第 1 茬、第 2 茬苜蓿的干草产量有显著影响（表 2），说明磷肥对于干草产量的影响大于氮肥以及氮磷肥的交互作用。

3.2 氮磷互作对滴灌苜蓿营养品质的影响

苜蓿中的粗蛋白、中性洗涤纤维和酸性洗涤纤维含量是评定其营养品质的重要指标。本研究发现，不同施肥处理对苜蓿器官（叶、茎）营养成分有明显差异，叶片中的粗蛋白含量明显高于茎秆中的粗蛋白含量，而叶中 NDF 和 ADF 含量低于茎秆中 NDF 和 ADF 含量的 2~3 倍，说明叶片对牧草品质的影响大于茎秆对牧草品质的影响。在本试验中，随着施氮量的增加，粗蛋白含量有所降低（表 3），可能是因为苜蓿本身具有固氮功能，生长过程中不需要太多的氮肥，如果氮肥添加过多，苜蓿将丧失固氮功能，而且高氮与低氮处理之间的粗蛋白含量差异并不显著，所以，过量施用氮肥不能有效提高紫花苜蓿的品质，而且造成肥料的浪费。增施氮肥对紫花苜蓿饲草品质的提高有限，粗蛋白含量在不同处理间差异不显著，紫花苜蓿的粗蛋白含量在氮肥施用量为 210kg/hm^2 时与 105kg/hm^2 施用量几乎没有显著差异（表 3）。有研究表明，在一定范围内，随着氮肥施用量的增加，可以有效提高作物的粗蛋白含量，然而继续施用则会降低品质，表明过量施氮肥不能提高紫花苜蓿的品质，低氮条件下反而更有利于提高营养品质。

4 结论

在新疆绿洲区，紫花苜蓿施肥的最佳水平为 N_1P_2（N 105kg/hm^2、P_2O_5 100kg/hm^2），在该水平下，苜蓿能够获得相对较高的干草产量（25 103.19kg/hm^2）和蛋白含量（叶：23.60%~26.47%，茎：10.57%~11.76%）、相对较低的酸性洗涤纤维含量（叶：13.28%~17.41%，茎：38.63%~47.21%）和中性洗涤纤维含量（叶：18.18%~22.93%，茎：49.53%~59.83%）。

参考文献（略）

基金项目：国家自然科学基金项目（3166069）；中国博士后科学基金资助项目（2018T111120，2017M613252）；石河子大学青年创新人才培育计划项目（CXRC201605）；国家牧草产业技术体系项目（CARS-34）。

第一作者：苗晓茸（1994— ），女，陕西榆林人，硕士研究生。

发表于《草业学报》，2019，28（10）.

喷施硼、钼肥对滴灌苜蓿生产性能及营养品质的影响

苗晓茸，刘俊英，张前兵*，李菲菲，孙艳梅，于　磊，马春晖
（石河子大学动物科技学院，新疆　石河子　832003）

摘　要：为研究喷施硼、钼肥对新疆绿洲区滴灌苜蓿干草产量及营养品质的影响，本试验共设 4 种处理：施钼（Mo）、施硼（B）、硼钼配施（B+Mo）及不施肥（CK）处理，分别测定各处理下紫花苜蓿的生长性状、干草产量、营养品质。结果表明，滴灌条件下，B+Mo 处理的紫花苜蓿干草总产量最高，达 17 186.41 kg/hm^2，但与 B 处理的差异不显著。株高、茎粗、叶茎比、生长速度中，与干草产量关联度最高的是株高，关联度最低的是叶茎比。B+Mo 处理的粗蛋白含量比 CK 处理增加了 13.96%~27.64%。除第 3 茬外，B+Mo、B 处理的紫花苜蓿粗蛋白含量均显著（$P<0.05$）大于 CK 处理；除第 4 茬外，B+Mo 处理的紫花苜蓿粗蛋白含量显著（$P<0.05$）大于 Mo 处理，B+Mo 处理的酸性洗涤纤维、中性洗涤纤维含量均显著（$P<0.05$），低于 CK 处理，紫花苜蓿的总干草产量与粗蛋白含量、相对饲喂价值呈极显著（$P<0.01$）正相关，粗蛋白含量与相对饲喂价值呈显著（$P<0.05$）正相关，酸性洗涤纤维含量与中性洗涤纤维含量呈显著（$P<0.05$）正相关。在新疆绿洲区硼钼配施更有利于促进滴灌条件下紫花苜蓿干草产量的形成及其营养品质的提高，若单独考虑一种元素，施硼的效果优于施钼。

关键词：苜蓿；钼肥；硼肥；干草产量；营养品质

紫花苜蓿是一种多年生的高蛋白豆科牧草，在世界上广泛种植，因其具有产草量高、营养价值高、适口性好等特点，被称为“牧草之王”。苜蓿多年连续种植会消耗大量的土壤营养元素，造成我国大部分地区苜蓿种植时土壤普遍缺乏微量元素。因此，开展滴灌条件下微量元素对紫花苜蓿的影响研究，对紫花苜蓿高效生产及液体微肥的研发具有重要的意义。

硼是作物所需的主要微量元素之一，在紫花苜蓿新陈代谢中的能量运输和交换中起着重要作用。紫花苜蓿对硼反应比较敏感，仅靠土壤供硼难以满足苜蓿的生长发育需要，硼素供应不足，会在很大程度上限制紫花苜蓿生产潜力的正常发挥。缺硼会使叶片出现黄化现象，植物生长发育受到抑制，生活力降低并导致植株光合速率降低，严重时还会出现病害，进而会导致产量降低。硼胁迫也会破坏蛋白质代谢，对植株体内核酸代谢产生显著的负效应。

施钼可增强硝酸还原酶和固氮酶的活性，促进紫花苜蓿对氮的吸收和代谢，有利于

蛋白质的形成和根瘤菌的固氮能力。施钼能提高植物光合速率，有利于糖类的形成与转化，而缺钼时容易使光合速率下降。缺钼会降低紫花苜蓿的硝酸还原酶活性，阻碍硝酸盐的还原过程，导致植物固氮能力下降，从而影响到苜蓿蛋白质的合成，并使其根系活力下降，对根系养分的吸收产生阻碍作用。

硼和钼是紫花苜蓿必需的微量元素，其含量丰缺将影响紫花苜蓿的产量和品质。为此，本试验通过叶面喷施硼、钼肥，对滴灌条件下紫花苜蓿的生长性状指标、干草产量和营养品质等指标进行测定，明确喷施硼、钼肥对其生产性能和营养品质的的影响，旨在改善滴灌条件下紫花苜蓿干草产量和营养品质、科学制定新疆绿洲区滴灌条件下紫花苜蓿的施肥制度提供数据参考和理论依据。

1 材料与方法

1.1 试验地概况

试验于2018年在新疆石河子市天业集团农业科学研究所农业示范园区试验田（85°94′E，44°26′N）进行。年最高气温出现在7月；年降水量为130~215mm；年日照时数为2 310~2 730h，年无霜期为147~191d。试验地的土壤类型为灰漠土。耕层（0~20cm）土壤容重为1.46g/cm^3，土壤含速效磷15.2mg/kg、全磷0.19g/kg、碱解氮71.3mg/kg、有机质24.1g/kg、速效钾324mg/kg。

1.2 试验设计

本试验共设施钼（Mo）、施硼（B）、硼钼配施（B+Mo）及喷施清水（CK）4个处理，3次重复。所用的硼肥和钼肥分别为液体硼肥和钼酸铵［$(NH_4)_6Mo_7O_{24}\cdot 4H_2O$］，施用量分别为：钼酸铵0.45kg/hm^2、硼肥0.69kg/hm^2。采取叶面喷施，分别在第1~4茬的分枝期和现蕾期进行喷施，共施肥8次，具体喷施时间分别为2018年4月26日、5月11日、6月1日、6月14日、7月10日、8月1日、8月25日及9月10日。

本试验所用紫花苜蓿品种为WL354HQ，于2016年4月进行人工条播，播种量为18kg/hm^2，播种深度为2.0cm，行距为20cm，小区面积为35m^2（5m×7m）。本试验于紫花苜蓿生长第3年（2018年）进行，苜蓿生长全年刈割4茬，均在初花期（开花10%）进行，留茬高度为5cm。滴灌带埋于地表8~10cm处，间距60cm，所用滴灌带为内镶式滴灌带，滴头之间间距为20cm。

1.3 测定内容及方法

1.3.1 产量测定

采用样方法进行测定，在初花期（开花10%左右）以1m×1m为一个样方，在每个小区随机选取3个长势均匀一致、行数相同且能够代表该小区长势的苜蓿样方，割取样方内的苜蓿植株，留茬高度约为5cm；另取250g左右鲜草样带回实验室于105℃杀青30min，再于65℃烘至恒重，折算出苜蓿干草产量（kg/hm^2）。

1.3.2 株高和茎粗

在测定产量的同时，在各处理的每个小区随机选取20株，用钢卷尺测定其垂直高度（cm），取平均值，并用游标卡尺测量其距地表5cm处的茎粗（mm）。

1.3.3 叶茎比

将烘干至恒重的紫花苜蓿样本分茎、叶分别收集，称其干重，计算叶茎比。

1.3.4 生长速度

根据测得的苜蓿干草产量，以及每茬刈割间隔的天数，计算紫花苜蓿每一茬的生长速度［kg/（hm^2·d）］。

1.3.5 营养品质测定

粗蛋白（CP）含量测定，采用半微量凯氏定氮法；酸性洗涤纤维（ADF）、中性洗涤纤维（NDF）含量测定，参照van Soest等的方法；根据下式计算相对饲喂价值（RFV）：

采用国标测定法：

$$V_{RFV}=\frac{\frac{120}{V_{NDF}}\times(88.9-0.779\times V_{ADF})}{1.29}$$

式中：V_{RFV}、V_{NDF}和V_{ADF}分别表示RFV、NDF和ADF的值。

1.4 数据处理与分析

采用WPS 2016对数据进行整理；利用DPS 7.05软件对数据进行分析，采用Duncan法对有显著差异（$P<0.05$）的处理进行多重比较；运用SPSS 19.0软件中的Pearson相关分析来分析干草产量与各营养指标之间的相关性，用Origin 8.0作苜蓿干草产量与各生长性状的关系图。

2 结果与分析

2.1 不同处理对滴灌苜蓿干草产量的影响

如表1所示，在各茬次中，施微肥处理（Mo、B、B+Mo）的紫花苜蓿干草产量均显著（$P<0.05$）大于不施肥处理，不同处理紫花苜蓿各茬次及总干草产量依次为B+Mo>B>Mo>CK处理。Mo处理比CK处理增加了4.19%~8.51%，B处理比CK处理增加了8.54%~11.13%，B+Mo比CK处理增加12.33%~15.79%。除第1茬外，B+Mo处理与B处理的产量差异不显著；除第3茬外，B+Mo处理显著（$P<0.05$）大于Mo处理。

表 1　不同处理下滴灌苜蓿干草产量　　(单位：kg/hm^2)

处理	第 1 茬	第 2 茬	第 3 茬	第 4 茬	总干草产量
CK	4 669.24±48.04d	4 557.91±112.04c	3 014.40±98.67b	2 857.32±54.24c	15 098.87
M_0	4 874.69±46.51c	4 749.02±102.65b	3 270.80±94.56a	3 058.67±73.14b	15 953.18
B	5 188.89±43.20b	5 064.39±95.56a	3 313.26±58.98a	3 101.48±81.63ab	16 668.02
B+Mo	5 406.66±85.52a	5 173.32±93.37a	3 396.74±74.68a	3 209.69±48.63a	17 186.41

注：同列不同小写字母表示不同施肥水平之间差异显著（$P<0.05$）。下同。

2.2 不同处理对紫花苜蓿粗蛋白、酸性洗涤纤维（ADF）、中性洗涤纤维（NDF）含量和相对饲喂价值（RFV）的影响

从粗蛋白含量来看，各茬次下均以 CK 处理的最低、B+Mo 处理的最高，且 B+Mo 处理的比 CK 处理显著（$P<0.05$）增加了 13.96% ~ 27.64%。各茬次中，B+Mo 处理与 B 处理的粗蛋白含量差异不显著，CK 处理的粗蛋白含量显著（$P<0.05$）小于 B+Mo 处理和 B 处理。前 3 茬中，B+Mo 处理的粗蛋白含量显著（$P<0.05$）大于 Mo 处理。

紫花苜蓿的 ADF、NDF 含量表现为 B+Mo 处理显著（$P<0.05$）低于 CK。B+Mo 处理的 ADF 含量与 B 处理之间的差异不显著，Mo 处理与 B 处理、CK 处理的 ADF 含量差异不显著，Mo 处理与 B 处理、CK 处理的 ADF 含量差异不显著。除第 2 茬外，B+Mo 处理的 NDF 含量与 B 处理之间差异不显著。

各茬次下，B+Mo 处理的 RFV 均显著（$P<0.05$）大于 Mo 处理和 CK 处理。除第 4 茬外，Mo 处理与 B 处理、CK 处理的 RFV 差异不显著；除第 2 茬外，B 处理的 RFV 均显著（$P<0.05$）大于 CK 处理（表 2）。

表 2　不同处理下滴灌苜蓿粗蛋白、酸性洗涤纤维、中性洗涤纤维含量及相对饲喂价值

茬次	处理	粗蛋白（%）	酸性洗涤纤维（%）	中性洗涤纤维（%）	相对饲喂价值
第 1 茬	CK	16.42±1.05b	30.38±0.66a	54.00±1.69a	112.46±3.93c
	M_0	18.35±0.97b	29.46±1.27ab	51.84±1.38ab	118.42±4.28bc
	B	19.57±0.55a	27.57±1.87bc	51.39±0.69ab	122.03±1.09ab
	B+Mo	20.13±1.16a	25.73±1.07c	50.35±2.01b	127.30±3.68a
第 2 茬	CK	16.75±0.83b	29.74±1.58a	48.47±0.57a	126.17±2.48b
	M_0	18.28±0.16b	28.91±1.87ab	46.45±1.02b	133.00±5.33b
	B	20.33±1.35a	28.39±0.70ab	46.50±0.44b	133.62±1.97b
	B+Mo	21.38±1.10a	27.05±0.59b	44.43±1.36c	142.11±4.86a
第 3 茬	CK	17.22±1.18c	28.83±0.86a	47.12±0.65a	131.18±1.26c
	M_0	18.11±0.90bc	27.31±0.96ab	46.49±0.98ab	135.34±2.66bc
	B	19.22±0.30ab	27.37±1.53ab	45.38±1.04ab	138.58±4.72ab
	B+Mo	20.37±0.10a	26.01±0.20b	44.93±0.97b	142.14±2.02a

（续表）

茬次	处理	粗蛋白（%）	酸性洗涤纤维（%）	中性洗涤纤维（%）	相对饲喂价值
第4茬	CK	16. 48±0. 24b	24. 49±1. 20a	44. 59±0. 72a	145. 68±1. 00c
	M_0	17. 59±1. 15ab	23. 24±0. 72ab	42. 01±1. 33b	156. 86±4. 97b
	B	18. 43±1. 21a	22. 37±0. 85b	41. 04±0. 35b	162. 00±1. 12ab
	B+Mo	18. 78±0. 75a	21. 83±0. 54b	40. 39±1. 03b	165. 66±5. 03a

2.3 紫花苜蓿干草产量与各指标性状的关系

如图 1 所示，在 4 个生长性状（株高、茎粗、叶茎比、生长速度）中，与干草产量（Y）关联度最高的是株高，其拟合方程为 $Y = 123.0394X - 4266.4202$（$R^2 = 0.9376$）；关联度最低的是叶茎比，其拟合方程为 $Y = 1670.8130X + 2545.7906$（$R^2 = -0.0029$）。根据 P 值可知，株高、茎粗和生长速度与干草产量呈极显著（$P<0.01$）正相关。根据 4 个生长性状与干草产量的相关系数可以得出，株高和茎粗与干草产量的关联度较高，叶茎比和生长速度与干草产量的关联度较低。

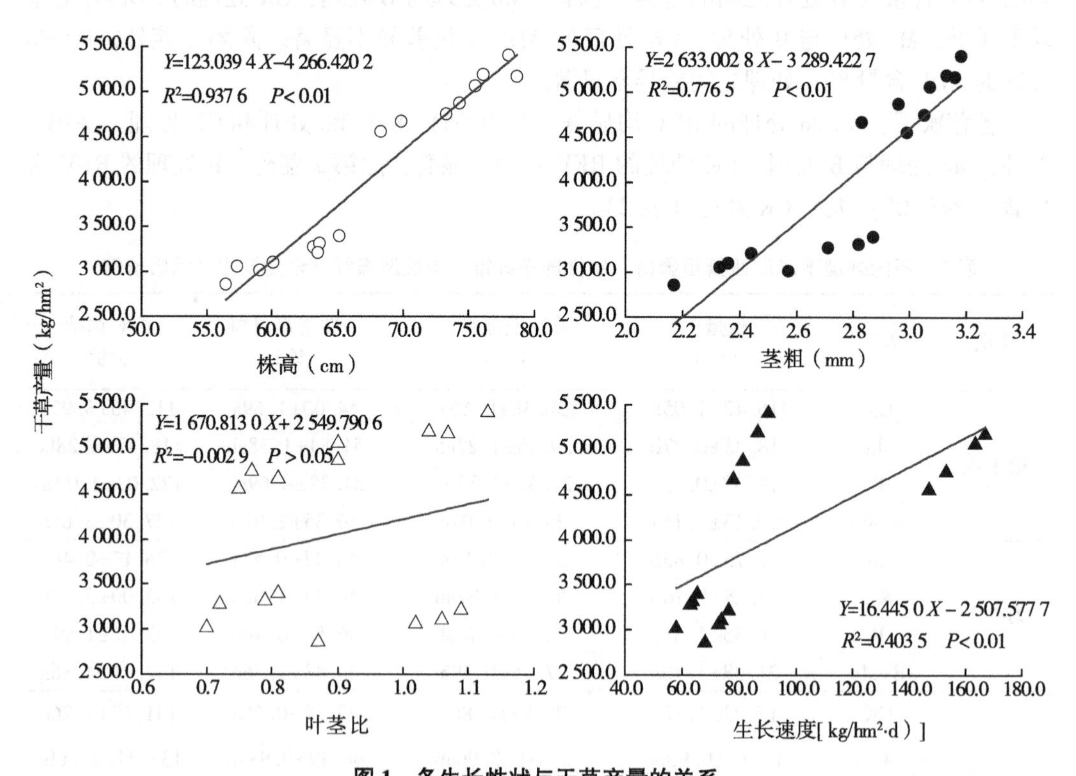

图 1　各生长性状与干草产量的关系

Pearson 相关性分析结果表明（表 3），紫花苜蓿总干草产量与粗蛋白含量、RFV 呈极显著（$P<0.01$）正相关，与 ADF 和 NDF 含量呈显著（$P<0.05$）负相关；粗蛋白含量与 RFV 呈显著（$P<0.05$）正相关，与 ADF 含量和 NDF 含量均呈显著（$P<0.05$）负相关；ADF 含量与 NDF 含量呈显著（$P<0.05$）正相关，与 RFV 呈极显著（$P<0.01$）负相关；NDF 含量与 RFV 呈极显著（$P<0.01$）负相关。

表 3　滴灌苜蓿各指标与干草产量的相关性

指标	干草产量	粗蛋白含量	酸性洗涤纤维含量	中性洗涤纤维含量	相对饲喂价值
粗蛋白含量	0.999**				
酸性洗涤纤维含量	-0.987*	-0.983*			
中性洗涤纤维含量	-0.987*	-0.982*	0.980*		
相对饲喂价值	0.991**	0.987*	-0.993**	-0.997**	

注：* 表示在 0.05 水平上呈显著相关，** 表示在 0.01 水平呈极显著相关（双侧）。

3　讨论与结论

硼和钼是紫花苜蓿生长发育所必需的微量元素。施用硼肥和钼肥对促进紫花苜蓿生长发育、提高干草产量和改善品质均具有明显的效果。研究表明，株高、茎粗、叶茎比和生长速度与紫花苜蓿的干草产量呈正相关关系，同时施用硼和钼肥可以促进某些植物体内矿质营养元素的有效利用，从而提高作物产量。本研究也表明，硼钼混合喷施可以显著提高各茬次紫花苜蓿的干草产量。这可能是由于硼、钼肥的合理施用改善了苜蓿的生长状况，增大了紫花苜蓿的叶片面积，而且硼和钼参与了紫花苜蓿的代谢过程，延缓了其生育后期叶绿素的衰退，提高了光合效率，促进了干物质的形成。

紫花苜蓿中的粗蛋白、ADF、NDF 含量和 RFV 是评估其营养品质的重要指标。在本试验中，施硼处理的紫花苜蓿粗蛋白含量显著大于对照处理，这可能是因为硼参与了植物体内碳水化合物的运转，促进作物对氮的吸收利用，增强了植物的光合作用，促进蛋白质的合成。同时，硼也可以通过促进蔗糖合成和糖的转运来提高叶片叶绿素含量和扩大叶面积，增强光合作用，使紫花苜蓿体内碳水化合物含量增多，最终提高作物品质，但也有研究表明，施用硼肥对苜蓿粗蛋白含量并无显著影响，这可能与土壤条件、施肥方式、苜蓿品种等有关。

总体看来，叶面喷施硼钼肥能在滴灌条件下显著提高各茬次紫花苜蓿的干草产量、粗蛋白含量和相对饲喂价值，在测定的 4 个生长性状指标中，株高和茎粗与干草产量的关联度更高。在新疆绿洲区，叶面喷施硼钼肥，更有利于提高滴灌条件下紫花苜蓿的干草产量和营养品质，若单独考虑一种元素，喷施硼肥的效果优于喷施钼肥。

参考文献（略）

基金项目：国家自然科学基金项目（31660693）；中国博士后科学基金资助项目

(2018T111120, 2017M613252)；石河子大学青年创新人才培育计划项目(CXRC201605)；国家牧草产业技术体系项目(CARS-34)。

第一作者：苗晓茸（1994— ），女，陕西榆林人，硕士研究生。

发表于《浙江农业学报》，2019，31（10）.

施磷水平和接种 AMF 与解磷细菌对苜蓿产量及磷素利用效率的影响

刘俊英，回金峰，孙梦瑶，刘选帅，鲁为华，马春晖，张前兵*

（石河子大学动物科技学院，新疆　石河子　832003）

摘　要： 为探讨不同施磷水平下接种丛枝菌根真菌（AMF）与解磷细菌对苜蓿干物质产量及其磷素利用效率的影响，筛选出苜蓿最佳的施肥模式，为紫花苜蓿高效生产及高效复合型菌肥的研制提供理论依据。该研究试验采用双因素随机区组设计，AMF 选用摩西管柄囊霉，解磷细菌选用巨大芽孢杆菌。设置 4 个施菌水平：分别为接种摩西管柄囊霉（Fm，J_1）、巨大芽孢杆菌（Bm，J_2）、混合菌种（Fm×Bm，J_3）和未接菌处理对照组（J_0）。施磷（P_2O_5）设置 4 个水平，分别为：0（P_0）、50mg/kg（P_1）、100mg/kg（P_2）和 150mg/kg（P_3），菌磷互作共 16 个处理。结果表明：相同施菌条件下，苜蓿各茬次干物质产量、总干物质产量和植株磷含量均随施磷量的增加呈先增加后降低的趋势。除 J_2 条件下，J_2P_1 处理下的苜蓿总干物质产量达到最大值外，其他施菌条件下，苜蓿的总干物质产量均在 P_2 处理达到最大，且施磷处理显著大于未施磷处理（$P<0.05$）。苜蓿的磷肥偏生产力及磷肥农学效率均随施磷量的增加呈逐渐降低的趋势，而土壤全磷含量和速效磷含量均随着施磷量的增多呈增加的趋势。相同施磷处理下，单接种菌处理和混合接种处理下苜蓿的干物质产量、植株磷含量、磷素利用效率、土壤全磷以及速效磷含量均显著大于不接菌处理（$P<0.05$），其中总干物质产量、土壤全磷和速效磷含量均在 J_3 处理达到最大值。根际土壤速效磷含量与干物质产量拟合的相关系数最大，拟合效果最好。土壤全磷、速效磷含量均与总干物质产量呈显著正相关。因此，当施磷量为 100mg/kg，混合接种 AMF 与解磷细菌能够显著增加苜蓿土壤磷素有效性，提高磷素利用效率，进而增加苜蓿的干物质产量。

关键词： 菌；生物量；肥料；苜蓿；AMF；解磷细菌；磷素利用效率

中图分类号：S541.9

紫花苜蓿作为优质的豆科饲草，被人们誉为“牧草之王”。磷是苜蓿生长所需要的重要大量元素之一，其主要来源于土壤，同时，土壤中不同形态的无机磷含量对植物的有效性影响也各不相同。植物能吸收利用的土壤有效磷很低，一般只占全磷含量的 2%～3%。因此，开展磷素的研究对苜蓿产量及磷素利用效率具有重要的意义。

土壤微生物是影响磷素利用效率最重要的一项因素。丛枝菌根真菌（AMF）作为广泛共生的微生物，通过对土壤中磷元素吸收和利用，促进了植物生长。研究表明，

AMF 能与羊草形成良好共生关系，显著提高羊草地上和地下部分全磷含量，进而增加羊草生物量。解磷细菌（PSB），作为一种微生物菌肥，其作用机理是解磷微生物通过生长代谢分泌的酶类，如磷酸酶、核酸酶和植酸酶等，将土壤中固定的磷水解，并转化为可溶性磷酸盐供植物吸收利用。通过接种溶磷细菌和 AMF，能够显著提高大豆对磷的吸收，进而促进大豆和马铃薯生长发育。与不接种或单接种相比，双接种两种微生物能显著增加植物的磷含量。解磷细菌与磷肥配合使用可促进磷肥增加小麦生物量和吸磷量的效果。可见，AMF 和解磷细菌互作可增强植物对磷的获取能力。

新疆石河子垦区农田的土壤类型为灰漠土，土壤中有效磷的含量相对较低。为了进一步提高作物的磷素利用效率，在实际生产中人们往往会增加磷肥施用量，以此来提高作物的产量。研究表明，苜蓿的磷素利用效率仅为 5%～25%。过多的施磷肥在增加种植成本的同时，会导致土壤中磷的富集。因此，开展苜蓿溶磷菌的溶磷机制研究，对进一步提高苜蓿磷素利用效率具有重要的意义。目前，大多数研究主要集中在将 AMF 或解磷细菌单独接种在植株上来提高磷素利用效率，而混合接种及菌磷互作对紫花苜蓿生长的影响，以及各指标之间的关系的研究相对较少，尤其是菌磷对苜蓿植株生长的贡献率鲜见报道。因此，本研究以紫花苜蓿为研究对象，开展施磷及接菌对苜蓿干物质产量及磷素利用效率的影响研究，以期为苜蓿优质高产栽培及高效复合微生物肥料的研发提供理论依据。

1 材料与方法

1.1 试验材料

供试菌种：AMF 选用摩西管柄囊霉，此接种剂是包括宿主植物的根系、菌根真菌孢子及包含根外菌丝体的根际土壤，真菌孢子的密度为 25～35 个/g，由中国青岛农业菌根研究所提供。

解磷细菌为巨大芽孢杆菌（Bm），从中国农业微生物菌种保藏管中心（ACCC）购买。将解磷细菌从-80℃冰箱拿出活化，将解磷细菌接种于 LB 液体培养基，在 37℃下恒温培养箱内培养 24h 后，采用平板稀释法将菌落数稀释至 10^8 CFU/mL 备用。供试的宿主植物为紫花苜蓿品种 WL354HQ。

1.2 试验设计

试验采用双因素随机区组设计，设置施菌和施磷 2 个因素。其中，施菌处理设置 4 个水平：分别为单接种摩西管柄囊霉（Fm）、巨大芽孢杆菌（Bm）、混合菌种（Fm×Bm）和不接菌（CK），分别标记为 J_1、J_2、J_3 和 J_0。摩西管柄囊霉种处理组，平均每盆穴施菌种 10g；巨大芽孢杆菌种处理组，平均每盆施菌液 10mL；混合接种处理组，摩西管柄囊霉平均每盆穴施菌种 5g（约8 500接种势单位）、巨大芽孢杆菌施菌液 5mL；不接菌（J_0）处理分别添加相同质量的灭菌过的菌种。施磷处理设置 4 个水平，分别为：施磷 0（P_0）、50mg/kg（P_1）、100mg/kg（P_2）、150mg/kg（P_3），每个处理 6 次重复。

试验于 2019 年 5—10 月在石河子大学试验基地（44°18′N，86°03′E）进行。用规格为上口径 23cm、底直径 15cm、高 16cm 的花盆进行盆栽试验。供试土壤取自石河子大学试验场（44°26′N，85°95′E），土壤理化性质如表 1 所示。土壤在高压蒸汽灭菌锅中灭菌 2h 后风干备用（121℃条件下），每盆装 3kg 灭菌后的风干土。摩西管柄囊霉种处理组，将接种好的摩西管柄囊霉（Fm）置于盆中土壤表面以下 5cm 的深度，以促进苜蓿根的定殖。巨大芽孢杆菌种处理组，将巨大芽孢杆菌菌液施入花盆。混合接种处理组，将苜蓿种子浸泡在巨大芽孢杆菌菌液 12h 后，将种子种植到已施摩西管柄囊霉的花盆中，不接菌（J_0）处理分别添加相同质量的灭菌菌种。选取饱满、大小均匀一致的优质紫花苜蓿种子，用 10% H_2O_2对苜蓿种子进行消毒 10min，然后用蒸馏水反复冲洗苜蓿种子，于 2019 年 5 月 1 日播种，每盆播种 10 粒。播种后每天进行等量供水，然后对幼苗进行间苗（生长期为三叶期），每盆均保留长势均匀一致的苜蓿幼苗 5 株，每个处理重复 6 次，为保持采光性一致，花盆随机摆放。所用磷肥为磷酸一铵（含磷 52%，含氮 11%），为保持各个处理中氮的含量一致，故补充尿素（含氮 46%）。所有肥料分两次施入，具体的施肥时间为 2019 年 6 月 18 日和 9 月 19 日，施肥方式为随水滴施。苜蓿全年刈割 2 茬，均在初花期（开花 5%~10%）刈割，留茬高度为 2cm，具体刈割时间分别为 2019 年 8 月 2 日、10 月 12 日。

表 1　试验地土壤基本理化性质

容重（g/cm^3）	碱解氮（mg/kg）	有机质（g/kg）	速效磷（mg/kg）	全磷（g/kg）	速效钾（mg/kg）
1.48	72.6	24.28	18.17	0.21	135.6

1.3　土壤样品采集

采用抖落法收集苜蓿根际和非根际土壤样品，直接从根系上抖落掉下来的土壤即可视为非根际土壤，采用小毛刷从根系上直接刷下来的土壤则视为根际土壤，并将采集到的土壤样品放置于阴凉且通风的地方阴干备用。由于为破坏性取样，第 1 茬土壤样品采集完后，第 2 茬土壤样品采集于相同处理下苜蓿长势均匀一致的平行重复盆栽，具体的土壤样品采集时间分别为 2019 年 8 月 2 日、10 月 12 日。

1.4　测定指标及方法

1.4.1　干物质产量

选取长势均匀一致的苜蓿植株 3 盆，在距离盆栽土壤表面 2cm 处剪下植株的地上部分称质量，记录苜蓿植株的鲜质量。并将采回来的苜蓿植株样品在烘箱中于 105℃下烘干 30min 后，再于 65℃下烘干至恒质量，通过测定其含水率并折算出苜蓿干物质产量。具体计算公式如下：

$$干物质产量=植株鲜质量生物量\times（1-含水率） \quad (1)$$

1.4.2 地上部植株磷含量的测定

待苜蓿植株鲜样烘干后，采用钼蓝比色法测定苜蓿地上部植株磷含量。

1.4.3 土壤速效磷与全磷的测定

采用 H_2SO_4 - HClO 消煮法测定土壤全磷（Total phosphorus，TP）含量，采用 $NaHCO_3$ 浸提钼锑抗法测定有效磷（Available phosphorus，AP）含量。

1.4.4 磷素利用效率

磷肥偏生产力（kg/kg）= 施磷区的产量/施磷量 (2)

磷肥农业效率（kg/kg）=（施磷区的产量-施磷区的产量）/施磷量 (3)

式中磷肥偏生产力（Partial factor productivity from applied P，PFP），指单位投入的磷肥所能生产的作物产量，是评价肥料效应的适宜指标。

1.5 数据处理

利用 Microsoft Excel 2010 和 DPS 8.0 软件进行数据处理与分析，采用双因素方差分析后再用 Duncan's 法进行多重比较，用 Origin 8.0 软件作图，试验数据用平均值±标准差表示。

2 结果与分析

2.1 干物质产量

相同施菌条件下，苜蓿干物质产量随施磷量的增加呈先增加后降低的趋势（图 1）。除 J_0、J_3 条件下，第 1 茬苜蓿干物质产量为 J_0P_1 处理和 J_3P_1 处理分别显著大于 J_0P_0 处理和 J_3P_0 处理外（$P<0.05$），其他处理下的苜蓿干物质产量均为 P_2 处理显著大于其他处理（$P<0.05$）。相同施磷条件下，施菌处理均显著大于未施菌处理（$P<0.05$），在 J_3P_1 处理下第 1 茬苜蓿干物质产量为最大。

相同施菌条件下，苜蓿总干物质产量（第 1 茬与第 2 茬和）随施磷量的增加呈先增加后降低的趋势（图 1），施磷处理显著大于未施磷处理（$P<0.05$）。除 J_2 条件下，J_2P_1 处理下的苜蓿总干物质产量达到最大值外；其他施菌条件下，苜蓿的总干物质产量均在 P_2 处理达到最大。相同施磷条件下，施菌处理显著大于未施菌处理（$P<0.05$），J_3 处理下的总干物质产量均为最大。相同菌磷处理下，第 1 茬的干物质产量大于第 2 茬。

2.2 苜蓿磷含量和磷素利用效率

相同施菌条件下，苜蓿磷含量均随施磷量的增加呈先增加后降低的趋势（表 2）。J_1 条件下，苜蓿磷含量为 J_1P_2 处理显著大于其他处理（$P<0.05$）。J_2 条件下，苜蓿磷含量为施磷处理显著大于未施磷处理（$P<0.05$），但施磷处理间差异不显著（$P>0.05$）。J_3 条件下，第 1 茬苜蓿磷含量为 J_3P_1 处理显著大于其他处理（$P<0.05$）；第 2 茬苜蓿磷含量为 J_3P_2、J_3P_3 处理均显著大于 P_0 处理（$P<0.05$）。P_1 条件下，苜蓿磷含

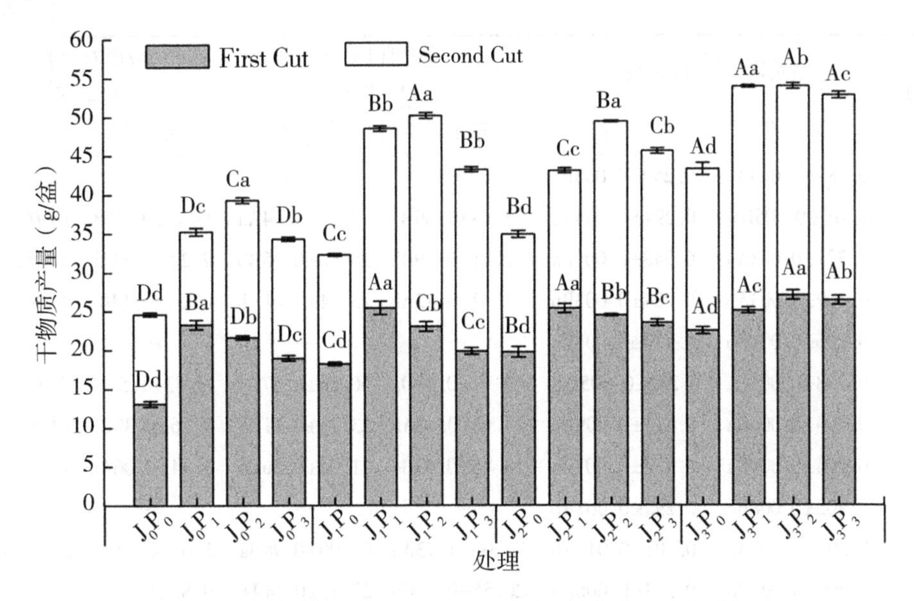

图 1　不同施磷条件下接种 AMF 和解磷细菌的苜蓿干物质产量

注：J_0、J_1、J_2、J_3 分别指 CK，Fm，Bm 和 Fm×Bm；P_0、P_1、P_2、P_3 分别指 0mg/kg，50mg/kg，100mg/kg，下同。不同大写字母表示在相同施磷处理下，不同菌处理之间的差异显著（$P<0.05$），不同小写字母表示相同施菌条件下，不同磷肥水平之间差异显著（$P<0.05$）。

量为 J_3P_1 处理显著大于其他处理（$P<0.05$）。P_2、P_3 条件下，第 1 茬苜蓿磷含量为 J_1P_2、J_1P_3 处理分别显著大于 J_0P_2 和 J_0P_3 处理（$P<0.05$）。各茬次中，施 P 处理和 J×P 处理下苜蓿磷含量均差异极显著（$P<0.01$），而施菌处理间差异显著（$P<0.05$）。

相同施菌条件下，磷肥偏生产力及磷肥农学效率均随施磷量的增加呈降低的趋势（表 2）。J_1 条件下，磷肥偏生产力和磷肥农学效率均为 J_1P_1 处理显著大于 J_1P_2、J_1P_3 处理（$P<0.05$）。J_2、J_3 条件下，磷肥偏生产力和第 1 茬磷肥农学效率均为 J_2P_1 和 J_3P_1 处理均显著大于 J_2P_2、J_3P_3 处理（$P<0.05$）。相同施磷条件下，除第 1 茬磷肥农学利用效率在 J_0 处理达到最大值外，单接菌和混合接菌处理的磷肥偏生产力及磷肥农学效率均显著高于未施菌处理（$P<0.05$）。各茬次中，J、P 处理间、J×P 处理下磷肥偏生产力及磷肥农学效率均差异极显著（$P<0.01$）。

表 2　不同处理下苜蓿磷含量、磷肥偏生产力及磷肥农学效率

处理	苜蓿磷含量（mg/kg）		磷肥偏生产力（kg/kg）		磷肥农学效率（kg/kg）	
	第 1 茬	第 2 茬	第 1 茬	第 2 茬	第 1 茬	第 2 茬
J_0P_0	0.182±0.007Cb	0.194±0.003Dd	—	—	—	—
J_0P_1	0.262±0.009Da	0.261±0.007Bb	72.25±1.63Ca	34.17±1.39Da	34.84±0.73Aa	1.50±0.77Dc
J_0P_2	0.182±0.005Cb	0.278±0.007Ca	21.88±0.59Bb	16.78±0.35Db	13.59±0.33Ab	8.50±0.19Ca
J_0P_3	0.179±0.005Cb	0.229±0.002Dc	18.02±0.32Bc	14.58±0.24Dc	5.55±0.08Ac	3.69±0.03Db

（续表）

处理	苜蓿磷含量（mg/kg）		磷肥偏生产力（kg/kg）		磷肥农学效率（kg/kg）	
	第1茬	第2茬	第1茬	第2茬	第1茬	第2茬
J_1P_0	0.289±0.010Ac	0.259±0.003Bc	—	—	—	—
J_1P_1	0.310±0.005Bab	0.294±0.004Ab	75.14±1.69Ba	77.44±1.04Aa	23.18±1.21Ba	18.09±1.21Ba
J_1P_2	0.321±0.003Aa	0.348±0.007Ba	22.31±0.39Bb	25.60±0.35Bb	7.22±0.24Cb	8.41±0.69Cb
J_1P_3	0.309±0.003Ab	0.284±0.003Bb	21.37±0.42Ab	25.14±0.41Ab	4.05±0.20BCc	5.36±0.41Cc
J_2P_0	0.206±0.001Bb	0.230±0.004Cb	—	—	—	—
J_2P_1	0.298±0.006Ca	0.242±0.005Cab	69.77±0.40Da	50.56±0.87Ca	13.53±1.51Ca	7.34±0.83Cb
J_2P_2	0.299±0.006Ba	0.213±0.009Dc	24.12±0.82Ab	23.73±0.11Cb	7.76±0.30Cb	13.46±0.47Ba
J_2P_3	0.294±0.009Ba	0.252±0.007Ca	18.75±0.63Bc	21.02±0.36Cc	3.34±0.06Ac	6.62±0.17Bb
J_3P_0	0.202±0.008Bc	0.295±0.002Ab	—	—	—	—
J_3P_1	0.391±0.005Aa	0.301±0.011Ab	77.00±1.73Aa	66.00±0.98Ba	5.03±0.51Db	25.98±0.80Aa
J_3P_2	0.290±0.007Bb	0.363±0.006Aa	20.55±0.24Cb	27.43±0.14Ab	9.82±0.29Ba	20.35±0.12Ab
J_3P_3	0.283±0.004Bb	0.365±0.004Aa	18.87±0.41Bc	22.21±0.31Bc	4.96±0.19ABb	8.87±0.15Ac
J	**	**	**	**	**	**
P	*	*	**	**	**	**
J×P	**	**	**	**	**	**

注：同列不同大写字母表示不同菌处理之间差异显著（$P<0.05$），同列不同小写字母表示不同施磷处理之间差异显著（$P<0.05$）。* 表示差异显著（$P<0.05$），** 表示差异极显著（$P<0.01$），下同。

2.3 土壤全磷含量和土壤速效磷含量

相同施菌条件下，根际土壤与非根际土壤全磷含量均随着施磷量的增加呈增加的趋势（表3）。除 J_1 条件下的土壤全磷含量为 J_1P_2、J_1P_3 处理显著大于 J_1P_1 处理外（$P<0.05$），其余处理均为 J_2P_3 处理显著大于 J_2P_0 处理（$P<0.05$）。相同施磷处理下，除 P_0 条件下，第1茬根际土全磷含量显著大于 J_1P_0、J_3P_0 显著大于 J_0P_0 处理（$P<0.05$），J_1P_0 处理与 J_3P_0 处理差异不显著外（$P>0.05$），其他施菌处理显著大于未施菌处理（$P<0.05$），且在 J_3 处达到最大值。J、P 处理间、J×P 处理下根际土、非根际土壤全磷含量均差异极显著（$P<0.01$）。

相同施菌条件下，土壤速效磷含量随着施磷量的增加呈增加的趋势（表3）。除 J_0 条件下外，其他处理均为 P_3 处理显著大于 P_0、P_1 处理（$P<0.05$）。相同施磷条件下，P_0 条件下，第1茬根际土全磷含量为 J_1P_0、J_3P_0 显著大于 J_0P_0 处理（$P<0.05$），J_1P_0 处理与 J_3P_0 处理差异不显著外（$P>0.05$），其他接菌处理显著大于未接菌处理（$P<0.05$），且在 J_3 处取达到最大值。各茬次中，J、P 处理间、J×P 处理下根际土、非根际土壤速效磷含量均差异极显著（$P<0.01$）。

表 3 不同处理下根际、非根际土壤全磷含量及土壤速效磷含量

处理	根际土全磷含量 (g/kg)		非根际土全磷含量 (g/kg)		根际土速效磷含量 (mg/kg)		非根际土速效磷含量 (mg/kg)	
	第 1 茬	第 2 茬	第 1 茬	第 2 茬	第 1 茬	第 2 茬	第 1 茬	第 2 茬
J_0P_0	0.393±0.013Bd	0.220±0.009Dc	0.368±0.002Db	0.200±0.004Dc	8.43±0.22Dc	4.45±0.10Dd	5.99±0.23Cc	5.93±0.01Dd
J_0P_1	0.412±0.001Cc	0.226±0.003Cc	0.370±0.001Db	0.204±0.003Dc	11.58±0.06Cb	7.44±0.14Dc	8.99±0.10Db	7.04±0.30Cc
J_0P_2	0.441±0.005Cb	0.270±0.015Cb	0.372±0.001Db	0.270±0.003Cb	16.12±0.50Da	11.42±0.44Cb	9.34±0.47Db	8.23±0.37Db
J_0P_3	0.462±0.005Ba	0.378±0.003BCa	0.459±0.009Ca	0.343±0.005Ca	16.61±0.35Da	13.72±0.35Da	10.43±0.49Ca	13.42±0.37Ca
J_1P_0	0.421±0.006Ad	0.291±0.005Cd	0.424±0.001Bc	0.256±0.007Cc	11.81±0.37Bd	8.99±0.09Bc	10.30±0.45Bc	6.52±0.17Bd
J_1P_1	0.443±0.004Bc	0.325±0.005Ac	0.430±0.003Bc	0.269±0.006Cb	16.51±0.42Bc	9.18±0.09Cc	10.59±0.32Bc	10.93±0.40Bc
J_1P_2	0.451±0.001Bb	0.349±0.007Ab	0.441±0.001Bb	0.352±0.004Aa	18.36±0.51Cb	13.26±0.41Bb	11.94±0.45Bb	12.8±0.30Bb
J_1P_3	0.474±0.003Aa	0.370±0.002Ca	0.480±0.003Ba	0.356±0.008Ba	22.32±0.46Ca	15.47±0.11Ca	12.54±0.20Ba	18.45±0.45Ba
J_2P_0	0.422±0.001Ad	0.232±0.010Bd	0.377±0.001Cd	0.268±0.004Bc	9.58±0.10Cd	6.49±0.11Cd	8.85±0.30Ac	9.48±0.36Ad
J_2P_1	0.436±0.005Bc	0.246±0.006Bc	0.410±0.004Cc	0.283±0.002Bb	16.12±0.06Bc	10.30±0.15Bc	9.93±0.28Cb	11.05±0.34Bc
J_2P_2	0.454±0.005Bb	0.337±0.009Bb	0.426±0.005Cb	0.290±0.008Bb	24.98±0.28Bb	13.16±0.41Bb	10.10±0.11Cb	11.88±0.46Cb
J_2P_3	0.477±0.002Aa	0.385±0.002Ba	0.464±0.004Ca	0.352±0.005Ba	25.75±0.20Ba	26.28±0.40Ba	12.27±0.32Ba	13.26±0.15Ca
J_3P_0	0.415±0.005Ac	0.309±0.004Ad	0.458±0.008Ad	0.349±0.002Ab	13.82±0.43Ad	10.53±0.21Ad	10.46±0.36Ad	9.51±0.06Ad
J_3P_1	0.461±0.002Ab	0.333±0.002Ac	0.482±0.004Ac	0.350±0.007Ab	20.42±0.45Ac	12.40±0.32Ac	12.60±0.06Ac	24.40±0.46Ac
J_3P_2	0.473±0.004Aa	0.354±0.007Ab	0.495±0.004Ab	0.357±0.009Ab	27.07±0.42Ab	17.30±0.45Ab	14.54±0.06Ab	33.27±0.28Ab
J_3P_3	0.479±0.007Aa	0.496±0.005Aa	0.521±0.002Aa	0.434±0.009Aa	34.58±0.25Aa	29.33±0.49Aa	25.81±0.25Aa	35.94±0.20Aa
J	**	**	**	**	**	**	**	**
P	**	**	**	**	**	**	**	**
J×P	**	**	**	**	**	**	**	**

2.4 苜蓿磷含量与总干物质产量的关系

为明确苜蓿磷含量与总干物质产量的关系，将苜蓿磷含量与总干物质产量拟合成二次方程，结果表明（图 2），苜蓿磷含量与总干物质产量拟合的二次方程的决定系数 R^2 为 0.703 7，苜蓿磷含量与总干物质产量有较高的相关性，相关系数 r 为 0.809。

2.5 土壤全磷、速效磷含量与总干物质产量的关系

为了进一步明确根际、非根际土壤全磷、速效磷含量与苜蓿总干物质产量的关系，将根际、非根际土壤全磷、速效磷含量分别与苜蓿总干物质产量进行拟合，结果表明

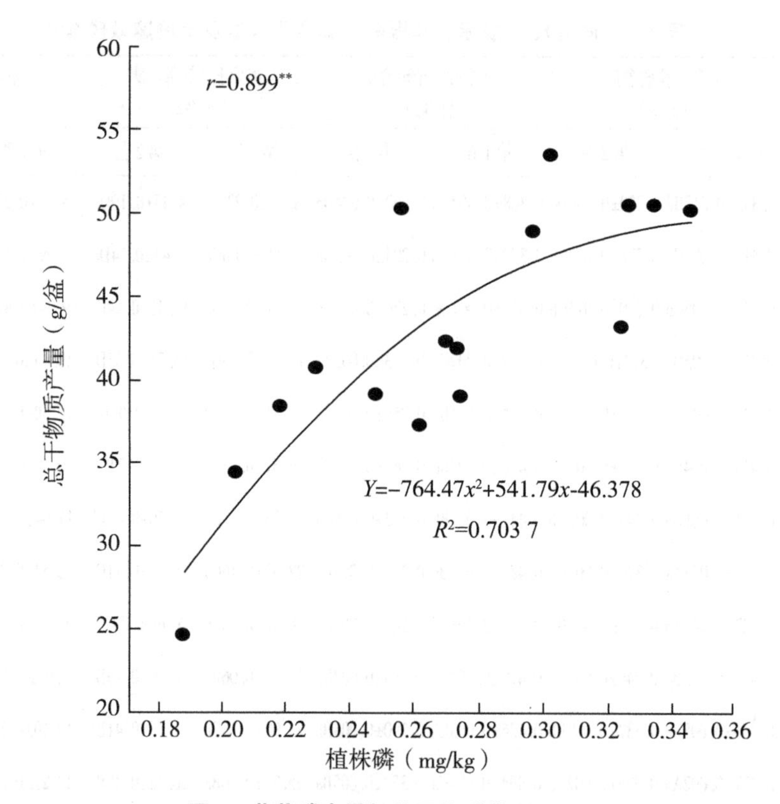

图 2　苜蓿磷含量与总干物质关系

注：r 表示皮尔逊相关系数。** 表示在 0.01 水平（双侧）上显著相关。下同。

（图 3），根际或非根际土壤中，土壤速效磷含量与干草产量拟合的决定系数（R^2）（图 3c 和图 3d）均大于土壤全磷含量的 R^2（图 3a 和图 3b）。

根际土壤全磷含量和速效磷含量与干草产量拟合的 R^2 均大于非根际土壤。其中，根际土壤速效磷含量的相关系数最大，R^2 大于 0.6，拟合效果较好（图 3c）；非根际中土壤全磷含量和速效磷含量的拟合度较低，R^2 仅为 0.5 左右。

3　讨论

3.1　接种 AMF 与解磷细菌对不同施磷量条件下紫花苜蓿生长的影响

植物生长发育所需磷素主要来自土壤，土壤是植物生长的养分“库”。而补充土壤磷素含量与维持土壤供磷能力的重要途径是磷肥的投入。本研究表明，相同施磷处理下，无论是单接菌还是混合接菌均对苜蓿有显著促生长效果，这主要是因为施菌能够显著增加植株全磷和全氮含量，通过真菌和解磷细菌的合作能增强了植物对养分的吸收能力，其中真菌菌丝可从土壤中吸收其养分元素，并转运至根系内，进而增加作物产量。可见，溶磷菌对促进苜蓿生长方面具有至关重要的作用。

施磷和接菌均对苜蓿磷素利用效率具有重要影响。本研究结果表明，相同施菌条件

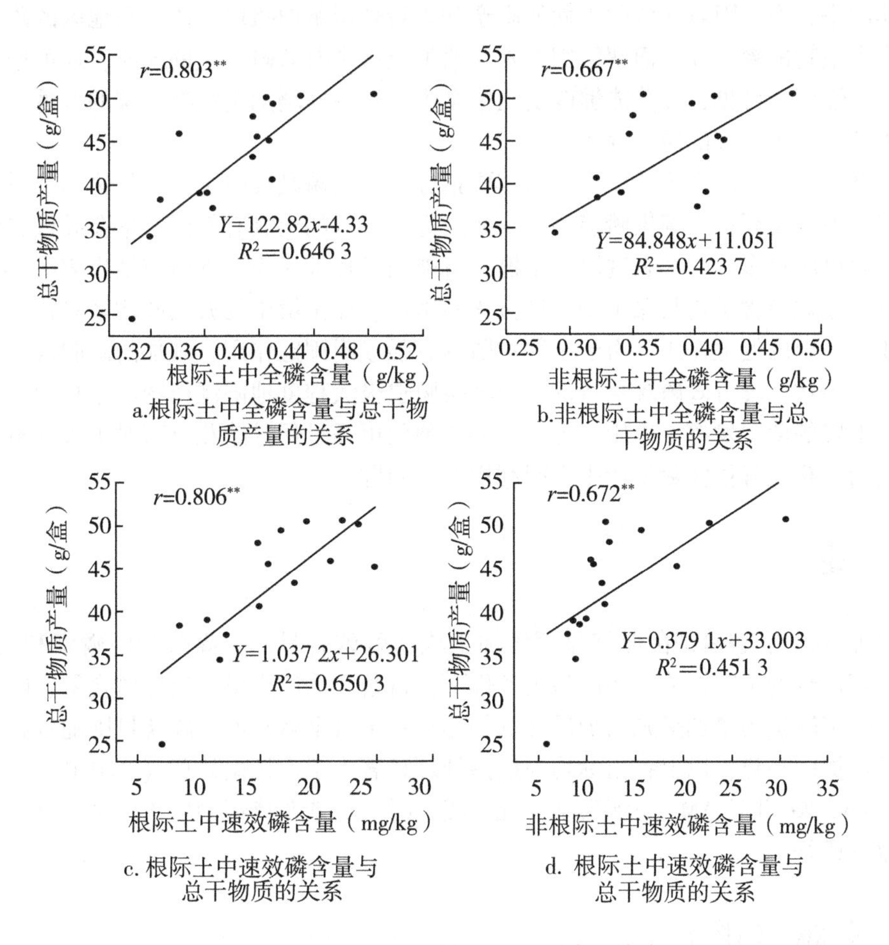

图 3　土壤全磷、速效磷与总干物质产量的关系

下，磷肥偏生产力及磷肥农学效率均随施磷量的增加呈降低的趋势，单接菌和混合接菌处理可显著提高磷肥偏生产力及磷肥农学效率。研究表明，磷素作为植物生长的必需营养元素，以多种途径参与植物体内各种代谢过程，进而影响植物的生理和形态。在低施磷条件下，根系分泌的糖类、有机酸和氨基酸数量增加，通过各种化学反应，溶解土壤中的难溶性的磷酸盐，从而增加了土壤磷的有效性，提高了植物对磷的吸收。而解磷细菌能将土壤中难溶性磷转化为植物可吸收利用有效磷，从而提高磷肥利用效率。可见，在适宜的施磷条件下，接菌显著提高紫花苜蓿磷素利用效率，进而促进其生长发育。

3.2　接种 AMF 与解磷细菌对不同施磷量条件下对土壤磷含量的影响

磷是植物生长发育所必需的营养元素之一，而土壤中能够被植物直接吸收利用的磷称为土壤有效磷。丛枝菌根真菌和解磷细菌作为土壤中一类普遍存在的功能微生物，对土壤磷的周转具有重要的意义。本研究结果表明，土壤全磷和速效磷含量均随着施磷量的增加呈增加的趋势。由于土壤中大部分矿质元素（尤其是磷）的可移动性差，导致植物磷利用率低。为了提高土壤有效磷含量及磷素利用率，AMF 利用根际土中广泛的菌丝体网络，通过附着在菌丝上面的高亲和力磷转运蛋白摄取远离根系地区的磷，以此改善宿主植物的磷营养。而解磷细菌则在增加土壤中有效磷含量的同时，还可增强土壤磷素供应强度。可见，接菌能够改变土壤微生物环境并增加土壤有效磷的含量，进而给植物生长提供了更多的磷营养。

土壤全磷是反映土壤磷库大小的重要指标，有效磷则反映了可供作物当季吸收利用的磷素水平，是评价土壤供磷能力的重要指标。过低的土壤有效磷水平会导致农作物减产；磷素供应过多，叶片表现厚而粗糙，可能引发环境污染。本研究结果表明，土壤全磷含量、速效磷含量均与总干物质产量关系密切。而土壤中的有效磷增多对苜蓿干物质的累积有一定的促进作用。由于土壤对磷具有强吸附固定作用，施加的磷肥很快会被土壤固定，导致土壤有效磷含量较低，土壤磷胁迫极大程度地限制植物的生长和产量，此时施入土壤的菌肥发挥了作用。可见，溶磷菌肥可通过促进紫花苜蓿对土壤中磷元素吸收和利用，解决苜蓿实际生产中磷肥利用低的问题。

4 结论

接种 AMF 和解磷细菌能够显著增加土壤速效磷含量，提高苜蓿的磷素利用效率，进而提高苜蓿的生产性能。相同施菌条件下，苜蓿干物质产量、植株磷含量、磷素利用效率均随施磷量的增加呈先增加后降低的趋势；土壤全磷及速效磷含量则随着施磷量的增加呈增加的趋势，以上各指标均为接菌处理显著大于未接菌处理（$P<0.05$）。当施磷量为 100mg/kg 并且 AMF 与解磷细菌混合接种时，对紫花苜蓿的生长发育以及改善磷营养的效果最好。

参考文献（略）

基金项目：国家自然科学基金项目（32001400，31660693）；中国博士后科学基金资助项目（2018T111120，2017M613252）；石河子大学青年创新人才培育计划项目（CXRC201605）；国家牧草产业技术体系项目（CARS-34）。

第一作者：刘俊英（1994—　），女，新疆昌吉人，硕士研究生。

发表于《农业工程学报》，2020，36（19）.

第四部分
绿洲区苜蓿与禾本科牧草混播研究

苜蓿与禾本科牧草混播，建立绿洲区豆、禾牧草混播草地，具有重要的经济价值和生态意义。混播草地能充分利用田间水、肥、光、气、热和空间等，提高草地的生产能力，同时，多种牧草混播能更好地发挥不同牧草种的适应性和抗逆性，提高草地的生态稳定性，丰富饲草的营养价值，混播草地的增产效应比单一牧草栽培更具有综合优势。本部分主要介绍新疆绿洲区混播比例和刈割期对混播草地产量及品质的影响、绿洲区苜蓿与三种禾本科牧草不同比例混播草地产量性状比较、施肥对绿洲区苜蓿与无芒雀麦混播草地生产性能的影响，以及绿洲区苜蓿与无芒雀麦、鸭茅的两种比例混播的研究，以期为新疆绿洲区苜蓿与禾本科牧草最佳混合播种提供理论依据及实际指导。

混播比例和刈割期对混播草地产量及品质影响的研究

张仁平[1]，于 磊[2]，鲁为华[2]
（1. 新疆维吾尔自治区草原总站，新疆 乌鲁木齐 830049；
2. 石河子大学动物科技学院，新疆 石河子 832003）

摘 要：在新疆石河子进行了不同混播比例和不同刈割期对紫花苜蓿和无芒雀麦混播草地产量及品质影响的研究。结果表明：以紫花苜蓿 50%（7.5kg/hm²）+无芒雀麦 50%（15kg/hm²）混播比例的混播草地产草量最高，达 21 300kg/hm²，刈割期处理 T_2（紫花苜蓿初花期）产草量最高。刈割期对紫花苜蓿品质存在着明显的影响。处理 T_1（紫花苜蓿现蕾期）的粗蛋白含量最高，中性洗涤纤维和酸性洗涤纤维含量最低（$P<0.05$）；刈割期对混播草地无芒雀麦和紫花苜蓿品质存在一定的影响，其中混播处理 A_1（紫花苜蓿与无芒雀麦 5∶5）紫花苜蓿和无芒雀麦的品质较好。

关键词：绿洲；混播比例；刈割期；产量；品质
中图分类号：S812

新疆绿洲区的光热资源非常丰富，适合于栽培草地的牧草生产。新疆绿洲的太阳辐射达 6 000 MJ/m² 以上，是我国光能潜力最大的地区。紫花苜蓿与无芒雀麦单播在新疆绿洲区已经证明了有很好的表现。紫花苜蓿是绿洲农牧区分布最广泛的当家草种之一，特别是良种紫花苜蓿在农牧区的推广种植已成为绿洲区养殖业的主要饲草来源；无芒雀麦已证明是适合在新疆绿洲区生长的牧草。针对新疆绿洲区的特征，选择适宜在新疆绿洲区种植的紫花苜蓿和无芒雀麦品种进行混播，以期确定紫花苜蓿和无芒雀麦的混播比例和最佳刈割期，为当地及同类地区牧草生产服务。

1 材料与方法

1.1 试验区自然概况

试验在石河子大学试验站内，位于 88°3′E，44°20′N。土壤重壤，含有机质 2.011%、全氮 0.115 7%、碱解氮 72.8mg/kg、速效磷 34.8mg/kg。平均海拔 420m 左右，属典型的温带大陆性气候，冬季长而严寒，夏季短而炎热，年均温 7.5~8.2℃，日照时间 2 318~2 732h，无霜期 147~191d，年降水量 180~270mm，年蒸发量 1 000~1 500mm。

1.2 试验材料

试验材料见表 1。

表 1 试验材料

品种编号	种名称	品种名称	产地及来源
1	紫花苜蓿	金皇后	美国
2	无芒雀麦	新雀 1 号	新疆农业大学

1.3 试验设计

采用随机区组设计（表2），设单播（条播）、间行混播 2 种播种方式，每个试验小区 4.4m×8.0m。播种前对土壤进行深耕、耙地、平整、锄草等栽培措施后，分别以紫花苜蓿单播（CK_1）和无芒雀麦单播（CK_2）作为对照，以紫花苜蓿与无芒雀麦间行混播 5∶5（A_1）、6∶4（A_2）、7∶3（A_3）的比例进行混播（表 2），播种行距 30cm，各设置 3 次重复。于 2005 年 5 月 14 日在土壤墒情较好的情况下同期播种。混播草地和单播草地在紫花苜蓿孕蕾期（T_1）、紫花苜蓿初花期（T_2）、紫花苜蓿盛花期（T_3）3 个时期刈割。

表 2 紫花苜蓿与无芒雀麦混播设计

处理	播种方式	混播比例	播种量（kg/hm^2）
CK_1	紫花苜蓿单播	—	15
CK_2	无芒雀麦单播	—	30
A_1	紫花苜蓿与无芒雀麦混播	5∶5	7.5 + 15
A_2	紫花苜蓿与无芒雀麦混播	6∶4	9 + 12
A_3	紫花苜蓿与无芒雀麦混播	7∶3	10.5 + 9

1.4 取样与测定方法

每次刈割后，按小区称鲜草量，另取 300g 左右样品带回实验室于阴凉通风处阴干至恒重，称量即为风干质量，把风干称量后的牧草粉碎，过 40 目筛留样，测定粗蛋白、中性洗涤纤维、酸性洗涤纤维含量。

按《饲料分析及饲料质量监测技术》方法，用 1030 型全自动凯氏定氮仪测定粗蛋白含量，用 1020 型纤维系统分析仪（瑞典 Tecator 公司）测定中性洗涤纤维、酸性洗涤纤维含量。

1.5 数据分析

试验所得数据用 SPSS 12.0 软件进行统计分析。

2 结果与分析

2.1 刈割期和混播比例对产草量的影响

2.1.1 刈割期对牧草产量的影响

方差分析结果表明（表3），对不同刈割期处理的单播紫花苜蓿年际总产量进行LSD多重比较，T_1 刈割期处理的产量与 T_2 和 T_3 差异显著（$P<0.05$）。T_1 与 T_2 处理间的产量差异极显著（$P<0.01$）。不同刈割处理对单播无芒雀麦年际产量也有一定影响，其中以处理 T_2 的干物质产量（6 820kg/hm^2）最大，与 T_1 的差异极显著（$P<0.01$）。不同刈割期处理的混播草地年际总产量差异显著（$P<0.05$）。其中处理 T_2 的产量（21 400kg/hm^2）最高；T_3 的产量其次，为19.9 t/hm^2；T_1 的产量（17 200kg/hm^2）最低。由此可见，不同的刈割期会影响草地的生产力。在牧草的生长期内，混播草地产量在紫花苜蓿孕蕾期至初花期随着刈割期的推迟，草地产草量呈上升趋势；而在紫花苜蓿初花期至盛花期，混播草地产草量呈下降趋势。

表3 不同刈割期混播草地产量 （单位：kg/hm^2）

处理	紫花苜蓿		无芒雀麦		紫花苜蓿+无芒雀麦	
	鲜草产量	干草产量	鲜草产量	干草产量	鲜草产量	干草产量
T_1	89.1	12.2^{bB}	24.4	5.0^{bB}	113.	17.2^{cB}
T_2	98.6	14.5^{aA}	30.7	6.8^{aA}	129.3	21.4^{aA}
T_3	94.3	13.6^{aAB}	27.7	6.3^{aAB}	122.0	19.9^{bB}

注：同列不同小写字母表示差异显著（$P<0.05$），不同大写字母表示差异极显著（$P<0.01$）。下同。

2.1.2 混播比例对牧草产量的影响

方差分析结果表明（表4），A_3 和 A_2 差异显著（$P<0.05$），其中 A_3 处理的紫花苜蓿产草量达到最高（14 611kg/hm^2），混播处理为 A_1 时，混播草地的干草产草量达到最大值21 300kg/hm^2，与其他处理的干草产草量达到显著水平（$P<0.05$），其次产量从高到低分别是 A_3、CK_1、A_2、CK_2，处理 CK_2 与其他几种处理都达到极显著水平（$P<0.01$）。混播比例对混播草地的产量有一定的影响，其中混播处理 A_1 为最佳的处理。

表 4　不同混播比例下混播草地产量　（单位：kg/hm²）

处理	紫花苜蓿		无芒雀麦		紫花苜蓿+无芒雀麦	
	鲜草产量	干草产量	鲜草产量	干草产量	鲜草产量	干草产量
CK_1	—	—	—	—	132. 1	19. 0^{bB}
CK_2	—	—	—	—	40. 7	9. 3^{dD}
A_1	92. 9	13. 9^{aA}	33. 3	7. 4^{aA}	126. 3	21. 3^{aA}
A_2	85. 0	11. 9^{bB}	28. 6	6. 2^{Bb}	113. 7	18. 0^{cC}
A_3	104. 0	14. 6^{aA}	20. 8	4. 7^{Cc}	124. 8	19. 2^{bB}

2. 1. 3　混播比例和刈割期的互作效应对混播草地牧草产量的影响

在刈割期为 T_3 和混播比例为 A_3 紫花苜蓿产草量最高（15 500kg/hm²）。在刈割期为 T_2 和混播比例为 A_1 无芒雀麦产草量最高（8 500kg/hm²）。在刈割期为 T_2 和混播比例为 A_1 混播草地总产草量最高（23 400kg/hm²）。对于单播和混播草地的总产量来说，在每次刈割中，混播比例为 A_1 的产草量最高，与其他混播处理差异显著（$P<0.05$）（表 5）。

表 5　不同混播比例与刈割期处理产草量　（单位：kg/hm²）

刈割时间处理	刈割期	紫花苜蓿	无芒雀麦	紫花苜蓿+无芒雀麦
CK_1	T_1	—	—	17. 1^{fF}
CK_2	T_1	—	—	7. 9^{jI}
A_1	T_1	12. 9^{cC}	6. 1^{dD}	19. 0^{dD}
A_2	T_1	10. 9^{dD}	4. 9^{efE}	15. 7^{gG}
A_3	T_1	12. 9^{bcC}	4. 0^{gF}	16. 9^{fF}
CK_1	T_2	—	—	21. 6^{bB}
CK_2	T_2	—	—	10. 2^{hH}
A_1	T_2	14. 9^{aA}	8. 5^{aA}	23. 4^{aA}
A_2	T_2	13. 2^{bcBC}	6. 9^{cBC}	20. 1^{cC}
A_3	T_2	15. 4^{aA}	5. 1^{eE}	20. 5^{cC}
CK_1	T_3	—	—	18. 4^{eDF}
CK_2	T_3	—	—	9. 7^{hH}
A_1	T_3	13. 9^{bB}	7. 6^{bB}	21. 5^{bB}
A_2	T_3	11. 5^{dD}	6. 8^{cC}	18. 3^{eE}
A_3	T_3	15. 5^{aA}	4. 5^{fgEF}	20. 1^{cC}

2.2 刈割期与混播比例互作效应对牧草品质的影响

多年生草类的营养价值主要取决于蛋白质、酸性洗涤纤维和中性洗涤纤维含量的多少。蛋白质含量越高，中性洗涤纤维含量越低，牧草的营养价值就越高，反之，牧草的营养价值也就越低。牧草营养价值的主要影响因素是牧草的生育期。因此，牧草的营养价值具有一定的生长季动态变化。

2.2.1 刈割期对2种牧草品质的影响

从表6可以看出，当刈割期处理为 T_1 时，紫花苜蓿的平均粗蛋白含量最高为18.22%，与刈割期处理为 T_2、T_3 的差异极显著（$P<0.01$）。随着刈割期的推移，紫花苜蓿的品质性状下降。由表6可知，刈割期为 T_1 时，无芒雀麦的粗蛋白含量最高（12.46%），其次分别是 T_2 刈割期，各刈割期处理间无芒雀麦的粗蛋白含量差异极显著（$P<0.01$），刈割期为 T_1 时，无芒雀麦的中性洗涤纤维和酸性洗涤纤维含量最低，分别是43.58%和30.75%。而 T_3 的中性洗涤纤维和酸性洗涤纤维含量分别为49.73%和39.13%，各处理间的中性洗涤纤维和酸性洗涤纤维差异极显著（$P<0.01$）。由此可见，刈割期对无芒雀麦的影响是极其显著的。

表6 不同刈割期紫花苜蓿和无芒雀麦品质 （单位:%）

处理	紫花苜蓿			无芒雀麦		
	粗蛋白	中性洗涤纤维	酸性洗涤纤维	粗蛋白	中性洗涤纤维	酸性洗涤纤维
T_1	18.22^{aA}	31.78^{cC}	28.02^{cB}	12.46^{aA}	43.58^{cC}	30.75^{cC}
T_2	17.93^{bA}	36.08^{bB}	30.59^{bB}	11.02^{bB}	44.26^{bB}	33.88^{bB}
T_3	15.72^{cB}	38.41^{aA}	33.78^{aA}	9.87^{cC}	49.73^{aA}	39.13^{aA}

2.2.2 混播比例对两种牧草品质的影响

从表7可以看出，当紫花苜蓿的混播比例处理为 A_1 时，粗蛋白含量最大为18.92%，与混播处理 A_2 和 A_3 差异极显著（$P<0.01$），单播 CK_1 与混播 A_1 的粗蛋白含量差异不显著（$P>0.05$）。紫花苜蓿在混播比例处理的中性洗涤纤维和酸性洗涤纤维含量最低的是 A_1，分别是34.77%和29.59%，其中 A_1 的中性洗涤纤维含量与 A_3（37.92%）差异显著（$P<0.05$），A_1 的酸性洗涤纤维与 A_2、A_3 差异显著（$P<0.05$），由此可见，混播比例处理为 A_1 时，紫花苜蓿的品质最好，单播的紫花苜蓿次之，其他两种处理的较差。由表7可知，混播比例处理对无芒雀麦的中性洗涤纤维和酸性洗涤纤维含量的影响差异不显著（$P>0.05$），无芒雀麦混播处理 CK_2 和 A_2 的粗蛋白含量与 A_1 和 A_3 处理的粗蛋白含量差异显著。由此可见，混播处理对无芒雀麦的品质影响不大。

表 7 不同混播比例下紫花苜蓿和无芒雀麦品质 (单位:%)

处理	紫花苜蓿			无芒雀麦		
	粗蛋白	中性洗涤纤维	酸性洗涤纤维	粗蛋白	中性洗涤纤维	酸性洗涤纤维
CK_1	17.92^{aAB}	35.87^{abA}	31.89^{bC}	10.52^{bB}	44.94^{aA}	35.41^{aA}
A_1	18.92^{aA}	34.77^{bA}	29.59^{bBC}	11.72^{aA}	45.40^{aA}	33.28^{aA}
A_2	16.49^{bB}	36.92^{abA}	31.40^{aA}	10.42^{bAB}	45.11^{aA}	33.99^{aA}
A_3	17.69^{bB}	37.92^{aA}	33.69^{aAB}	11.45^{aA}	46.38^{aA}	34.49^{aA}

3 讨论与结论

影响混播草地产量、质量和群落稳定性的因子有很多，包括混播比例、刈割期和留茬高度等。从本试验看，混播比例和刈割期都会影响紫花苜蓿和无芒雀麦混播草地的产量、质量和群落稳定性。随着无芒雀麦的播种比例增加，混播草地的产草量越高，群落稳定性越高。考虑到新疆绿洲区特殊的光、热条件，试验在混播时主要以紫花苜蓿为主，而其他地区试验设计多以无芒雀麦为主。试验研究结果表明，在紫花苜蓿 50%（7.5kg/hm^2）+无芒雀麦 50%（15kg/hm^2）混播比例时，混播草地的产草量最高，这与宝音陶格涛在中国科学院内蒙古草原生态系统定位研究站栽培草地试验样地研究的结果相同。

无芒雀麦和紫花苜蓿都是多年生牧草，两种牧草所构成的混播草地应该是中长期混播草地，由于时间所限，该试验的数据是在紫花苜蓿和无芒雀麦混播草地建植的第 2 年所测得的数据，所得出的结论只是初步结论。

紫花苜蓿 50%（7.5kg/hm^2）+无芒雀麦 50%（15kg/hm^2）混播比例时，混播草地年度总产量最高，在新疆绿洲区应该是优先考虑的播种比例，当紫花苜蓿和无芒雀麦混播草地在紫花苜蓿初花期刈割时，混播草地产草量最高。

刈割期对混播草地的紫花苜蓿品质和无芒雀麦存在着明显的影响，当混播草地在紫花苜蓿孕蕾期刈割时，紫花苜蓿和无芒雀麦的粗蛋白含量最高，并且中性洗涤纤维和酸性洗涤纤维含量最低。但是这时产量不高，当在紫花苜蓿初花期刈割时，品质虽有所下降，但是产量较高，在新疆绿洲区应该优先考虑。

参考文献（略）

基金项目：新疆生产建设兵团科技攻关项目（CY200401）。

第一作者：张仁平（1979— ），男，甘肃甘谷人，畜牧师，硕士研究生。

发表于《草业科学》，2009，26（5）.

绿洲区苜蓿与三种禾本科牧草不同比例混播草地产量性状比较研究

蒋　慧[1,2]，鲁为华[1]，于　磊[1*]
（1. 新疆石河子大学动物科技学院，新疆　石河子　832003；
2. 新疆塔里木大学动物科学学院，新疆　阿拉尔　843300）

摘　要：对绿洲区苜蓿与三种禾本科牧草混播产量性状进行了比较研究。结果表明：同单播苜蓿比较，苜蓿与新麦草、猫尾草的混播地在产量上都没有优势。苜蓿与鸭茅混播的处理 C_2（苜蓿 60% + 鸭茅 40%）、处理 C_3（苜蓿 50% + 鸭茅 50%）产草量高于单播苜蓿，处理 C_1（苜蓿 70% + 鸭茅 30%）的产草量低于单播苜蓿。因此，在绿洲区选择苜蓿与鸭茅混播可以发挥混播优势来提高产量，混播比例以苜蓿 60% + 鸭茅 40%和苜蓿 50% + 鸭茅 50%较好。

关键词：苜蓿；新麦草；鸭茅；猫尾草；混播；产量性状
中图分类号：S816.4

豆科牧草引入禾本科草地将会提高草地的氮产量，这是引进优良豆科牧草改良禾草草地的首要条件。适宜的物种搭配和混播比例是避免激烈竞争、发挥混播优势的必要条件。因此比较研究绿洲区不同禾本科与豆科混播地的产量、确定绿洲区适宜的混播物种具有重要意义。

1　材料与方法

试验在新疆石河子大学动物科技学院实验站牧草地进行，该地处于准噶尔盆地南缘绿洲区，为极端干旱的大陆性气候，干旱少雨，冬季寒冷，夏季气温高，昼夜温差大，日照充足。位于88°8′E，44°20′N。平均海拔 300~500m，年降水量 180~270mm，年蒸发量1 000~1 500mm。年平均温度 7.5~8.2℃，日照 2 318~2 732h，无霜期 147~191d，≥10℃的年积温 3 552℃。土壤属绿洲灰色黏土。

1.1　试验材料

所用苜蓿品种是三得利，由百绿公司提供；鸭茅为丹麦鸭茅；猫尾草为丹麦猫尾草，均由昭苏县 76 团牧草种子基地提供；新麦草为紫泥泉种羊场提供的野生驯化品种。

1.2　试验设计

试验按完全随机区组设计，共 10 个播种处理，即 K（苜蓿单播）、A_1（苜蓿 70%+

新麦草 30%)、A_2（苜蓿 60%+新麦草 40%)、A_3（苜蓿 50%+新麦草 50%)；B_1（苜蓿 70%+猫尾草 30%)、B_2（苜蓿 60%+猫尾草 40%)、B_3（苜蓿 50%+猫尾草 50%)；C_1（苜蓿 70%+鸭茅 30%)、C_2（苜蓿 60%+鸭茅 40%)、C_3（苜蓿 50%+鸭茅 50%)。试验小区面积为 8m×4.2m，行距 30cm。每个处理 3 个重复，播种方式为间条混播。

1.3 产量的测定

在苜蓿的初花期分别取 50cm 长的线段齐地刈割，每个小区 3 个重复，装袋称量鲜重，室内自然干燥后称其干重，再折合成每亩的产草量，即为干草产量。

1.4 数据处理

试验数据采用数据分析软件 Excel 和 DPS 2000 做方差分析，用邓肯氏法做多重比较。

2 结果与分析

2.1 混播比例对产草量的影响

2.1.1 混播比例对苜蓿与新麦草混播草地产量的影响

由表 1 可知，新麦草与苜蓿混播时，混播草地与单播苜蓿比较没有产量优势，单播处理 K 的 3 茬总产草量最高。表明新麦草与苜蓿混播时，苜蓿占据有利的生态位，是决定草地产草量的主要物种。

表 1 不同混播比例下苜蓿与新麦草混播草地产量 （单位：kg/亩）

处理	第 1 茬（5 月 27 日）	第 2 茬（6 月 28 日）	第 3 茬（8 月 5 日）	总产
K	627.96aA±27.85	361.68aA±31.09	281.79bA±26.31	1 271.43aA±28.33
A_1	617.25aA±25.93	312.24abA±37.67	290.42bA±24.07	1 219.91aAB±26.41
A_2	568.36bA±11.79	282.65bA±33.54	306.27bA±28.23	1 157.28bB±29.85
A_3	582.26bA±29	324.67abA±35.32	360.37aA±30.09	1 267.30aA±30.21

注：同列数据肩注字母相同表示差异不显著（$P>0.05$)，小写字母不同表示差异显著（$P<0.05$)，大写字母不同表示差异极显著（$P<0.01$)。下同。

2.1.2 混播比例对苜蓿与猫尾草混播草地产量的影响

由表 2 可知，猫尾草与苜蓿混播时，混播草地与单播苜蓿比较也没有产量优势。表明新麦草与苜蓿混播时，仍然是苜蓿占据有利的生态位，是决定草地产草量的主要物种。随着苜蓿播种比例的增加，3 茬草总产量有增加的趋势。

表 2　不同混播比例下苜蓿与猫尾草混播草地产量　　（单位：kg/亩）

处理	第 1 茬（05/27）	第 2 茬（06/28）	第 3 茬（08/05）	总产量
K	627. 96bA±27. 85	361. 68aA±31. 09	281. 79bA±26. 31	1 271. 43aA±28. 33
B_1	670. 80aA±25. 69	327. 80aA±30. 21	327. 09abA±34. 07	1 325. 69aA±33. 47
B_2	640. 78abA±9. 86	302. 24aA±41. 77	361. 76aA±35. 66	1 304. 78aA±29. 87
B_3	642. 74abA±11. 29	310. 02aA±34. 69	335. 30abA±30. 79	1 288. 06aA±28. 12

2. 1. 3　混播比例对苜蓿与鸭茅混播草地产量的影响

由表 3 可知，鸭茅与苜蓿混播时，除处理 C_1 外，混播草地较单播苜蓿有明显增产效应。表明鸭茅与苜蓿混播能充分利用生境资源，从而提高混播地的产量。

表 3　不同混播比例下苜蓿与鸭茅混播草地产量　　（单位：kg/亩）

处理	第 1 茬（05/27）	第 2 茬（06/28）	第 3 茬（08/05）	总产量
K	627. 96bB±27. 85	361. 68abA±31. 09	281. 79bB±26. 31	1 271. 43bB±28. 33
C_1	619. 77bB±24. 35	331. 23bA±31. 57	273. 84bB±29. 69	1 224. 84bB±29. 65
C_2	759. 76aA±19. 69	410. 44aA±29. 24	376. 86aA±38. 23	1 547. 06aA±28. 13
C_3	759. 39aA±8. 92	378. 14abA±32. 49	384. 29aA±30. 09	1 521. 82aA±26. 98

2.2　品种对混播草地产草量的影响

处理 C 总产草量最高，显著高于处理 K、A、B，而后三者间差异不显著（$P>0.05$）。表明与单播的苜蓿比较，苜蓿与新麦草混播和苜蓿与猫尾草混播没有产量优势，而苜蓿与鸭茅混播具有增产效应（表 4）。

表 4　不同混播品种的牧草产量　　（单位：kg/亩）

处理	第 1 茬（05/27）	第 2 茬（06/28）	第 3 茬（08/05）	总产量
K	627. 96bB±27. 85	361. 68aA±31. 09	281. 79bB±26. 31	1 271. 43bA±38. 33
A	589. 29bB±30. 06	306. 52bB±21. 59	352. 35aA±19. 22	1 248. 16bA±32. 88
B	631. 87bB±29. 16	313. 35bB±13. 1	341. 38aA±18. 12	1 286. 60bA±39. 34
C	715. 40aA±25. 38	373. 27aA±39. 83	345. 00aA±32. 07	1 433. 67aA±49. 41

3　结论与讨论

通过以上分析可知，并不是任何禾本科牧草与豆科苜蓿混播都能表现出增产效应。

在以上3种禾本科牧草与苜蓿的混播组合中，只有鸭茅与苜蓿混播较单播苜蓿具有增产效应。同一牧草在不同的混播组合中表现出不同的产草量，体现出该种牧草（苜蓿）与其他组分竞争力的大小。

禾本科牧草与豆科牧草混播时要竞争光、水和土壤矿物元素等。一般来说，豆科的根系要比禾本科的深而强壮，表现出较低的水利用效益。而禾本科的多纤维特性和强大的阳离子交换能力使之从土壤中获得单价阳离子。由此可见，苜蓿与鸭茅混播较苜蓿与新麦草或苜蓿与猫尾草混播更有利于对生态资源的利用，在群落中具有各自的生态位，能避免直接的竞争，对群落的空间和资源利用方面趋向于互相补充，更能有效地利用环境资源，维持较高的生产力。

参考文献（略）

基金项目：新疆生产建设兵团科技攻关项目（CY200401）。

第一作者：蒋慧（1969—　），女，副教授，硕士研究生。

发表于《黑龙江畜牧兽医》，2008（6）.

施肥对绿洲区苜蓿与无芒雀麦混播草地生产性能的影响

郭海明，于　磊，林祥群
（石河子大学动物科技学院，新疆　石河子　832003）

摘　要：特定施肥水平（N 225kg/hm^2、P 150kg/hm^2）下，对建植第3年不同比例（5∶5、6∶4、7∶3）混播草地中苜蓿和无芒雀麦的株高、产草量、茎叶比及产草量变异系数进行了研究，结果表明，施肥对7∶3混播草地中苜蓿和无芒雀麦株高、产草量促进作用最大。各比例混播草地年产草量施肥组和对照组差异极显著（$P<0.01$）。7∶3混播草地中，苜蓿和无芒雀麦的茎叶比施肥组均低于对照组，但5∶5和6∶4混播草地中，施肥组和对照组茎叶比无明显规律。7∶3施肥组产草量变异系数最小。7∶3建植的混播草地施肥组表现出较高的生产性能，可以获得优质高产的饲草。

关键词：施肥；混播草地；产草量；生产性能
中图分类号：S541.062

施肥是提高人工草地生产力的有效手段，也是保证人工草地持续高产和稳产的有效措施之一。施肥可以促进牧草的生长和再生，提高产草量。许多试验研究表明，氮肥可以有效地促进豆科、禾本科混播草地中禾本科牧草的生长，而磷肥可以有效地促进豆科牧草的生长，并且混播草地在单独施加氮肥的情况下，随着氮肥施量的增加，草群的产草量在逐渐增加，但是当氮肥的施量达到一定的水平后，产草量不在随着氮肥施量的增加而增加，陈敏等在对无芒雀麦和苜蓿混播草地施肥试验中发现，氮肥施量以225kg/hm^{2}尿素为宜；混播草地在单独施加磷肥的情况下，草地产草量随着磷肥施量的增加也在逐渐增加，在磷肥的施量达到一定的水平以后，产草量也不在随磷肥施量的增加而增加，磷肥的施加量以150kg/hm^{2}为宜。但是，施肥对不同比例混播草地生产性能的影响报道甚少，本文在最佳施肥水平（N 225kg/hm^2，P 150kg/hm^2）下，通过无芒雀麦和苜蓿株高、茎叶比以及产草量的变化来观测施肥对不同比例苜蓿与无芒雀麦（5∶5、6∶4、7∶3）混播草地生产性能的影响，探索出在最佳施肥条件下，苜蓿与无芒雀麦混播草地的最佳建植比例，为绿洲区人工混播草地的建植和草地高产提供理论依据。

1 材料与方法

1.1 材料

1.1.1 试验地概况

试验设在新疆石河子大学实验站牧草实验地进行。本试验平均海拔 420m，属典型的温带大陆性气候，冬季长而寒冷，夏季短而炎热，年平均气温 7.5~8.2℃，日照时间 2 318~2 732h，无霜期 147~191 d，年降水量 180~270mm，年蒸发量 1 000~1 500mm。土壤为重壤，有机质 2.011%、全氮 0.115 7%、碱解氮 72.8mg/kg、速效磷 34.8mg/kg。

1.1.2 试验材料

草种组合为金皇后（美国）+无芒雀麦（新雀一号，新疆农业大学）。金皇后品种是从美国引进的多年生苜蓿属优质牧草，根系发达，主根粗长，抗逆性强，叶量丰富，草质柔软，富含粗蛋白、维生素和矿物质。氮肥可促进其苗期生长，磷肥能促进其根系发达、提高抗旱抗寒能力，增加饲草产量。苜蓿和无芒雀麦 2005 年 5 月间行条播，豆科、禾本科比例为 5∶5、6∶4、7∶3，行距 30cm，每一比例混播草地的建植面积均为 7.5m×4m，播种当年和第 2 年未曾施肥。试验用肥为尿素（含氮 46%），粉状过磷酸钙（含 P_2O_5 12%）。施肥量为尿素 225kg/hm^2，过磷酸钙 150kg/hm^2。

1.2 方法

1.2.1 试验设计

各比例混播草地均设对照组和试验组一块，区组之间以及两侧设有区埂以便与其他试验小区相隔，试验小区于 2007 年 4 月 15 日浇水，4 月 20 日将两种肥料混合均匀一次性全部施入。施肥方式为沟施，深度 2~3cm，施肥后覆土踩实。

1.2.2 测定项目与方法

1.2.2.1 株高测定

苜蓿进入返青期后开始测量株高，每隔 7d 测 1 次，每次随机选取待测植株 15 株测其绝对高度，取平均值。

1.2.2.2 产草量、茎叶比测定

苜蓿进入初花期后开始测产，3 次测产分别于 2007 年 5 月 23 日、7 月 3 日、8 月 20 日进行。用 3 个 1m 长的线段沿行选取苜蓿并刈割测，代表 1m^2 内苜蓿的产草量，无芒雀麦产草量测定同苜蓿。各处理留茬高度均为 5cm，每个处理设 3 个重复。记录 3 次测量的苜蓿和无芒雀麦鲜重并各取 150~250g 带回实验室自然阴干至恒重后测干重，计算出总的产草量。刈割后取苜蓿和无芒雀麦各 200~300g 人工分离植株各部分茎、叶、花序，然后分别称其鲜重并带回实验室，自然阴干至恒重后测干重。茎叶比为各部分茎秆重量与所有部分叶量、花序重量之和的比值。

1.2.2.3　数据处理

用 DPS 对数据进行统计分析，用 Excel 进行图标处理。

2　结果与分析

2.1　施肥对苜蓿和无芒雀麦株高的影响

株高是描述苜蓿和无芒雀麦生长状态的一个特征量，它可以直观地反映植株的生长旺盛程度，也可以反映草地的生产力。各比例混播草地中，苜蓿和无芒雀麦株高变化见表 1、图 1 和图 2。

表 1　各比例混播草地第 1 茬株高变化　　（单位：cm）

测量时间	4 月 26 日	5 月 3 日	5 月 10 日	5 月 17 日	5 月 23 日
苜蓿（5：5）对照组	29.3	27.6	55.8	58.8	69.3
无芒雀麦（5：5）对照组	41.8	54.9	66.1	84.2	92.6
苜蓿（5：5）施肥组	40.9	58.8	69.3	80.7	85.5
无芒雀麦（5：5）施肥组	36.5	57.6	77.2	92.3	102.2
苜蓿（6：4）对照组	34.6	45.7	53.9	60.3	76.2
无芒雀麦（6：4）对照组	24.3	35.7	48	72.9	73.7
苜蓿（6：4）施肥组	37.0	55.5	59.7	70.1	79.7
无芒雀麦（6：4）施肥组	34.7	50.2	67.5	88.5	89.9
苜蓿（7：3）对照组	40.5	52.2	64.1	72.5	76.7
无芒雀麦（7：3）对照组	36.5	53.3	70.6	104.1	109.2
苜蓿（7：3）施肥组	34.3	61.2	73.5	88.3	111.3
无芒雀麦（7：3）施肥组	45.5	67.9	84.3	103.7	111.3

从表 1、图 1 可以看出，各比例混播草地中，同一生育期，施肥组苜蓿株高均大于对照组。说明施肥对苜蓿株高具有明显促进作用，施肥对 7：3 混播草地中苜蓿株高促进作用最大。5：5 对照组苜蓿生长曲线变化较剧烈，呈慢—快—慢的生长特点，这可能是高比例的无芒雀麦对苜蓿初期生长具有一定的抑制作用，随着物候期向前推进，株高曲线变化趋势和其他处理趋于一致，但株高在所有处理中仍处最低，在各比例施肥组之间，施肥对苜蓿株高变化影响由强到弱的混播组合为 7：3>5：5>6：4。施肥有力促进了 7：3 混播草地中苜蓿的生长，使其株高在所有混播组合中逐渐占有绝对优势。

2.2　施肥对苜蓿与无芒雀麦混播草地产草量的影响

产草量是衡量草地生产力的主要指标。产草量也可以反映施肥对不同比例混播草地

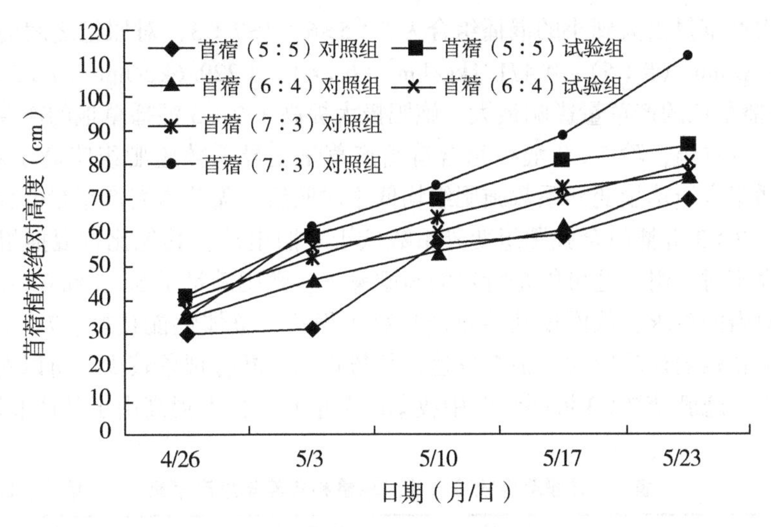

图 1　各比例混播草地第 1 茬苜蓿株高变化

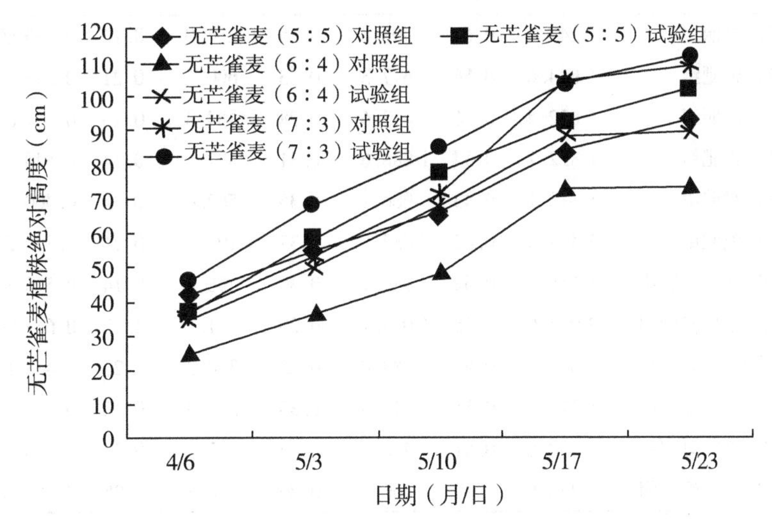

图 2　各比例混播草地第 1 茬无芒雀麦株高变化

生产性能的影响大小及建植第 3 年其生产性能的变化。

混播草地产草量在苜蓿进入初花期后进行测定，此时，苜蓿的产量与品质达到了最佳耦合，无芒雀麦生育期也在扬花期前后品质很高。不同比例混播草地牧草各茬产草量和各茬年总产草量详见表 2；草地年总产草量方差分析详见表 3。

从表 2、表 3 可以看出，各比例混播草地牧草产草量均随茬次的增加呈下降趋势，同一茬施肥组产草量高于对照组，说明施肥对各比例混播草地牧草产草量影响不同。各比例混播草地年总产草量施肥组和对照组差异极显著（$P<0.01$），施肥组的产草量均高于对照组的，这说明施肥对不同比例混播草地产草量均有明显的促进作用。

不同比例混播草地施肥组年总产草量均差异极显著（$P<0.01$），说明施肥对不同比例混播草地产草量的促进作用存在差别，促进作用由强到弱的混播组合为 7∶3>5∶5>

6：4，对照组产草量由大到小的混播组合为5：5>6：4>7：3，对照组之间的总产量分别为5 059.5kg/hm²（5：5）、4 471.1kg/hm²（6：4）、4 229.6kg/hm²（7：3）。因此施肥对7：3混播草地的产草量影响最大，施肥极大提高了7：3混播草地的产草量。

从表2可以看出，除7：3混播组合苜蓿产草量变异系数施肥组略高于对照组外，其他比例混播组合产草量变异系数施肥组均低于对照组。无芒雀麦产草量变异系数变化正好相反。除7：3混播组合施肥组变异系数低于对照组外，其他比例混播组合变异系数施肥组均高于对照组。这可能是特定的施肥量下，磷肥满足了5：5和6：4混播草地中苜蓿生长对磷的需求，从而使几茬草产量趋于稳定，整体性能良好。7：3混播草地中，施肥组无芒雀麦株丛较大，根系发达，长势均匀，断行现象较少，所以变异系数较小。总体上讲，施肥使7：3混播组合中牧草产草量有了极大提高由于其他混播组合。

表2 混播草地牧草各茬产草量和各茬年总产草量 （单位：kg/hm²）

牧草种类	第1茬	权重（%）	第2茬	权重（%）	第3茬	权重（%）	变异系数	各茬年总产草量
苜蓿（5：5）对照组	1 247.1	0.63	498.8	0.25	234.0	0.12	0.735 60	1 980.3
苜蓿（5：5）施肥组	1 634.6	0.56	677.3	0.23	600.1	0.21	0.548 56	2 912.3
苜蓿（6：4）对照组	1 622.4	0.56	813.6	0.28	454.3	0.16	0.577 82	2 902.8
苜蓿（6：4）施肥组	1 822.1	0.54	1 088.6	0.31	487.5	0.14	0.545 20	3 398.7
苜蓿（7：3）对照组	1 118.1	0.43	900.1	0.35	562.4	0.22	0.300 76	2 580.9
苜蓿（7：3）施肥组	2 404.9	0.42	2 082.6	0.37	1 194.6	0.21	0.305 77	5 682.5
无芒雀麦（5：5）对照组	1 655.9	0.54	984.1	0.32	428.3	0.14	0.555 34	3 068.2
无芒雀麦（5：5）施肥组	2 055.9	0.58	1 038.1	0.29	431.3	0.12	0.642 80	3 530.2
无芒雀麦（6：4）对照组	807.5	0.52	388.0	0.25	364.3	0.23	0.443 10	1 560.2
无芒雀麦（6：4）施肥组	1 212.6	0.55	729.3	0.33	269.3	0.12	0.591 32	2 211.6
无芒雀麦（7：3）对照组	830.6	0.51	416.8	0.25	387.3	0.24	0.420 32	1 635.0
无芒雀麦（7：3）施肥组	2 236.9	0.49	1 166.8	0.26	1 136.3	0.25	0.382 68	4 540.0

表3 苜蓿与无芒雀麦混播草地年总产草量方差分析 （单位：kg/hm²）

苜蓿与无芒雀麦比例	产草量
（5：5）对照组	5 059.5 ± 10.79 Dd
（5：5）施肥组	6 454.2 ± 11.33 Bb
（6：4）对照组	4 471.1 ± 7.44 Ee
（6：4）施肥组	5 616.8 ± 7.55 Cc
（7：3）对照组	4 229.6 ± 15.24 Ff
（7：3）施肥组	10 231.8 ± 9.04 Aa

注：大写字母代表1%极显著水平，小写字母代表5%显著水平，凡上标有相同字母者差异不显著，不同字母者差异显著。

2.3 施肥对苜蓿和无芒雀麦茎叶比变化的影响

由图 3 和图 4 可知，在 5∶5 和 6∶4 混播草地中，苜蓿茎叶比随茬次的增加呈下降趋势。7∶3 混播草地茎叶比施肥组比对照组有所下降。在 5∶5 和 6∶4 混播草地中，无芒雀麦茎叶比施肥组均高于对照组可能是特定的施肥量使得无芒雀麦获得了充足的养分而充分生长，对照组无芒雀麦由于营养相对不足而不能有效发挥遗传潜能导致茎叶比偏低，但对于 7∶3 的混播草地茎叶比施肥组低于对照组，说明 7∶3 混播草地中施肥使得无芒雀麦有足够的营养来用于其营养生长从而其茎叶比有所下降。

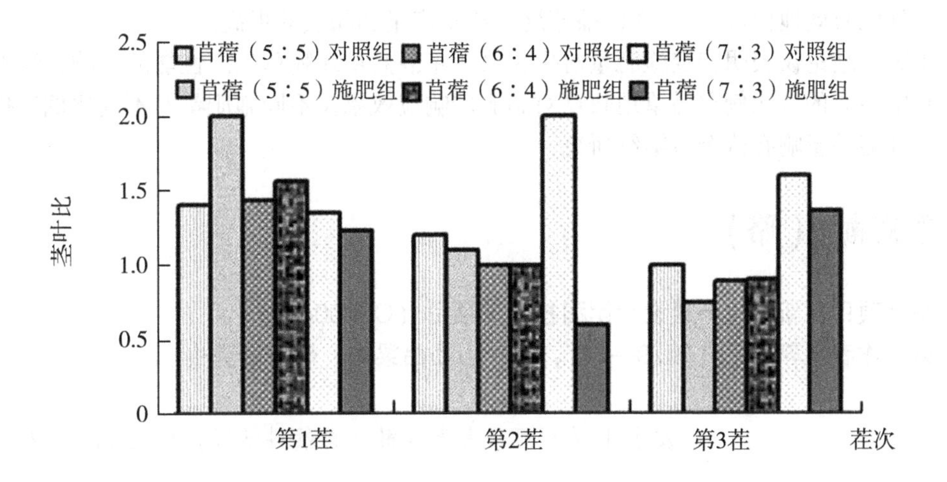

图 3　各比例混播草地 3 次测产苜蓿茎叶比变化

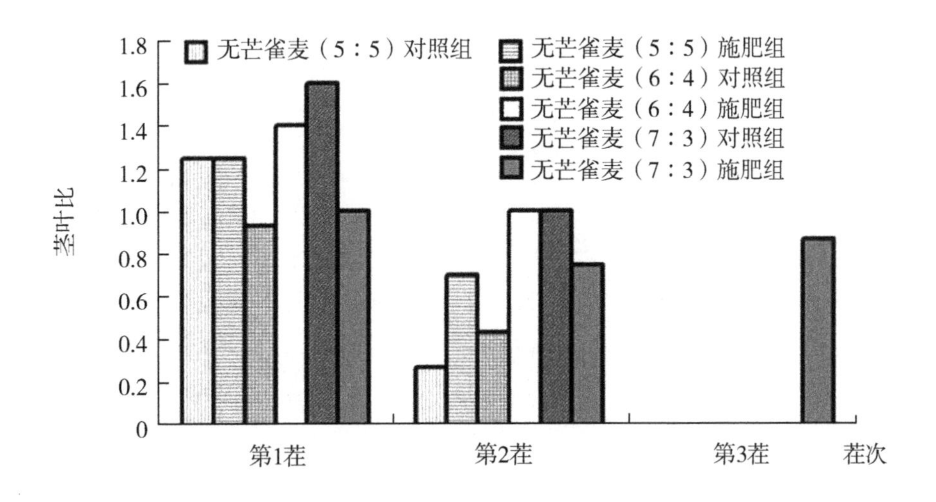

图 4　各比例混播草地 3 次测产无芒雀麦茎叶比变化

3 结论

特定的施肥量对不同比例混播草地中牧草株高、产草量的促进作用不同，对 7：3 混播草地中苜蓿和无芒雀麦株高和产草量的促进作用最大。

施肥对不同比例混播草地中苜蓿和无芒雀麦茎叶比的影响不同，5：5 和 6：4 混播草地中茎叶比施肥组高于对照组，7：3 混播草地中施肥组茎叶比低于对照组。

从株高、产草量、变异系数和茎叶比几个角度综合考虑可知：在特定施肥量（氮 225kg/hm^2 和磷 150kg/hm^2）下，施肥对 7：3 混播草地苜蓿和无芒雀麦生产性能影响最大，施肥有效地促进了 7：3 混播草地中牧草产量和品质的提高。

本试验结论仅表明特定施肥量对生长第 3 年混播草地牧草生产性能的影响，绿洲区生长年限不同的各比例混播草地牧草对施肥的响应效果及不同施肥量对不同比例混播草地生产性能的影响有待今后继续研究。

参考文献（略）

基金项目：新疆生产建设兵团科技攻关项目（CY200401）。

第一作者：郭海明（1979— ），男，山西吕梁人，硕士研究生。

发表于《石河子大学学报（自然科学版）》，2009，27（1）.

绿洲区苜蓿与无芒雀麦、鸭茅的两种比例混播试验研究

常　青，于　磊，鲁为华，张凡凡，万娟娟
（石河子大学动物科技学院，新疆　石河子　832003）

摘　要：分析紫花苜蓿与无芒雀麦、鸭茅以不同比例间行混播的经济性状。观测各混播处理牧草的物候期、生长速度、产草量，养分分析法测定牧草营养成分。4 个混播处理各牧草生长速度、产草量及营养成分间差异显著。处理 B_2 生长速度和粗蛋白含量最高，年总产草量处理 A_2 最高。紫花苜蓿+无芒雀麦 6∶4 混播（即处理 B_2）生长高度和产草量最高，粗蛋白和粗脂肪含量显著高于其他处理，且酸性洗涤纤维含量最低。

关键词：牧草；混播比例；产量；品质

中图分类号：S54

在绿洲区选择苜蓿与无芒雀麦、鸭茅两种优质禾草混播，是养殖业特别是奶牛生产发展的客观需要，是改进绿洲区单一苜蓿人工草地生产的有效方法之一。混播是一种良好的植物群落建植方式，混播草地牧草的质量优、产量高，群落稳定性好，是今后集约化畜牧业发展的重要内容。目前，对绿洲区苜蓿与无芒雀麦草地开展研究较多，如张仁平等对绿洲区苜蓿与无芒雀麦混播进行综合性评价，结果表明紫花苜蓿和无茫雀麦混播比例 5∶5，苜蓿初花期刈割的综合评价最好。绿洲区以苜蓿为主的人工混播草地中鸭茅的比例配置缺乏研究。绿洲区灌溉条件下对苜蓿与无芒雀麦、鸭茅两种禾草不同混播，观测各混播处理牧草的生长、产量和品质变化。探寻在绿洲区适宜的禾本科牧草与苜蓿混播搭配，找出产量高、品质佳、利用期长的混播组合和混播比例结构。为绿洲区构建适宜的苜蓿混播草地和实现混播草地优质高效生产提供科学依据，为绿洲区奶牛业健康发展提供理想的饲草支持。

1　材料与方法

1.1　试验地概况

试验地选定在石河子大学实验站内牧草试验地。处于准噶尔盆地南缘绿洲区，平均海拔 420m，为极端干旱的大陆性气候，高温炎热、干旱少雨、冬季寒冷等为其基本气候特征。年平均气温 7.5～8.2℃，日照 2 318～2 732h，无霜期 147～191d，年降水量 180～270mm，年蒸发量 1 000～1 500mm。土壤含有机质 2.01%、全氮 1.12%、碱解氮

72.80mg/kg、速效磷 34.80mg/kg。

1.2 材料

供试草种为紫花苜蓿、鸭茅、无芒雀麦，豆科、禾本科牧草间行混播，混播草地播量以各牧草的单播量为基础按不同混播比例计算出混播中各牧草的实际播种量。行距 30cm，播深 2~3cm，每处理 3 个重复（表 1）。

表 1 供试材料名称及来源

品种编号	种	品种	产地及来源
1	苜蓿	苜蓿王	美国
2	鸭茅	丹麦鸭茅	农四师 76 团基地生产
3	无芒雀麦	新雀 1 号	新疆农业大学

1.3 试验设计

试验设苜蓿与无芒雀麦及鸭茅间行按不同比例混播共 4 个处理，即 A_1 苜蓿+鸭茅 7∶3、A_2 苜蓿+鸭茅 6∶4；B_1 苜蓿+无芒雀麦 7∶3，B_2 苜蓿+无芒雀麦 6∶4，在 2009 年 11 月冬季播种。生长第一年（2010 年）进行正常管理，不进行试验观测；生长第二年（2011 年）进入试验期，试验初期一次性施肥：过磷酸钙 225kg/hm^2、尿素（氮含量 46%）145kg/hm^2、硫酸钾 150kg/hm^2（表 2）。

表 2 混播组合、混播方式、小区面积及其播种量

处理	混播组合	混播比例	小区面积（m^2）	播种量（kg）
A_1	苜蓿+鸭茅	7∶3	28.9	0.04 + 0.03
A_2	苜蓿+鸭茅	6∶4	28.1	0.03 + 0.05
B_1	苜蓿+无芒雀麦	7∶3	26.6	0.04 + 0.02
B_2	苜蓿+无芒雀麦	6∶4	27.4	0.03 + 0.02

1.4 方法

1.4.1 株高及生长速度

苜蓿返青后即 2011 年 4 月 21 日开始测定。各小区分别选取具代表性植株 10 株，测量地面到植株顶部的高度，并求平均值，每 7d 测定 1 次。并在每茬测定产量时测定最终株高。

1.4.2 产草量

每茬产草量在初花期（20%~30%开花）测定，按 1m×1m 的样方取样，称鲜重，3

个取样点，留茬高度5cm，每小区重复3次。再称取250g左右鲜草样，室内自然风干称量，至质量不变时测算初含水量后再折算干草产量。

1.4.3 养分分析

每茬收获时（20%~30%开花），取植株地上部分进行营养成分测定：粗蛋白采用凯氏定氮法；中性洗涤纤维、酸性洗涤纤维采用 Van Soest 洗纤维分析法。

1.4.4 数据统计分析

试验数据采用 Excel 和 DPS 6.5 数据处理软进行统计分析。

2 结果与分析

2.1 株高及生长速度

在第1茬处理 B_2 苜蓿的生长高度和生长速度最高，其次是处理 B_1，A_1 最低。对鸭茅而言，处理 A_2 中鸭茅的生长高度和生长速度极显著高于处理 A_1（$P<0.01$）。就无芒雀麦而言，处理 B_2 中无芒雀麦的生长高度和生长速度显著高于处理 B_1（$P<0.05$）。处理 A_2 与 B_2 对比分析，处理 B_2 中无芒雀麦的生长高度较混播处理 A_2 中鸭茅的高，但日生长速度差异不显著。

在第2茬处理 B_2 苜蓿与无芒雀麦的生长高度和生长速度在4个处理中最高，差异极显著（$P<0.01$），A_1 最低，其他处理间差异不显著。A_1 和 B_1 对比分析，A_1 处理中鸭茅的生长高度和生长速度较高（$P<0.05$）。A_1 与 B_2 对比分析，B_2 处理无芒雀麦的生长速度极显著高于 A_1 处理鸭茅的生长速度（$P<0.01$）（表3）。

表3 不同混播处理牧草株高及生长速度

处理	混播组合	株高（cm）		生长速度（cm/d）	
		第1茬	第2茬	第1茬	第2茬
A_1	苜蓿	80	54.6	1.58dC	0.51cC
	鸭茅	118.8	68.9	2.49cC	0.64bB
A_2	苜蓿	84.9	60.4	1.71bB	0.70aA
	鸭茅	132.6	69.4	2.86aA	0.62cC
B_1	苜蓿	82	59.5	1.67cB	0.61bB
	无芒雀麦	125	68.4	2.55bcBC	0.61dC
B_2	苜蓿	85	65.6	1.83aA	0.71aA
	无芒雀麦	133.7	69.9	2.87aA	0.69aA

2.2 不同处理对混播牧草风干草产量的影响

总产草量 A_2 最高，产量为14 907kg/hm²，其次是 B_2，B_1 显著低于其他3个处理

($P<0.01$)。苜蓿与鸭茅在混播比例 7∶3 时产草量为 13 536kg/hm^2，苜蓿比重为 11.67%；混播比例 6∶4 时产草量为 14 907kg/hm^2，苜蓿比重为 30.68%。表明苜蓿与鸭茅 6∶4 混播苜蓿产量及比重较 7∶3 混播时高。苜蓿与无芒雀麦 7∶3 混播产草量为 830.3kg，苜蓿产量比重为 57.64%；而在混播比例 6∶4 时产草量为 14 502kg/hm^2，苜蓿比重为 17.76%。说明在第 1 茬苜蓿与无芒雀麦 6∶4 混播较 7∶3 混播产草量高，但苜蓿在第 1 茬的比重偏低。

在第 2 茬总产草量 A_2 最高，产草量为 7 399.65kg/hm^2，B_2 最低，产草量为 6 303.15kg/hm^2。苜蓿与鸭茅混播比例 7∶3 时产草量 6 697.5kg/hm^2，苜蓿比重 5.89%；苜蓿与鸭茅 6∶4 混播时产草量 7 399.65kg/hm^2，苜蓿比重 17.55%。说明苜蓿与鸭茅 6∶4 混播时苜蓿产量及比重较 7∶3 高。苜蓿与无芒雀麦 7∶3 混播产草量 6 959.55kg/hm^2，苜蓿比重 16.94%；苜蓿与无芒雀麦 6∶4 混播时产草量 6 303.15 kg/hm^2，苜蓿比重为 15.71%。说明苜蓿与无芒雀麦 7∶3 混播，其产量及苜蓿比重高于 6∶4 混播。

年总产草量，处理 A_2 最高，产草量达到 22 306.65kg/hm^2，其次是 B_2 产草量 20 805.15kg/hm^2，B_1 最低，19 414.05kg/hm^2（表4）。

表 4　不同混播处理下风干草产量　（单位：kg/hm^2）

处理		苜蓿		鸭茅		无芒雀麦		苜蓿+无芒雀麦/鸭茅	
		干草产量 (kg/hm^2)	比例 (%)	干草产量 (kg/hm^2)	比例 (%)	干草产量 (kg/hm^2)	比例 (%)	干草产量 (kg/hm^2)	比例 (%)
第1茬	A_1	1 580.1dD	11.67	11 955.6bA	88.33	—	—	13 536cC	66.88
	A_2	4 573.8bB	30.68	10 332.75cB	69.32	—	—	14 907aA	66.83
	B_1	7 179.3aA	57.64	—	—	5 275.65dC	42.36	12 454.5dC	64.15
	B_2	2 568cC	17.76	—	—	11 934.15aA	82.24	14 502bB	69.7
第2茬	A_1	394.8dD	5.89	6 303.15aA	94.11	—	—	6 697.5cC	33.12
	A_2	1 299A	17.55	6 100.5bB	82.45	—	—	7 399.65aA	33.17
	B_1	1 178.7B	16.94	—	—	5 780.85cC	83.06	6 959.55bB	35.15
	B_2	990.45C	15.71	—	—	5 312.7dD	84.29	6 303.15dC	33.3

注：同行肩标相同差异不显著，肩标不同差异显著，大写字母表示 0.01 显著水平，小写字母表示 0 05 显著水平，下同。

2.3　不同混播处理牧草营养成分分析

2.3.1　混播组合及混播比例对牧草蛋白质含量的影响

第 1 茬苜蓿粗蛋白含量，B_2 最高，其次是 B_1，显著高于 A_1 和 A_2 ($P<0.05$)。各混播处理的无芒雀麦粗蛋白含量均显著高于同处理的鸭茅 ($P<0.05$)。第 2 茬，混播处理 B_2 苜蓿的粗蛋白含量显著高于 A_2 ($P<0.01$)，而处理 A_1 和 B_1 差异不显著。处理 B_1 和 B_2 的无芒雀麦粗蛋白含量显著高于处理 A_1 和 A_2 的鸭茅 ($P<0.05$)，且混播处理 B_2 无

芒雀麦的粗蛋白含量显著高于处理 A_2（$P<0.01$）。可见，混播可以提高禾本科牧草中粗蛋白含量，但不同的混播比例对牧草中粗蛋白的影响不同（表5）。

表5　不同混播处理各茬次营养成分　　（单位:%）

处理			粗蛋白	粗脂肪	中性洗涤纤维	酸性洗涤纤维
第1茬	A_1	苜蓿	16.26cC	11.62bB	44.41cC	36.76bB
		鸭茅	10.86dD	8.96cC	49.67aA	38.1aA
		鸭茅	14.64bB	8.54aA	45.99bB	37.16bB
	A_2	苜蓿	16.40bBC	10.46dC	45.14aB	35.83dC
		鸭茅	11.19cC	10.64aA	47.43cC	37.68bB
		混合草群总营养物质	14.32cC	8.55aA	46.23aA	36.57dC
	B_1	苜蓿	16.79aAB	12.68aA	44.6bB	37.36aA
		无芒雀麦	11.79bB	10.4bA	48.52bB	37.2cC
		混合草群总营养物质	15.29aA	7.58bB	45.50cC	37.31aA
	B_2	苜蓿	16.91aA	10.66cC	45.27aA	36.5cB
		无芒雀麦	12.18aA	9.98cB	47.20dC	37dC
		混合草群总营养物质	15.32aA	8.42aAB	44.84dD	36.7cC
第2茬	A_1	苜蓿	19.52bB	11.52aA	38.86cC	33.13aA
		鸭茅	12.27dC	7.5cC	48.54aB	31.58bB
		混合草群总营养物质	17.34cB	6.81dC	40.46dD	32.66bA
	A_2	苜蓿	17.88cC	8.76dC	38.8dC	32.26dD
		鸭茅	13.26cB	9.6aA	45.89dD	30.65cC
		混合草群总营养物质	15.64cC	8.39bB	42.16cC	31.62bB
	B_1	苜蓿	19.32bB	11.34bA	39.4bB	32.81bB
		无芒雀麦	14.02bA	7.38dC	47.34bB	32.6aA
		混合草群总营养物质	17.87bB	7.61cB	42.78bB	32.75aA
	B_2	苜蓿	20.41aA	10.84cB	39.86aA	32.5cC
		无芒雀麦	15.22aA	7.94bB	48.8aA	31.6bB
		混合草群总营养物质	18.34aA	9.82aA	44.12aA	34.14cC

2.3.2　混播草地产草量中 NDF 和 ADF 测定结果

第1茬苜蓿的 NDF 含量处理 B_2 和 A_2 显著高于其他处理（$P<0.01$）。苜蓿与鸭茅混播处理鸭茅的 NDF 含量显著高于苜蓿与无芒雀麦混播处理的无芒雀麦，处理 A_1 鸭茅的 NDF 含量显著高于 A_2（$P<0.01$）。

第2茬苜蓿的 NDF 含量，处理 B_2 最高，其次是 B_1，A_1 和 A_2 差异不显著（$P>$

0.05)。混播比例7∶3时，处理A_1鸭茅的NDF含量显著高于处理B_1的无芒雀麦（$P<0.05$）；而混播比例6∶4时，处理B_2的无芒雀麦NDF含量显著高于A_2的鸭茅（$P<0.05$）。混播草群总NDF含量，B_2显著高于其他三个处理（$P<0.01$）。

第1茬苜蓿的ADF含量B_1、A_1与B_2间差异显著（$P<0.01$）。处理A_1、A_2鸭茅的ADF含量显著高于处理B_1、B_2无芒雀麦ADF含量（$P<0.05$），其中处理A_1鸭茅的ADF含量最高，达到38.1%。

第2茬产草量中苜蓿的ADF含量A_1与B_1间差异显著（$P<0.05$）。混播处理B_1和B_2无芒雀麦ADF含量显著高于处理A_1和A_2中鸭茅的ADF含量（$P<0.05$）。混播草群总ADF含量，处理A_1、B_1与处理A_2、B_2的差异极显著（$P<0.01$）（表5）。

3 讨论

不同处理混播草地中苜蓿和无芒雀麦、鸭茅生长高度和生长速度间差异显著。处理B_2苜蓿的生长高度和生长速度最高；而处理A_2鸭茅生长高度和生长速度最高。混播草地建植第2年第1茬刈割后，由于受当地高温气候的影响，无芒雀麦、鸭茅生长缓慢，而无芒雀麦的生长尤为明显。

第1茬B_1处理苜蓿最高，B_2处理无芒雀麦产量最高；第2茬干草产量处理A_2苜蓿和A_1处理的鸭茅最高。苜蓿与无芒雀麦不同比例混播建植第2年产草量测产结果可知：处理B_2年总产草量高于B_1，这与张仁平等在相同试验地混播比例5∶5时产量最高的研究结果有差异。与试验结果不同，可能与试验在春季施肥而导致土壤肥力条件不同有关。

不同混播处理对苜蓿和无芒雀麦、鸭茅的品质影响很大，处理B_2苜蓿的CP含量最高，而苜蓿的NDF含量最低。

4 结论

综合生长速度、产量及品质几方面的因素，初步认为苜蓿与无芒雀麦6∶4混播的优势突出，在新疆绿洲区建植苜蓿混播草地时应优先考虑。试验是根据混播草地建植第2年研究的初步结论。但影响混播草地产量和品质的因素很多，除混播比例、混播方式、刈割期、刈割频率外，生长年限不同，混播草地的持续生产经济性状可能具有较大的差异性。因此，需要进行持续深入的研究。

参考文献（略）

基金项目：石河子大学科技服务项目（4004103）。

第一作者：常青（1984— ），女，河南周口人，硕士研究生。

发表于《新疆农业科学》，2013，50（3）.

第五部分

绿洲区苜蓿栽培田间生态及相关研究

苜蓿种植栽培过程中田间生态对苜蓿生产性能的影响至关重要。本部分主要介绍新疆绿洲区不同生长年限苜蓿对土壤酶活性与养分的影响、苜蓿生长前期各部位提取液对种子萌发的自毒作用、不同年限苜蓿的浸提液对棉花的化感作用及其化感物质含量、滴灌苜蓿田间土壤水盐及苜蓿细根的空间分布、滴灌条件下不同苜蓿品种细根周转及不同土层分布特征，以及丛枝菌根真菌对苜蓿细根生长及其生物量动态特征的影响研究，以期为新疆绿洲区苜蓿优质高效生产过程中田间生态的研究提供理论依据及数据参考。

不同生长年限苜蓿对土壤酶活性与养分的影响

托尔坤·买买提[1]，于 磊[1,2]，鲁为华[1,2]，郭江松[1]
（1．石河子大学动物科技学院，新疆 石河子 832000；
2. 新疆生产建设兵团绿洲生态农业重点实验室，新疆 石河子 832003）

摘 要：研究不同生长年限紫花苜蓿对土壤养分和酶活性的影响，探讨土壤酶活性作为土壤肥力指标的可能性。结果表明，不同生长年限苜蓿地不同土层土壤养分含量和酶活性与对照存在显著差异（$P<0.05$）。土壤脲酶、过氧化氢酶、过氧化物酶活性与土壤养分有一定的相关性，可以用来表示土壤肥力的高低，也可以作为敏感的土壤生物学指标。但土壤多酚氧化酶活性与土壤养分相关性较差。

关键词：苜蓿；生长年限；土壤养分；酶活性；相关性

中图分类号：S154.2；S551^{+}.706

紫花苜蓿是我国种植面积最大的栽培草地牧草，苜蓿对于保证畜牧业发展、保持水土、改善土壤结构、增强土壤肥力等方面发挥着极为重要的作用。同时，在农区通过苜蓿和粮食作物轮作，可以改善农田生态环境，增加农业系统稳定性，是提高生态效益和经济效益的有效途径。土壤酶活性能够在一定程度上反映土壤中进行的各种生物化学过程的强度和方向，可以作为评价土壤肥力状况的指标，是反映土壤品质的生物学活性指标。土壤养分是土壤提供植物生命活动所必需的营养元素，是评价土壤自然肥力的重要因素之一。本研究通过分析不同生长年限的苜蓿田间土壤酶活性和养分的相互关系，探讨土壤脲酶、过氧化氢酶、过氧化物酶、多酚氧化酶作为土壤肥力指标的可能性，揭示种植苜蓿不同年限的土壤肥力变化特征，旨在为合理评价苜蓿的生态效应和制定轮作年限提供理论依据。

1 材料与方法

1.1 试验地概况

本试验在新疆石河子绿洲垦区147团苜蓿生产田进行。试验区位于85°52′~86°12′E，44°31′~44°46′N，为极端干旱性气候，降水稀少，夏季高温、光照充足，冬季寒冷，春秋气温变幅大。全年无霜期平均162 d，年均降水量153.1mm。年均蒸发量为2 004.4mm。生长季节≥10℃的累积温度3 300~3 800℃。春、夏季降水占全年降水的

60%以上。田间土壤有机质含量为 0.67%、全氮 0.89g/kg、全磷 0.78g/kg、全钾 15g/kg、碱解氮 50mg/kg、速效钾 20.7mg/kg，pH 值为 8.3，具备稳定的灌溉条件。试验地分别选择 2005—2008 年秋播紫花苜蓿生产田，即为种植 4 年、3 年、2 年和 1 年的苜蓿地。供试紫花苜蓿品种为三得利。年内均刈割 3 次。种植 1 年的苜蓿地施 30kg/hm^2 尿素、8kg/hm^2 磷肥、2kg/hm^2 钾肥，种植 2~4 年苜蓿地每年灌溉后，一次性人工均匀撒施 30kg/hm^2 尿素，日常进行必要的杂草防除及灌溉等管理措施。

1.2 样品采集

供试土样采自新疆石河子绿洲垦区 147 团不同种植年限的苜蓿地，147 团主要以种棉花为主。2009 年 5 月中旬，分别在种植苜蓿 1 年、2 年、3 年和 4 年的土地内以 S 形取样方法取 0~10cm、10~20cm 和 20~30cm 的土样，连作 3 年以上棉花地土壤为对照，3 次重复。土样风干，弃去沙石和植物残体、过筛、保存，用于土壤养分和酶活性的测定。

1.3 测定方法

土壤有机质采用重铬酸钾容量法—外加热法，碱解氮采用碱解扩散法，速效磷采用 0.5mol/L $NaHCO_3$ 浸提—分光光度法，速效钾采用 1mol/L NH_4OAC 浸提—火焰光度法，水溶性盐总量用电导法，pH 值用 1.0mol/L KCl 浸提电位法（土液比 1：2.5）测定；土壤脲酶、过氧化物酶、多酚氧化酶采用比色法，土壤过氧化氢酶采用容量法。

1.4 统计分析

采用 DPS 9.50 软件对数据进行方差分析，各处理间平均值采用 LSD 法进行多重比较。

2 结果与分析

2.1 不同生长年限苜蓿土壤养分变化

不同生长年限苜蓿同一土层土壤养分存在一定的差异。在 0~10cm、20~30cm 土层内，各生长年限苜蓿土壤电导率与对照差异显著（$P<0.05$），而在 10~20cm 土层，差异不显著（$P>0.05$）（表 1）。土壤有机质含量在 0~10cm 土层内与对照差异显著（$P<0.05$）；在 10~20cm 土层内，种植 1 年和 3 年苜蓿的土壤有机质含量差异显著（$P<0.05$），种植 2 年和 4 年苜蓿的土壤有机质含量与对照无显著差异；在 20~30cm 土层内，种植 3 和 4 年苜蓿的土壤有机质含量差异显著（$P<0.05$），种植 1 年和 2 年苜蓿的土壤有机质含量与对照无显著差异。随着苜蓿种植年限的增加，土壤 pH 值总体呈下降趋势，同时，随土层深度的增加而呈增加趋势，这表明种植苜蓿具有改良碱地的作用。而在相同土层内土壤碱解氮、速效磷、速效钾含量均与对照差异显著（$P<0.05$）。除种植 3 年苜蓿的土壤外，不同土层速效钾含量均随苜蓿生长年限的增加而下降，但土壤碱

解氮含量表层高于下层，随着土层的加深，不同种植年限紫花苜蓿土壤碱解氮含量呈逐渐下降趋势。土壤速效磷含量变化无规律性（表 1）。

表 1　不同生长年限苜蓿田间土壤养分比较

土层（cm）	种植年限	电导率（ds/m）	有机质（g/kg）	pH 值	速效磷（mg/kg）	速效钾（mg/kg）	碱解氮（mg/kg）
0~10	1 年	0.16±0.01b	10.24±0.24e	8.47±0.05a	2.30±0.42e	184.56±5.78b	47.10±2.46a
	2 年	0.21±0.08b	16.98±1.41c	8.31±0.31bc	11.35±0.67c	187.90±10.01b	47.35±4.43a
	3 年	0.22±0.08b	21.94±0.27b	8.26±0.08bc	4.69±0.64d	184.56±15.29b	47.35±4.43a
	4 年	0.23±0.02b	24.45±1.43a	8.23±0.05bc	12.74±0.65b	167.72±10.00b	32.00±4.43b
	对照	0.38±0.06a	13.77±2.46d	8.16±0.06c	15.80±0.76a	227.72±4.00a	104.95±5.80c
10~20	1 年	0.18±0.04a	11.63±1.72d	8.65±0.07a	2.06±1.05c	171.22±8.82ab	35.84±2.22cd
	2 年	0.17±0.01a	19.37±1.19c	8.48±0.04ab	6.95±0.37bc	157.87±5.78b	46.63±4.43b
	3 年	0.23±0.12a	28.43±1.88a	8.34±0.13c	2.73±0.66bc	183.90±5.77a	45.63±3.84bc
	4 年	0.20±0.01a	23.87±1.06b	8.32±0.17c	9.26±0.73b	117.72±5.77c	25.60±4.43de
	对照	0.42±0.06a	20.04±2.52bc	8.19±0.10c	19.89±8.24a	161.05±3.33b	89.59±11.73a
20~30	1 年	0.21±0.05a	11.68±0.73c	8.70±0.51a	4.62±1.01c	177.89±5.78c	42.23±3.83b
	2 年	0.17±0.02d	12.26±1.29c	8.58±0.08ab	7.50±0.55ab	131.18±13.34d	46.07±7.67b
	3 年	0.22±0.21a	6.99±2.30b	8.41±0.29bc	5.96±0.90bc	180.25±3.34b	35.84±2.22bc
	4 年	0.19±0.02d	25.27±0.51a	8.37±0.89bc	9.02±1.01a	121.05±6.67d	25.34±4.67c
	对照	0.38±0.13bc	14.64±2.89c	8.30±0.21c	8.78±2.02a	244.39±6.67a	71.67±15.98a

2.2　不同生长年限苜蓿土壤酶活性变化

土壤脲酶活性随着土层加深和种植年限的增加而呈降低趋势。在 0~10cm、10~20cm 土层内，除种植 4 年苜蓿的土壤脲酶活性差异不显著（$P>0.05$）外，其他年限苜蓿土壤脲酶活性与对照差异显著（$P<0.05$）。在 20~30cm 土层内，种植 4 年苜蓿的土壤脲酶活性差异显著（$P<0.05$），种植 1 年、2 年和 3 年苜蓿的土壤脲酶活性与对照差异不显著（表 2）。

土壤中多酚氧化酶活性变化呈下降趋势。各生长年限苜蓿土壤多酚氧化酶活性比对照略有上升；在 0~10cm、20~30cm 土层内各生长年限苜蓿土壤多酚氧化酶活性差异不显著。在 10~20cm 土层内，种植 1 年、2 年和 4 年苜蓿的土壤多酚氧化酶活性差异显著（$P<0.05$），种植 3 年苜蓿的土壤酶活性与对照差异不显著（$P>0.05$）（表 2）。

不同生长年限的苜蓿土壤中过氧化物酶活性有所不同。在 0~10cm、20~30cm 土层内，除种植 1 年苜蓿的土壤过氧化物酶活性与对照差异不显著外，其他生长年限苜蓿土壤过氧化物酶活性与对照差异显著（$P<0.05$）。在 10~20cm 土层内，各生长年限苜蓿过氧化物酶活性与对照差异显著（$P<0.05$）（表 2）。从总体水平来看，各生长年限苜

蓿土壤过氧化物酶活性比对照高，随生长年限和土层的深度增加，其活性变化呈不规律性。

不同生长年限苜蓿土壤过氧化氢酶活性均随土层深度的增加而逐渐递减。在0~10cm、20~30cm土层内各生长年限苜蓿酶活性与对照差异不显著；在10~20cm土层内，种植2年苜蓿的土壤过氧化氢酶活性与对照差异显著（$P<0.05$），其他生长年限苜蓿土壤过氧化氢酶活性差异不显著（$P>0.05$）（表2）。

表2　不同生长年限苜蓿田间土壤酶活性变化

土层（cm）	种植年限	脲酶（g/kg）	多酚氧化酶（g/kg）	过氧化物酶（g/kg）	过氧化氢酶（mL/g）
0~10	1年	1.95±0.26a	1.19±0.29a	0.85±0.17bc	3.73±0.15ab
	2年	2.24±0.28a	1.09±0.18a	1.28±0.02a	3.53±0.25ab
	3年	2.12±0.65a	1.00±0.14a	0.97±0.01b	3.83±0.15a
	4年	0.99±0.17b	1.09±0.05a	1.39±0.22a	3.50±0.10b
	对照	1.14±0.40b	0.98±0.18a	0.65±0.05c	3.66±0.21ab
10~20	1年	1.80±0.27a	1.11±0.06a	1.11±0.26a	3.70±0.25a
	2年	1.93±0.06a	1.07±0.04a	1.07±0.22a	3.30±0.10b
	3年	1.70±0.44a	0.89±0.15bc	1.02±0.05a	3.60±0.31a
	4年	0.65±0.15b	1.06±0.09ab	1.14±0.14a	3.40±0.10ab
	对照	1.11±0.23b	0.73±0.09c	0.61±0.03b	3.73±0.12a
20~30	1年	1.33±0.17a	1.03±0.25a	0.87±0.12bc	3.63±0.12a
	2年	1.48±0.27a	0.93±0.13b	1.25±0.22a	3.20±0.26a
	3年	1.41±0.22a	0.81±0.06b	1.00±0.12b	3.57±0.21a
	4年	0.52±0.14b	1.03±0.06b	0.94±0.04b	3.33±0.15a
	对照	1.29±0.34a	0.92±0.22b	0.69±0.06c	3.27±0.31a

2.3　不同生长年限苜蓿土壤酶活性与土壤养分关系

不同生长年限苜蓿土壤脲酶与pH值呈极显著（$P<0.01$）正相关，与速效钾和碱解氮呈显著（$P<0.05$）正相关，但与总盐、有机质、速效磷相关性较差；多酚氧化酶活性与土壤各养分之间没有明显的相关关系（表3）。表明多酚氧化酶活性在土壤养分含量低的情况下被激活；过氧化物酶与pH值有显著的正相关关系，与其他养分相关性较差；过氧化氢酶与土壤总盐和有机质存在着极显著（$P<0.01$）的负相关关系，与pH值、速效钾有显著正相关性，而与速效磷和碱解氮相关性较差（表3）。由于脲酶和过氧化氢酶与土壤养分之间存在一定的相关性，可以在一定程度上用土壤脲酶和过氧化氢酶活性来表示土壤肥力的高低。

表 3 土壤酶活性与土壤养分相关性

项目	总盐	有机质	pH 值	速效磷	速效钾	碱解氮
脲酶	-0.79	0.24	0.92**	0.38	0.92*	0.86*
多酚氧化酶	-0.58	-0.68	0.41	0.01	0.4	0.12
过氧化物酶	-0.77	0.33	0.83*	0.73	0.77	0.81
过氧化氢酶	-0.93**	-0.99**	0.88*	0.01	0.88*	0.22

注：* 表示显著相关（$P<0.05$）；** 表示极显著相关（$P<0.01$）。

3 讨论

不同生长年限苜蓿田间不同土层土壤养分存在一定差异。种植多年苜蓿的土壤 pH 值随土壤深度的增加而增加，这可能与盐碱垂直分布有关。现有研究结果表明，碱解氮含量增加，则速效磷、速效钾含量下降。但更重要的是本试验结果表明，碱解氮含量也下降了，可能这种下降与紫花苜蓿生长过程中施肥程度有关。连续种植苜蓿导致土壤碱解氮显著降低，表明虽然苜蓿是一种“养地作物”，但由于刈割后各种养分被移出田间，土壤中养分遗失较多，因此也要重视施肥，防止土壤肥力下降。

通常把土壤微生物和酶活性作为评价土壤生态系统中物质循环和利用的重要因子，并用土壤酶的综合活性作为衡量土壤肥力的指标。土壤中盐分含量的高低对土壤酶活性的影响也很大，由于一些矿质元素是构成酶的辅基。因此，少量的盐分能促进土壤酶活性的提高；当土壤盐分过高，尤其一些重金属元素蓄积会对土壤生物产生毒害，土壤酶活性降低。不同种类土壤酶与不同的矿质养分具有一定的相关关系，它能够反映土壤肥力在各种人为因素影响下的变化情况，本研究结果与前人研究有所不同。因此，不同种植年限苜蓿土壤酶活性与土壤肥力相关性的评价指标还有待进一步研究。

4 结论

苜蓿种植时间的长短对不同土层土壤养分含量的影响程度不同，总体表现苜蓿种植时间越长，对土壤养分影响越大。随着土层深度增加，土壤有机质、pH 值逐渐增加，而土壤电导率、速效磷、速效钾、碱解氮偏低。因此，紫花苜蓿高产栽培中必须重视氮、磷、钾肥的施用，特别是要加大 0~10cm 土层肥料施用量。同时，这种变化趋势与播种时施用磷、钾肥有关，随着生长年限的增加，除了吸收利用外，磷肥的固定和钾肥的固定及淋洗也是值得考虑的因素。

不同种植年限苜蓿土壤过氧化氢酶和脲酶活性随着土层深度的增加呈下降趋势，而土壤过氧化物酶和多酚氧化酶活性随土层深度的变化规律有所不同。

不同种植年限的土壤过氧化氢酶、过氧化物酶和脲酶活性与土壤养分存在一定的相关性，它们反映了土壤肥力随土层深度增加和生长年限延长的关系，是敏感的土壤品质指标，可以用来表示土壤肥力的高低。但多酚氧化酶不能表示土壤肥力的变化。

参考文献（略）

基金项目：新疆生产建设兵团科技攻关项目（2007ZX02）；国家科技支撑项目（2007BAC17B04）。

第一作者：托尔坤·买买提（1983— ），女（柯尔克孜族），新疆阿合其县人，硕士研究生。

发表于《草业科学》，2010，27（11）.

紫花苜蓿生长前期各部位提取液对种子萌发的自毒作用

袁　莉[1]，鲁为华[1,2]，于　磊[1,2]*
（1. 石河子大学动物科技学院，新疆　石河子　832003；
2. 新疆生产建设兵团绿洲生态农业重点实验室，新疆　石河子　832003）

摘　要：试验结果表明，苜蓿不同部位提取液对苜蓿种子萌发表现出不同的自毒作用。苜蓿地上部分浸提液对种子萌发的抑制作用大于根部各部分的提取液对其种子萌发的抑制作用，这可能是由于苜蓿的自毒物质地上部分的含量大于地下部分。此外，苜蓿的自毒作用呈现出明显的浓度效应。

关键词：紫花苜蓿；提取液；自毒作用；种子萌发
中图分类号：S541

许多研究表明，植物自毒作用是造成连作障碍的重要因素之一，自毒作用是化感作用的一种特殊形式。化感作用是指植物（包括微生物）之间相互抑制或促进的生物化学作用。通常情况下，化感作用是种间的生物化学相互作用，但当供体与受体属于同一种时，就成了种内的化感作用，称其自毒作用，又称自化感作用或自体中毒。

苜蓿为多年生豆科牧草，具有一次种植多年收获、产草量高、营养丰富、适口性好等突出特点，是优质蛋白质饲料的重要来源，有“牧草之王”之称，并且具有生物固氮、培肥地力、改良土壤结构、防止水土流失等生态功能。但是，苜蓿一般在种植后的第 2~4 年处于生长旺盛期，第 5 年以后生产力逐渐下降。种过苜蓿的土壤很难重茬种植。早期的研究发现，苜蓿在停种几季后方可再播种，当时并不理解是什么原因导致土壤对长期种植苜蓿产生的不利影响，至 1981 年才发现苜蓿对其自身具有自毒效应。随后，越来越多的学者认为苜蓿含有水溶性自毒物质。本试验旨在确定苜蓿不同部位和不同浓度水浸提液对苜蓿种子萌发的影响。

1　材料与方法

1.1　材料

供试紫花苜蓿于 2006 年 4 月 20 日采自石河子大学牧草试验地第 2 年生苜蓿（品种为三得利）。在样地齐地剪割地上部分苜蓿，然后把所剪取的苜蓿三等分，装入布袋中带回实验室风干后备用。在样地挖取苜蓿主根若干，带回实验室洗净后把根也三等分，分别装入不同的布袋中，在实验室内风干后备用。供试种子为牧草实验室保存的三得利苜蓿品种，与所采集的样品为同一品种。

1.2 方法

1.2.1 提取液的制备

将风干的苜蓿地上部分（可以分为上段、中段和下段）及根（也分为上段、中段和下段）在微型粉碎机上粉碎，分别称取25g、50g、100g和200g放入1L蒸馏水中浸提24h，用5 000 r/min离心机离心15min，再经过滤得到5种浓度为0.025gDW/mL、0.05gDW/mL、0.1gDW/mL和0.2gDW/mL（1gDW/mL为1mL水溶液中所含有1g所采集样品干物质的提取物）的提取液，把各种提取液贮存在4℃冰箱中备用。

1.2.2 提取液对种子萌发的抑制

从苜蓿种子中选取大小一致的种子均匀摆放在75个铺有两层滤纸、大小一致的培养皿中，每个培养皿摆放50粒，分别加入6个不同部位、4个不同浓度的提取液10mL（对照组加蒸馏水10mL），包括对照共25个处理，每个处理3次重复。将培养皿置于光周期25℃、12h，暗周期20℃、12h的人工气候箱中培养，种子萌发以胚根突破种皮为标准，每天补充适量对应浓度的提取液以保持发芽盒内滤纸的湿度（对照组补充蒸馏水）。每日观察，从种子萌发当天开始统计并记录种子发芽数。

1.2.3 数据分析

研究采用发芽率、发芽势及化感指数对苜蓿自毒作用进行生物测定。

$$发芽率（\%）=（发芽数/50）\times 100$$

$$发芽势（\%）=（发芽初期5\ d的发芽粒数/50）\times 100$$

参照Williamson等的方法，采用化感指数（*RI*）度量化感作用的类型和强度，*RI*为化感强弱的指数。要测定某植物在不同生长期的化感作用潜势的变化和分析某种植株残体分解时间不同的化感作用变化，每次测定都有相应的对照。通常是用处理与相应对照的比值（T/C）作为衡量指标。

*RI*的计算公式为：

$$RI = 1-C/T\ （当\ T \geq C\ 时）$$

$$RI = T/C-1\ （当\ T < C\ 时）$$

式中，C为对照值，T为处理值。当$RI > 0$时为促进作用，$RI < 0$时为抑制作用，绝对值的大小与作用强度一致。

试验数据的差异性统计分析采用LSD多重比较。

2 结果与分析

试验结果（表1）表明，不同浓度、不同部位提取液处理苜蓿种子，苜蓿种子萌发受到不同程度的抑制或促进作用。当提取液浓度增大时，苜蓿种子的发芽率明显降低。从表1可以看出，当用苜蓿地上部分的上1/3处、中部1/3处和下1/3处制作提取液，浓度为0.2g DW/mL和0.1g DW/mL处理苜蓿种子时，苜蓿种子不发芽，此时这些处理作用于苜蓿种子对发芽率的抑制率均达到了最大，为100%。当苜蓿根部各处提取液浓度为0.025g DW/mL和苜蓿根下1/3处提取液浓度为0.05g DW/mL处理苜蓿种子时，苜蓿种子的萌发率均大于对照，发芽率提高2.3%~3.9%。经过多重比较，这四种处理与对照相比差异不显著（$P>0.01$）。以上四种处理作用种子时，对种子萌发起促进作用。当用苜蓿根上1/3处浓度为0.025g DW/mL和苜蓿根下1/3处浓度为0.1g DW/mL处理苜蓿种子时，对苜蓿种子萌发率的抑制率很小，分别为0.8%和3.9%，经过多重比较这两种处理下的苜蓿种子的萌发率与对照的萌发率差异不显著（$P>0.01$），且二者之间差异不显著（$P>0.01$）。

表1　苜蓿各部位不同浓度提取液对其种子萌发的影响

部位	浓度（gDW/mL）	发芽率（%）	*RI*	发芽势（%）	*RI*
根上部	0.2	$40±2^{G}$	−0.54	$21.3±4.163^{F}$	−0.69
	0.1	$62.7±3.055^{E}$	−0.27	$50±4.000^{C}$	−0.27
	0.05	$85.3±3.055^{AB}$	−0.01	$66±2.000^{A}$	−0.03
	0.025	$88.7±3.055^{A}$	0.031	$71.3±1.155^{A}$	0.049
根中部	0.2	$42.7±4.163^{G}$	−0.5	$30.7±3.055^{E}$	−0.55
	0.1	$73.3±4.163^{CD}$	−0.15	$51.3±4.163^{C}$	−0.25
	0.05	$80.0±2.000^{BC}$	−0.07	$58.7±3.05^{B}$	−0.14
	0.025	$88.7±4.163^{A}$	0.031	$68.7±3.055^{A}$	0.01
根下部	0.2	$55.3±5.033^{F}$	−0.36	$25.3±3.055^{EF}$	−0.63
	0.1	$82.7±2.309^{A B}$	−0.04	$51.3±3.055^{C}$	−0.25
	0.05	$88.0±2.000^{A}$	0.023	$67.3±3.055^{A}$	−0.01
	0.025	$89.3±4.163^{A}$	0.039	$72.0±2.000^{A}$	0.059
地上上部	0.2	$0.0±0.000^{J}$	−1	$0.0±0.000^{H}$	−1
	0.1	$0.0±0.000^{J}$	−1	$0.0±0.000^{H}$	−1
	0.05	$15.3±3.055^{I}$	−0.82	$9.3±4.163^{G}$	−0.86
	0.025	$27.3±7.024^{H}$	−0.68	$20.0±3.464^{E}$	−0.71
地上中部	0.2	$0.0±0.000^{J}$	−1	$0.0±0.000^{H}$	−1
	0.1	$0.0±0.000^{J}$	−1	$0.0±0.000^{H}$	−1
	0.05	$50.7±3.055^{F}$	−0.41	$40.0±2.000^{D}$	−0.41
	0.025	$55.3±3.055^{F}$	−0.36	$46.0±2.000^{CD}$	−0.32
地上下部	0.2	$0.0±0.000^{J}$	−1	$0.0±0.000^{H}$	−1
	0.1	$0.00±0.000^{J}$	−1	$0.0±0.000^{H}$	−1
	0.05	$54.7±3.055^{F}$	−0.36	$41.3±1.155^{D}$	−0.39
	0.025	$72.7±6.110^{D}$	−0.16	$51.3±2.309^{C}$	−0.25
空白	—	$86.0±2.000^{AB}$	0	$68.0±4.000^{A}$	0

注：表中A、B、C、D、E、F、G、H、I和J分别表示进行LSD多重比较时在0.01水平上差异显著。

3 结论与讨论

化感物质对种子萌发的影响与浓度密切相关，不同处理浓度对受体发芽的抑制作用不同。当用苜蓿地上部上 1/3 处、中 1/3 处、下 1/3 处、浓度为 0. 2g DW/mL 和 0. 1g DW/mL 的提取液处理种子时，种子不萌发，提取液对种子萌发率和发芽势的抑制作用达到 100%；当提取液的浓度降低到 0. 05g DW/mL 时种子萌发率明显上升，提取液对种子萌发率的抑制作用降到 36. 4%。由此可以得出，不同浓度的苜蓿提取液对苜蓿种子萌发有不同程度的抑制或者促进作用。处理浓度必须达到某一临界浓度才能产生化感作用，低于这一浓度植物不受损坏，且部分化感物质会产生促进植物生长的效应。总之，随着提取液浓度的升高，抑制作用增强，随着浓度降低而减弱甚至消失，表现出“低促高抑”的现象。

浓度相同时，苜蓿不同部位提取液对种子的抑制或促进作用不同。从试验结果可以得出，苜蓿地上部分提取液的自毒作用强于根部，且苜蓿地上部分上 1/3 处自毒物质含量最多。这可能是由于苜蓿的自毒性物质含量地上部分高于根部的缘故，各个处理下的自毒性物质的成分含量分析的研究有待于进一步深入。

由于苜蓿不同部位提取液对苜蓿种子的自毒作用表现出浓度效应，因此苜蓿不同部位提取液对其种子萌发的化感现象的机理还有待进一步深入研究。

参考文献（略）

项目基金：新疆生产建设兵团绿洲生态农业/省部共建重点实验室资助项目(5003-841001)。

第一作者：袁莉（1978—　），女，新疆精河县人，硕士研究生。

发表于《中国草地学报》，2007，29（5）.

不同年限紫花苜蓿的浸提液对棉花的化感作用及其化感物质含量

袁　莉[1]，于　磊[1,2]，王许军[3]，鲁为华[1,2]
（1. 石河子大学动物科技学院，新疆　石河子　832003；
2. 新疆生产建设兵团绿洲生态农业重点实验室，新疆　石河子　832003；
3. 新疆石河子150团良繁二连，新疆　石河子　832003）

摘　要：通过培养皿滤纸法的生物检测方法研究了3种浓度（0.100g/mL、0.050g/mL和0.025g/mL）的苜蓿茎叶提取液对棉花幼苗生长及发芽的影响，以探明紫花苜蓿对棉花的化感作用。结果表明，提取液对棉花种子发芽率有抑制作用，且随浓度的升高，抑制作用加强；用生长第2年、第3年和第4年的苜蓿的提取液处理棉花种子，不同处理下棉花种子发芽率低于对照，与对照差异显著（$P<0.05$）；第3年苜蓿茎叶提取液对棉花种子抑制作用最大；高效液相色谱法（HPLC）分析苜蓿提取液成分，发现生长不同年限苜蓿提取液中酚酸含量由高到低的排列顺序为，生长第3年苜蓿茎叶提取液>生长第4年苜蓿茎叶提取液>生长第2年苜蓿茎叶提取液>生长第2年苜蓿根提取液>生长第4年苜蓿根的提取液>生长第3年苜蓿根提取液。

关键词：紫花苜蓿；提取液；化感作用；棉花；高效液相色谱法
中图分类号：S551⁺.7

植物化感作用是指一种活体植物产生并以挥发、淋溶、分泌和分解等方式向环境释放次生代谢产物而影响邻近伴生植物的生长发育的化学生态现象。紫花苜蓿是化感植物之一，它含有的化感物质不仅有自毒作用，而且对其他植物也有毒害作用。种植过紫花苜蓿的土地下茬苜蓿由于自毒作用往往生长不良，老植株的残茬产生的水溶性物质还会抑制种子的萌发。试验通过研究苜蓿对棉花（*Gossypium* spp）的化感作用，从化感的角度为棉花和苜蓿的轮作提供理论依据。

1　材料与方法

1.1　材料

供试材料生长第2年、第3年和第4年的紫花苜蓿（品种为三得利）于2007年5月18日采自石河子大学牧草试验地。齐地剪割苜蓿地上部分，同时挖取相应的主根若干，分别装入不同的布袋中，在实验室内风干后备用。受试种子为在康地公司购买的棉花种子。测定仪器使用紫外分光光度计（UV 22201 型，Waters）和高效液相色谱仪（Waters 2695）。

1.2 方法

1.2.1 提取液的制备

将风干的生长第 3 年的苜蓿地上部分的茎叶用剪刀剪成 2cm 的小段，分别称取 100g、50g 和 25g 的干物质，用1 000mL 蒸馏水浸提 24h。再经定量滤纸过滤可得浓度为 0. 100g/mL、0. 050g/mL 和 0. 025g/mL（1g/mL 为 1mL 水溶液中所含有 1g 所采集样品干物质的提取物）的提取液将所得滤液放置在 4℃ 的冰箱里贮存待用。按照上述方法分别制备浓度为 0. 5g/mL 生长第 2 年、第 3 年和第 4 年的苜蓿茎叶及根的提取液，提取液经过 2 次过滤，第 1 次用定量滤纸过滤，第 2 次用 0. 45μm 滤膜过滤。将滤液置于冰箱中备用。

1.2.2 受体处理

将受试棉花种子用 0. 1%的 NaClO 消毒 30min，先用自来水冲洗 2~3 次，再用蒸馏水冲洗 3 遍，备用。

1.2.3 测定项目及方法

1.2.3.1 不同浓度处理下棉花种子的发芽率及幼苗生长

采用培养皿滤纸法测定，方法是在每个直径为 15cm 的培养皿中放入 2 层滤纸，分别加入苜蓿生长第 3 年茎叶浓度分别为 0. 100g/mL、0. 050g/mL 和 0. 025g/mL 的提取液 10mL，每皿放置 50 粒消过毒的棉花种子。试验采取完全随机区组设计，加空白组共 4 个处理，每处理设 3 次重复。放置 25℃ 的光照培养箱中（光照 10h/d）培养，记录各处理及对照的发芽率；培养 7d 后从各培养皿中随机选取 10 株幼苗分别测胚根长，求平均数。然后将上述各处理组和对照组选取 10 株幼苗置于 105℃ 的烘箱中杀青 30min，再调至 70℃ 烘至恒量，称得单株苗干质量。

1.2.3.2 不同种植年限的苜蓿茎叶和根处理下棉花种子的发芽率及幼苗生长

向各个培养皿分别加入生长第 2 年、第 3 年和第 4 年苜蓿的茎叶和根的提取液 10mL，浓度为 0. 05g/mL，对照组加等量的蒸馏水，包括对照共 7 个处理，每处理设 3 个重复。试验方法和测定指标同 1. 2. 3. 1。

1.2.3.3 苜蓿根和茎叶提取液的酚酸含量的测定

国外通常应用薄层色谱和高效液相色谱等方法来测定酚酸，这里用高效液相色谱法（HPLC）测定苜蓿茎叶提取液和根部提取液里酚酸的含量。

检测条件为，色谱柱：C184. 6mm ×250mm。流动相为甲醇：乙氰：0. 1mol/L 磷酸氢二钠为 15：10：75（*V/V*），甲醇为色谱醇，流速为 0. 8mL/min；柱温为 30℃；检测波长为 254nm。

分别精密称取标准品绿原酸、羟基苯甲酸和咖啡酸 25mg，溶解于 100mL 甲醇溶液，配成 250μg/mL 的标准溶液，再将甲醇溶解稀释为浓度 2. 5μg/mL、7. 5μg/mL、10. 0μg/mL 和 12. 5μg/mL 的标准溶液。进样量 20μL，测得酚酸类浓度与峰面积之间的线性关系。

试验所用的标准品绿原酸、羟基苯甲酸和咖啡酸均从上海君创生物试剂公司购买（纯度在99%以上）。液相色谱用的水为高纯水，所有流动相需用 0.45μm 微孔滤膜过滤。

1.2.3.4 数据统计

应用 DPS 软件对数据进行统计分析。研究采用发芽率、胚根长度、单个苗干质量及化感指数对苜蓿的化感作用进行生物测定。参照 Williamson 等的方法，采用度量化感作用的类型和强度。化感指数的计算公式为：

$$化感指数 = 1 - C/T \quad 当 T \geqslant C 时$$

$$化感指数 = T/C - 1 \quad 当 T<C 时$$

式中，C 为对照值，T 为处理值。当化感指数 > 0 时，为促进作用，化感指数 < 0 时，为抑制作用，绝对值的大小与作用强度一致。参照郭小霞等方法，把化感指数转化为化感综合效应指数，为同一处理下棉花的发芽率、根长和苗干质量的化感效应指数的平均值。

2 结果与分析

2.1 浸提液浓度下对棉花种子发芽率及幼苗生长的影响

从表 1 可以看出，用生长第 3 年的苜蓿茎叶提取液处理棉花种子时，单个苗的胚根长度与对照组相比差异显著（$P<0.05$），其中浸提浓度为 0.025g/mL 时，单个苗的胚根长度长于对照。浓度越低，胚根的长度越长。各个处理下的棉花种子发芽率均与对照差异显著（$P<0.05$），发芽率均低于对照组。提取液浓度为 0.100g/mL 时，对幼苗的抑制率最大可达 57.7%，浓度越小抑制率越低，当提取液浓度为 0.025g/mL 处理棉花种子时，化感综合效应表现为促进作用，发芽率升高。就单个苗干质量而言，当提取液浓度为 0.025g/mL 时，与对照组差异显著（$P<0.05$），单个苗干质量高于对照组，其他 2 个处理与对照差异不显著（$P>0.05$）。

表 1 不同浓度下棉花种子的发芽率及幼苗生长

处理（g/mL）	单个苗的胚根长度（cm）	化感指数	发芽率均值（%）	化感指数	单个苗干质量（mg/株）	化感指数	化感综合效应指数
0.025	2.49^{a}±0.070 2	0.537	49.33^{b}±3.865 8	−0.431	67.44^{a}±4.201 5	0.302	0.047
0.050	1.13^{c}±0.046 2	−0.302	40.67^{b}±4.163 3	−0.531	58.58^{ab}±3.542 1	0.131	−0.370
0.100	0.75^{d}±0.227 4	−0.537	36.67^{b}±2.301 4	−0.577	57.81^{ab}±2.168 2	0.116	−0.577
CK	1.62^{b}±0.155 3	—	86.67^{a}±3.057 2	—	51.78^{b}±2.724 1	—	—

注：表中数值为平均数±标准差；不同小写字母表示差异显著（$P<0.05$）。下同。

2.2 不同种植年限苜蓿茎叶提取液对棉花种子发芽率及幼苗生长的影响

从表 2 可以看出，生长第 2 年、第 4 年的苜蓿茎叶提取液和生长第 4 年苜蓿根的提取液处理棉花种子时，单个苗的胚根长度均显著高于对照组（$P<0.05$）。这 6 个处理对棉花种子的发芽率与对照比较差异显著（$P<0.05$），均低于对照。就单个苗干质量而言，用生长第 4 年苜蓿的根和茎叶提取液处理棉花种子时，苗干质量与对照差异显著（$P<0.05$），单个苗干质量高于对照；用第 2 年的苜蓿茎叶和根的提取液处理时，单个苗干质量显著低于对照（$P<0.05$）。不同种植年限的苜蓿组织浸提液对棉花化感抑制作用由大到小排列为：生长第 3 年苜蓿茎叶提取液>生长第 2 年苜蓿茎叶提取液>生长第 4 年苜蓿根提取液>生长第 2 年苜蓿根提取液>生长第 4 年苜蓿茎叶提取液>生长第 4 年苜蓿根的提取液。

表 2 不同种植年限苜蓿茎叶提取液对棉花种子发芽率及幼苗生长的影响

处理（g/mL）	单个苗的胚根长度（cm）	化感指数	发芽率均值（%）	化感指数	单个苗干质量（mg/株）	化感指数	化感综合效应指数
第 2 年茎叶	$2.49^{b}\pm0.07020$	0.528	$45.58^{cd}\pm3.420$	−0.474	$46.37^{c}\pm2.1040$	−0.105	−0.234
第 3 年茎叶	$1.39^{c}\pm0.05265$	−0.147	$22.22^{e}\pm3.0254$	−0.744	$35.80^{d}\pm2.6582$	−0.309	−0.400
第 4 年茎叶	$2.85^{a}\pm0.05147$	0.748	$38.88^{d}\pm2.1782$	−0.551	$58.66^{ab}\pm3.4123$	0.132	0.110
第 2 年根	$1.46^{c}\pm0.04721$	−0.104	$47.55^{bc}\pm5.1260$	−0.451	$48.95^{c}\pm4.1622$	−0.055	−0.117
第 3 年根	$1.57^{c}\pm0.32100$	−0.037	$54.44^{b}\pm2.1249$	−0.372	$36.60^{d}\pm3.2564$	−0.293	−0.204
第 4 年根	$2.49^{b}\pm0.04513$	0.528	$52.22^{c}\pm3.2483$	−0.397	$65.89^{a}\pm3.1020$	0.272	0.134
CK	$1.63^{c}\pm0.04168$	—	$86.67^{a}\pm4.2562$	—	$51.80^{bc}\pm3.6528$	—	—

2.3 不同种植年限苜蓿茎叶和根提取液中酚酸含量测定

Abdul 等研究发现，苜蓿根系和残茬能够释放酚酸类物质，如绿原酸、咖啡酸、异绿原酸香豆酸、羟基苯甲酸和阿魏酸。从表 3 可以看出，苜蓿生长第 3 年的茎叶提取液所含酚酸总量最高，其第 3 年的根部浸提液所含酚酸量最低，总体表现苜蓿茎叶提取液里所含酚酸总量均高于根部浸提液所含酚酸量。由此可以得出，不同种植年限苜蓿茎叶和根提取液中这 4 种酚酸总含量由高到低的顺序为：生长第 3 年苜蓿茎叶提取液>生长第 4 年苜蓿茎叶提取液>生长第 2 年苜蓿茎叶提取液>生长第 2 年苜蓿根提取液>生长第 4 年苜蓿根的提取液>生长第 3 年苜蓿根提取液。

表 3 不同种植年限苜蓿茎叶和根提取液中酚酸含量 （单位：mg/kg）

提取液	绿原酸	羟基苯甲酸	咖啡酸	香豆酸	酚酸总量
第 2 年茎叶	3.22	9.95	1.28	25.12	39.57
第 3 年茎叶	2.13	10.14	2.16	76.50	90.93

（续表）

提取液	绿原酸	羟基苯甲酸	咖啡酸	香豆酸	酚酸总量
第4年茎叶	10.60	10.90	5.26	28.82	55.58
第2年根	2.14	4.73	<0.50	22.98	29.85
第3年根	2.78	7.29	0.81	8.25	19.13
第4年根	4.58	6.58	0.69	12.78	24.63

3 讨论与结论

当苜蓿茎叶提取液浓度为0.1g/mL时，棉花种子的胚根增长缓慢，出现卷曲甚至腐败现象，而且使棉花种子的萌发率降低，但是在这一浓度处理下，却使单个棉花幼苗的干质量高于对照棉花种子，具体的原因还有待于进一步研究。用HPLC法测定出生长不同年限苜蓿的地上部分的茎叶和根部提取液中绿原酸、咖啡酸、羟基苯甲酸和香豆酸这4种酚酸的含量，结果表明生长第3年的苜蓿所含酚酸最高，高于生长第4年的苜蓿，这与Dennis等的结论不一致，即生长年限长的苜蓿所含的化感物质高于生长年短的苜蓿。其可能原因在于，苜蓿品种之间的差异或地域间的差异，具体原因还有待进一步研究。

参考文献（略）

基金项目：新疆生产建设兵团绿洲生态农业重点实验室资助项目（5003－841001）。

第一作者：袁莉（1978—　），女，新疆精河县人，硕士研究生。

发表于《草业科学》，2008，25（12）.

滴灌苜蓿田间土壤水盐及苜蓿细根的空间分布

鲁为华，任爱天，杨洁晶，于　磊，马春晖，张前兵
（石河子大学动物科技学院，新疆　石河子　832003）

摘　要：为了明确滴灌苜蓿土壤水、盐运移，细根分布及细根生物量动态，该文对苜蓿进行滴灌和漫灌试验，结果表明，漫灌水分集中在15cm浅层土壤内且分布均匀，含水率为19.5%~20.5%。滴灌水分高值区集中在水平方向距滴头15cm、深度为40cm的土层中，含水率达18.0%~20.0%。漫灌对0~25cm深度土层盐分淋洗作用明显，土水比1∶5土壤水提液的电导率由灌前的0.4~0.5mS/cm下降到0.3mS/cm以下；滴灌可使根区盐分下降至0.2mS/cm，显著低于灌溉初始的盐分含量（$P<0.05$）。与漫灌比较，滴灌苜蓿细根集中分布在水平方向距滴头0~30cm、垂直深度0~50cm的土层中。生长季各时间节点滴灌细根总量高于漫灌，其平均值分别为211.6g/m^{2}和198.3g/m^2。滴灌和漫灌各时间节点细根量表现出明显的波动，其分别为193.2~243.6g/m^{2}和182.7~219.1g/m^2。在整个生长期内，滴灌活根量高于漫灌，且生长前期滴灌死根量变化较漫灌平稳。活细根和死细根之间的周转使得两者呈现出此消彼长的状态，表明细根具有生长—凋亡—再生长的周期性。该研究可为滴灌技术在苜蓿栽培上的应用提供参考。

关键词：灌溉；土壤；盐分；滴灌苜蓿；水盐分布特征；苜蓿细根；空间分布和生物量动态

中图分类号：S275.6

苜蓿作为优良的豆科牧草，在绿洲区有悠久的栽培历史。传统苜蓿栽培以漫灌为主，干草产量一般为15 000~18 000kg/hm^2。2007年，新疆石河子相关生产单位又将滴灌技术应用于苜蓿栽培并取得了良好效果，干草产量普遍可达26 000~30 000 kg/hm^2。但目前关于盐渍土条件下的苜蓿滴灌栽培基础研究仍比较缺乏，尤其在滴灌条件下的土壤水盐运移以及苜蓿根系生长状况方面的研究几乎处于空白，而根系作为苜蓿营养物质吸收的主要构件，和土壤水盐分布的关系最为密切，主根、细根、根颈以及分布在根系上的根瘤组成了苜蓿庞大的根系统。已有的研究结果表明，播种2年的苜蓿根系干质量一般为9g/株，根系吸收表面积一般为150cm^2/株，根瘤数量为10个/株。在苜蓿根系中，细根（直径在2mm以下）是最为活跃的部分，与主根的不同之处在于细根凋亡和生成是同步发生的，同时也是参与C、N、P等元素循环的主要力量，并且细根往往是被土壤内微生物如根瘤菌、菌根真菌等侵染的主要对象，而苜蓿获得高产和细根及其附近的微生物密切相关。因此，研究滴灌苜蓿土壤水盐环境和细根在土壤内的分布对于苜

蓿高产栽培具有重要意义。本文对滴灌和漫灌苜蓿田间土壤水盐空间运移特征、苜蓿细根生物量及细根在土壤内的空间分布、动态变化规律进行观测比较，以期为今后滴灌技术在苜蓿高产栽培上的应用提供参考。

1 材料与方法

1.1 研究区概况

试验于2012年在石河子147团苜蓿大田中进行，当地年均气温7.5℃，降水量为153.1mm，无霜期平均162d，年均蒸发量2 004.4mm。试验地为中度盐化土壤。土壤总盐分1.25mS/cm，有机质16.5g/kg、速效钾137.4mg/kg、碱解氮16.8mg/kg、速效磷5.4mg/kg。

1.2 试验材料

供试苜蓿品种为Adrenalin（由加拿大Brett Young公司生产）。滴灌材料由新疆石河子天业集团生产，滴灌系统主管道直径90mm，支管道直径63mm，副管道直径32mm，毛管为迷宫式，直径12.5mm，滴头流量1.6L/h，滴头间距30cm。

1.3 试验设计与田间管理

2010年秋季进行苜蓿播种，播种量18kg/hm^2，种子播深2cm，行距15cm，播种时每隔4行封堵播种机一个落种口，形成15cm+30cm+15cm的宽窄行。滴管带铺设间距为75cm，埋深5~8cm，每条毛管分管4行苜蓿（图1）。滴灌漫灌各设置3个重复，每个重复小区面积6m×5m，出苗后进行定苗，使测定细根量的试验小区苜蓿幼苗在200株/m^{2}左右。灌水时在支管上加装水表控制灌水量，2011年所有小区以滴灌方式供水并进行常规田间管理和定时收获，待2012年苜蓿返青后将其中3个重复小区内的滴灌关闭改为漫灌，为方便取样毛管仍保留作为参考线，剩余3个重复小区作为滴灌区开始正式试验。滴灌和漫灌区生长季灌水量分别为4 200m^3/hm^{2}和4 600m^3/hm^2，每次灌水

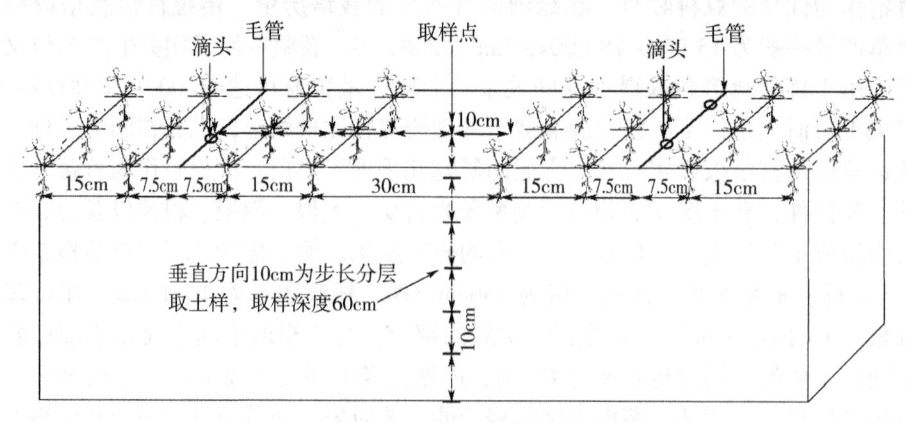

图1 苜蓿种植模式及取样位置示意图

持续时间漫灌为0.5~1h，滴灌为2~4h。具体灌水时间、灌水量及苜蓿生育期见表1。苜蓿初花期即进行收获，2012年共收获3次。

表1 苜蓿生育期及生长季灌水量（2012年）

茬次	日期（月/日）	生育期	滴灌（m^3/hm^2）	漫灌（m^3/hm^2）
第1茬	04/03	返青	—	—
	05/03	分枝—孕蕾	450	600
	06/03	初花（收割）	—	—
第2茬	06/05	再生	600	750
	06/30	分枝—孕蕾	600	750
	07/13	分枝—孕蕾	600	600
	07/18	初花（收割）	—	—
第3茬	07/25	再生	600	600
	08/10	分枝-孕蕾	600	600
	09/03	初花（收割）	—	—
再生—枯黄	09/05	再生	450	400
	10/10	枯黄	300	300
	总灌溉量（m^3/hm^2）		4 200	4 600

1.4 数据采集及处理

在5月3日灌前和灌后48h分别取土样，在不同取样点使用直径为3.5cm的土钻采集距滴头0cm、10cm、20cm、30cm、40cm、50cm处的土壤，采样深度为0~60cm，每10cm为一层分层采集，土壤样品取回后，用烘干称重法测定土壤含水率。用去离子水将土样制成1：5土水比悬液，震荡均匀后在6 500r/min转速下离心10min，测定上清液电导率作为土壤含盐量。同时，从4月3日至10月3日每隔15d分别在距滴头0cm、10cm、20cm、30cm、40cm、50cm处垂直方向分6层每10cm为1层分层采集土样，取回后立即用纱布包裹清洗掉土壤，分离出细根，褐色或黑色确定为死根，白色为活根，然后在室温下风干至恒质量并换算为单位面积细根生物量。上述取样均设3个重复。数据变异性和方差分析采用DPS 7.05进行处理，土壤中含水率、含盐量和细根量空间分布等值线图采用surfer 8.0进行绘制。

2 结果与分析

2.1 土壤水分运移特征

5月2日灌前土壤含水率呈现出表层低而深层高的总体特点。0~10cm土层内含水率为8.0%~9.0%，10~30cm土层深度为9.0%~15.0%，30~60cm土层深度为15.0%~20.0%。总体来看，整个浅层和深层水分在水平方向上分布均匀，垂直方向上则随着深度增加含水率明显增加（图 2a）。灌溉 48h 后，漫灌区与滴灌区相比，水分均集中在土壤上层 0～15cm，为 19.5%～20.5%，含水率在土层 25cm 深度降至 18.0%（图 2b）；滴灌区水分分布则对滴头位置有明显依赖性，水平方向距滴头 0～15cm 区域水分含量为 18.0%～20.0%，且通过缓慢下渗至 40cm 深度，水平方向上可通过侧渗至距滴头 30cm 处，形成含水率在 15.0%以上窄而深的湿润区，左右两侧两行苜蓿恰好处在湿润区内，为苜蓿生长创造了良好的局部水分条件（图 2c）。

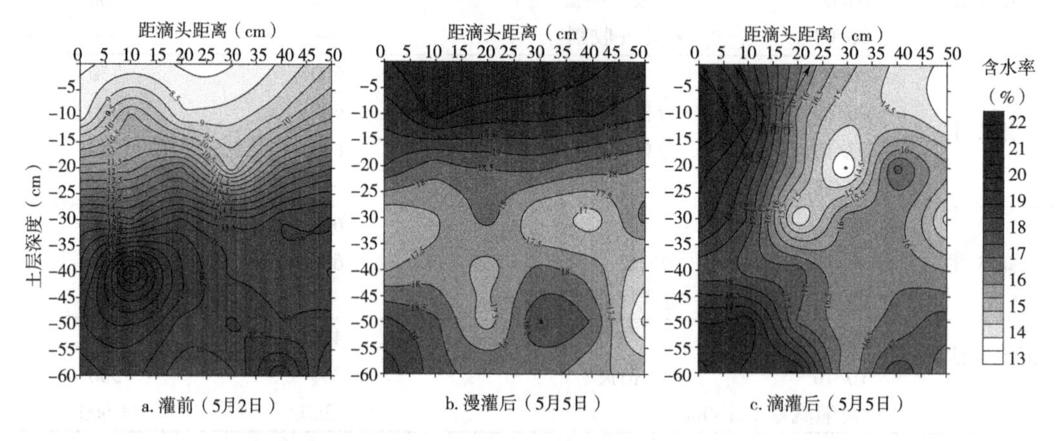

图 2　灌前、漫灌和滴灌 48h 后土壤含水率空间分布（2012 年）

2.2　土壤盐分运移特征

5 月灌溉前由于蒸腾作用造成盐分上移，0～10cm 土层的电导率值为 0.3～0.5mS/cm，而 40～60cm 深度等值线密集，含盐量急剧升高至 0.7～1.8mS/cm（图 3a）。漫灌 48h 后，土壤浅层含盐量明显下降，0～25cm 土层电导率由灌前 0.4～0.5mS/cm 下降到 0.3mS/cm 以下，30cm 土层则由灌前 0.6mS/cm 降至 0.4mS/cm 以下，40～60cm 处则为 0.7～1.9mS/cm 的盐分高值区，说明漫灌对浅层盐分淋洗效果明显（图 3b）；滴灌条件下水平方向距滴头 0～30cm，深度 0～30cm 土层电导率为 0.2mS/cm，显著低于灌

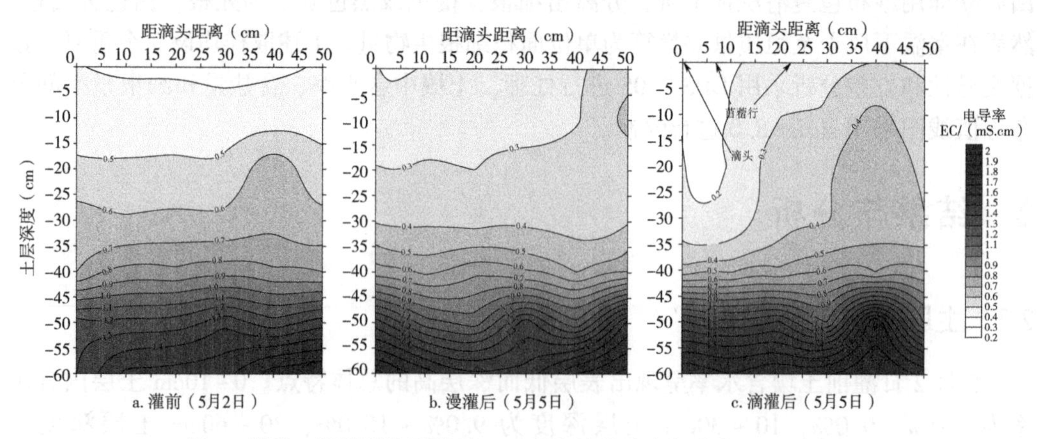

图 3　灌前、漫灌后和滴灌后 48h 后土壤盐分空间分布（2012 年）

溉初始含盐量（$P<0.05$），但随着距滴头距离增加，在距滴头 40~45cm 湿润峰交接处又形成盐分高值区。可见，漫灌可降低浅层土壤盐分含量，滴灌可有效降低苜蓿根区的含盐量（图 3c）。

由于 1 管 4 行种植模式滴头两侧 0~30cm 是苜蓿生长的集中区域，为进一步明确不同灌溉方式下的盐分淋洗效果，对取样空间内的平均含盐量进行了计算，并得出不同空间位置的脱盐率。结果表明，漫灌可显著降低水平方向 0~50cm 垂直方向 0~30cm 内的盐分，但对>30~60cm 土层的盐分降低作用不明显。而滴灌模式下，水平方向距滴头 0~30cm，垂直方向 0~30cm 和>30~60cm 土层内，盐分含量较灌前显著降低（$P<0.05$）。水平方向距滴头>30~50cm，垂直方向 0~30cm 土层含盐量显著低于灌前（$P<0.05$），而>30~60cm 土层内，含盐量与灌前、漫灌差异不显著（$P>0.05$）（表 2）。

表 2　各处理不同方向和深度土壤平均含盐量和脱盐率

距滴头距离（cm）	土层深度（cm）	灌前		漫灌后		滴灌后	
		含盐量（mS/cm）	脱盐率（%）	含盐量（mS/cm）	脱盐率（%）	含盐量（mS/cm）	脱盐率（%）
0~30	0~30	0.541±0.036a	0	0.337±0.024b	37.7	0.304±0.006b	43.8
	>30~60	1.095±0.106a	0	0.959±0.039a	12.4	0.759±0.026b	30.6
>30~50	0~30	0.576±0.021a	0	0.376±0.006b	34.7	0.445±0.046c	22.7
	>30~60	1.152±0.103a	0	1.004±0.096a	12.8	0.992±0.019a	13.9

2.3　两种灌溉方式下苜蓿细根生物量空间分布特征

在第 1 茬苜蓿生长至初花期时，对其水平方向 0~50cm、垂直方向 0~60cm 内的细根总量进行了测定，并绘制细根在土壤内的空间分布图。漫灌苜蓿细根集中分布在 30cm 土层内，细根总量随着土层深度增加而减少。水平方向，漫灌细根分布状况由苜蓿植株位置决定，距苜蓿行越近则细根量明显增加，最高值为 150g/m^2。垂直方向则受土层深度影响，在>40~60cm 土层细根生物量急剧减少至 10g/m^2 左右（图 4a）；滴灌苜蓿细根分布在 50cm 土层内，除了受植株所处位置影响外，还受到滴头位置的影响，水平方向距滴头越近细根量越大，其最高值可达 175g/m^2。垂直方向同样受土层深度的影响，至>50~60cm 土层细根生物量也急剧降至 10g/m^{2}以下（图 4b）。

为进一步明确不同灌溉方式下的细根分布状况，仿照盐分分析的方法，对取样空间内的平均细根含量进行了计算。结果表明，水平方向 0~30cm、垂直深度 0~30cm，滴灌细根生物量显著大于漫灌（$P<0.05$），在>30~60cm 滴灌细根生物量大于漫灌，但二者无显著差异（$P>0.05$）。在水平方向>30~50cm，各深度细根生物量均表现出滴灌大于漫灌，但差异不显著，说明滴灌可增加局部区域的细根量，使得细根分布与滴头产生明显的距离效应。在全耕作层内也表现出滴灌大于漫灌，但两种模式下平均细根生物量无显著差异（$P>0.05$）（表 3）。

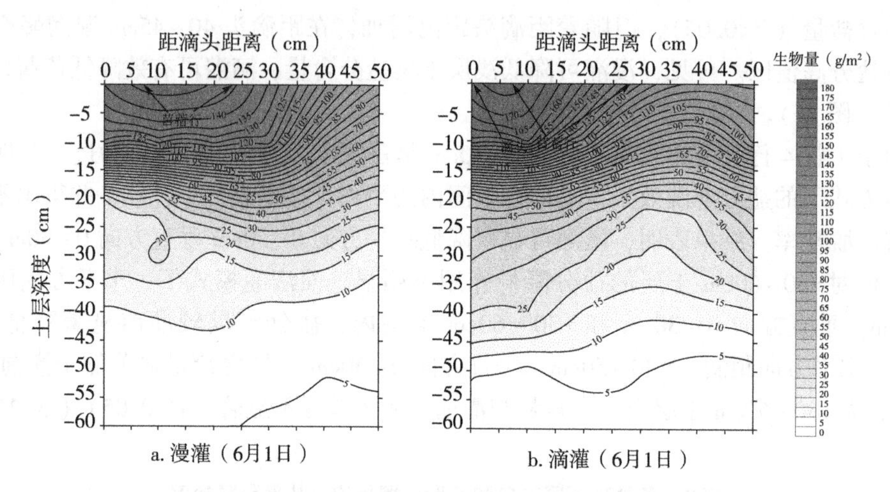

图 4　漫灌和滴灌第 1 茬苜蓿初花期细根生物量空间分布（2012 年）

表 3　各处理不同土层内细根生物量

距滴头距离（cm）	土层深度（cm）	细根量（g/m^2）	
		漫灌	滴灌
0~30	0~30	84.20±0.931 6a	94.67±5.947 1b
	>30~60	12.15±2.486 5a	15.28±5.009 1a
>30~50	0~30	63.82±4.666 6a	65.68±4.312 6a
	>30~60	10.47±3.134 7a	11.66±1.559 8a
0~50	0~60	43.64±2.975 6a	48.44±4.574 0a

注：同行数据不同小写字母表示差异显著（$P<0.05$）。

2.4　整个生长季细根总量、活细根和死细根现存量动态变化

对苜蓿整个生长季（4—10 月）水平方向距滴头 0~50cm，垂直深度 0~60cm 土壤内的平均细根生物量进行测定。结果表明，滴灌细根生物量整体高于漫灌，其平均值分别为 211.6g/m^2 和 198.3g/m^2。两者在整个生长季节内呈现波动变化。4 月返青时漫灌和滴灌细根生物量保持在 215g/m^2，至 4 月 18 日漫灌和滴灌分别下降至 203g/m^2 和 209g/m^2，至 5 月 18 日到达整个生长季节最高值，漫灌和滴灌分别为 219.1g/m^2 和 243.6g/m^2，6 月 3 日收割后至 6 月 18 日又下降到最低，此时漫灌和滴灌仅为 182.7g/m^2 和 193.2g/m^2，之后苜蓿再生开始，至第 2 茬、第 3 茬收获细根量又呈现与第 1 茬相似的变化状态，但细根量较第 1 茬明显降低（图 5）。

将每一时间点采集的细根根据颜色分为活根和死根，计算二者现存量。结果表明，漫灌条件下活根和死根在整个生长期内变化剧烈，活根现存量最高值与最低值分别为 139g/m^2 和 73g/m^2，死根现存量最高值和最低值分别为 125g/m^2 和 69g/m^2。滴灌条件下仅活根现存量变化剧烈，其最高值和最低值分别为 144g/m^2 和 97g/m^2。而死根在 7

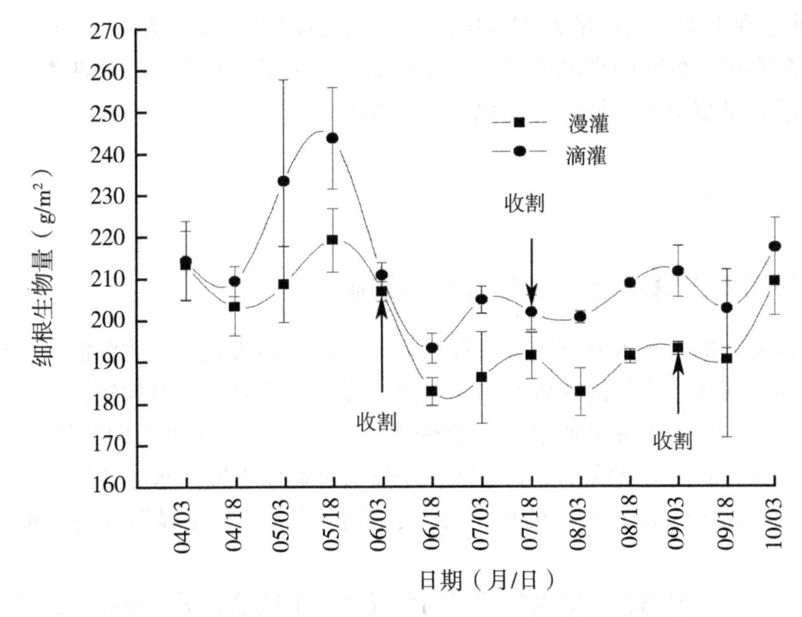

图 5　漫灌和滴灌苜蓿生长季细根生物量动态（2012 年）

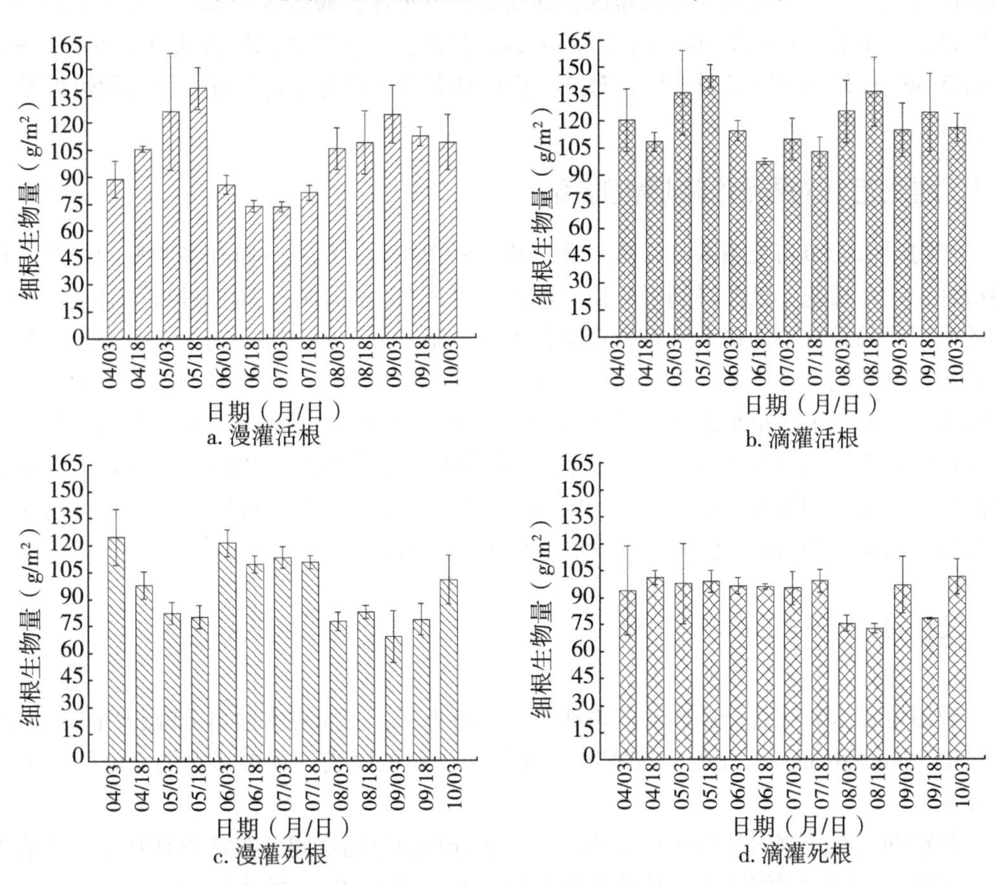

图 6　漫灌和滴灌苜蓿生长季存活细根和死亡细根动态（2012 年）

月18日之前表现平稳，现存量为93~101g/m²，之后出现波动，为72~101g/m²。总体来看，活根现存量在各时间点滴灌明显高于漫灌，死根量则相反，并且两类细根在两种灌溉条件下总是呈现出此消彼长的变化模式（图6）。

3 讨论

3.1 灌溉方式对土壤水分、盐分分布的影响

两种灌溉方式的土壤水分空间分布存在差异，漫灌形成宽浅型的湿润区，而滴灌则形成窄深型的湿润区，这与前人研究结果一致。漫灌灌溉时间相对较短，水分下渗浅但分布均匀。滴灌条件下水分是通过滴头缓慢渗入土壤，可在水平方向距滴头0~30cm、垂直方向0~40cm的区域形成水分高值区，距滴头越远则土壤内水分含量减少，但由于采用了15cm+30cm+15cm宽窄行的种植方式，苜蓿行恰好处在湿润区内，可大大提高水分利用效率。

土壤盐分迁移一般随着土壤水分的运动而迁移。本试验表明，脱盐区的形状类似于湿润区形状，漫灌形成宽浅型脱盐区，而滴灌形成窄深型脱盐区。滴头附近土壤盐分明显降低，土壤盐分在水平方向上向湿润区边缘移动，在水平方向距滴头0~30cm、垂直方向0~40cm处出现明显脱盐区，对土壤内的盐分分布进行了再分配，使苜蓿恰好处于脱盐区内。

3.2 灌溉方式对苜蓿细根量的影响

作物根系分布与土壤水分和盐分分布状态密切相关，根系分布存在明显的向水性和避盐性，这在棉花上已经得到了验证。前人对漫灌苜蓿的根系分布也进行了研究，所关注的是不同品种苜蓿的根系发育和根系在土壤内垂直分布的差异，而未将土壤水分和盐分对根系的影响考虑进来。本试验研究表明，由于两种灌溉方式形成的湿润区和脱盐区形状不同，造成了苜蓿细根在土壤内的分布存在很大差异。漫灌宽浅型的湿润区和脱盐区使苜蓿根系均匀分布在30cm土层内，而滴灌窄深型的湿润区和脱盐区使滴头两侧苜蓿细根量增加，细根能深入到50cm土层内，因此，滴灌对于苜蓿根系发育具有明显促进作用。这对于今后苜蓿滴灌设计具有一定的参考价值。

4 结论

滴灌苜蓿水分和盐分运移及分布和漫灌有所不同，滴灌对水盐再分配作用强烈，结合苜蓿15cm+30cm+15cm的“高密度，宽窄行”种植模式，可为其提供良好的局部生长环境。

苜蓿细根在土壤内的分布对种植方式、水分和盐分的空间分布状态具有明显的依赖性。漫灌宽浅型的湿润区和脱盐区使细根分布在土壤0~30cm的浅层；滴灌窄深型的湿润区和脱盐区使细根分布在滴头两侧土壤0~50cm的深层，这对于苜蓿生长有很重要的

促进作用。苜蓿细根量的差异是由灌溉模式不同造成的，而整个生长季节细根多峰型的波动变化和多次收割有关。

滴灌活细根生物量要高于漫灌，但死根量低于漫灌。活根和死根量在生长期内呈现剧烈波动的变化，体现出细根具有周期性生长—凋亡—再生长的特性。

参考文献（略）

基金项目：石河子大学高层次人才引进项目（RCZX201022）；国家牧草产业技术体系项目（CARS-35）；新疆生产建设兵团博士资金专项（2102BB017）。

第一作者：鲁为华（1976— ），男，新疆奇台人，博士，副教授。

发表于《农业工程学报》，2014，30（23）.

AM 真菌对紫花苜蓿细根生长及其生物量动态特征的影响

任爱天[1]，娜丽克斯·外里[1]，鲁为华[1*]，杨洁晶[1]，马春晖[1]，刘红玲[2]

（1. 石河子大学动物科技学院，新疆 石河子 832003；
2. 石河子大学师范学院，新疆 石河子 832003）

摘 要：细根对植物功能的发挥和土壤碳库及全球碳循环具有重要意义。采用容器法和微根管法于 2013 年 6—10 月整个生长季内对紫花苜蓿的细根生物量、生产以及周转规律进行研究。结果表明，①紫花苜蓿活细根现存生物量平均值以接种摩西球囊霉（Gm）处理最高（12.46g/m^2），未接种对照最低（7.31g/m^2），并且活细根现存量在 9 月中旬达到峰值；死细根现存生物量呈先增加后降低再增加的变化趋势，在整个生长过程中未接种处理高于接种处理，接种根内球囊霉（Gi）处理死细根现存平均生物量（3.11g/m^2）又较接种组其他处理低。②苜蓿植株细根生长量以接种幼套球囊霉（Ge）处理最大［0.45mm/（cm^2·d）］，接种 Gm 处理和未接种对照最低［均为 0.27mm/（cm^2·d）］；而未接菌植株细根死亡量［0.44mm/（cm^2·d）］显著地高于接种植株，接种组又以 Gi 处理最低［0.21mm/（cm^2·d）］。③紫花苜蓿在生长季节内细根生产和死亡的高峰分别出现在 8 月底和 10 月，低谷出现在 9 月底至 10 月中旬和 6 月底至 8 月；接种地表球囊霉（Gv）后细根现存量和年生长量显著高于对照和接种其他菌种处理，细根的周转以对照组最大，而接种 Gv 和 Gm 处理较低。研究发现，通过接种丛植菌根真菌可以提高苜蓿细根生物量，降低细根的死亡，增加细根寿命。

关键词：菌根真菌；苜蓿；生物量；细根；微根管；周转

细根通常是指直径小于 2mm 的根，但因具有巨大的吸收表面积，是植物吸收、运输、储存碳水化合物和营养物质以及合成一系列有机化合物的重要器官，同时还通过呼吸和周转消耗光合产物向土壤输送有机质。但是细根的功能受到生物与非生物的影响很大，特别是土壤微生物活动。其中，丛枝菌根真菌（AMF）作为土壤中普遍存在的一种微生物，与植物细根的共生提高了宿主水分和养分的吸收以及促进宿主的生长，并且菌根的侵染进一步增加了细根的吸收面积，促进其生长发育，促使细根在植物功能和生态系统能量流动和物质循环中发挥更大的作用。许多研究表明，菌根化可以影响宿主植物根系寿命，而且菌根侵染能诱导植物根系形态发生明显的变化，可以促使植物根系高度分枝，导致根系更高级次根以及细根的形成。目前，许多研究主要集中在土壤因子以及气候因子对植物根系生长和死亡动态的影响方面，而有关对植物接种菌根真菌后对细根周转的影响则报道较少。

紫花苜蓿作为多年生作物，具有庞大的根系，而大量的侧根被菌根侵染后又进一步增强了苜蓿的耐逆性，将对其地上部分的生长产生很大的影响。目前对于紫花苜蓿的研究主要集中在地上部分，而对于地下部分尤其是细根生产及周转的研究较少。微根管技术作为一种非破坏性野外观察细根动态的方法，已广泛用来研究细根的生长和死亡动态，并估计细根周转，为此以苜蓿地为研究对象，运用微根管技术研究苜蓿接种不同丛枝菌根真菌后不同时间细根的生长与死亡动态变化，并估计苜蓿细根周转特征，为生物菌剂（AM 真菌）的合理开发利用以及细根在绿洲区农业生态系统中碳平衡、养分循环中的重要作用提供理论依据。

1 材料与方法

1.1 供试植物与菌种

供试菌种为青岛农业大学提供的摩西球囊霉（Gm）、根内球囊霉（Gi）、幼套球囊霉（Ge）、地表球囊霉（Gv）、混合菌种（6G）。供试的宿主植物为紫花苜蓿品种三得利，种子由百绿（天津）国际草业有限公司提供，且种子进行了包衣处理。

1.2 试验地概况

试验在石河子大学试验站（44°18′N，86°03′E）牧草试验地进行，海拔 399.2m，年日照时数为 2 721～2 818h，无霜期为 168～171d，≥0℃ 的活动积温为 4 100℃，≥10℃的活动积温为3 650℃，年平均气温为 6.9℃，年降水量为 125.0～207.7mm。土壤质地为壤土，pH 值为 7.79，含有机质 18.39g/kg、碱解氮 75.3mg/kg、速效磷 5.27mg/kg、速效钾 194.6mg/kg。

1.3 研究内容及方法

1.3.1 试验设计

试验设置 6 个接种处理，分别为 Gm、Gi、Ge、Gv、6G 和不接种菌剂（以下简称 CK）。每个处理 28 个重复。采用 14cm×14cm×25cm（盆口直径×盆底直径×高）规格的黑色塑料盆，盆钵在 84 消毒液里浸泡 20min 后备用。种植时每盆装 1.5kg 灭菌土，接种处理组每盆层施菌剂 10g，对照组添加同等质量的灭菌菌剂，接种物为含有孢子、菌丝的沙土及其寄主植物的根段混合物。

挑选大小一致且籽粒饱满的种子，用 10% H_2O_2 对种子进行表面消毒 10min，再以蒸馏水冲洗多次后于恒温培养箱 25℃催芽。将发芽的种子均匀地播在每盆土壤中，每盆 20 粒，待幼苗生长 7d 后间苗，每盆留 10 株长势一致并且茁壮的幼苗。接种 50d 后，将塑料盆移至室外，植物在生长期间定时定量浇水，称重法将土壤湿度控制在田间持水量的 65%～75%，在生长期间定期定量施加 Hoagland 营养液，观察不同月份侵染率和细根生物量的动态变化。试验从 2013 年 6 月 1 日开始到 10 月 15 日结束。

1.3.2 容器法测定细根生物量

植物的细根生物量以每盆总量为单位进行测定。将采集的土样带回实验室，置于细筛之上用水冲洗，去除其他杂质，由于盆栽有一定的局限性，使得粗根的生物量较少，因此仅留直径小于2mm（误差≤0.1mm）的细根，在5%的TTC（红四氮唑）染色的基础上，同时依据根的外形、颜色、弹性、根皮与中柱分离的难易程度等区分死活细根，将挑出的细根放置在80℃的烘箱中烘干至恒重后称重。

1.3.3 微根管法测定细根生长特征

在石河子大学牧草试验地共设18块1.5m × 3m的样地。在每块样地安装1根微根管（长为100cm，内径6.4cm），微根管的安装成45°角，垂直深度45cm左右，露出地面10cm，每个管外露出地面部分先封一层黑色胶带，用黑色塑料盖封口。试验共设6个处理，每个处理3次重复，共安装18支管。于2013年6月1日进行已经接过菌种的苜蓿移栽，行距20cm，每两周灌溉一次。从2013年6—11月，每隔2周用CI-600（美国）对同一位置的根系生长过程进行影像收集，每次的影像收集工作在1~2d内完成，图片实际尺寸为21.59cm×19.56cm（长×宽），将影像带回实验室进行数据处理。

用WinRHIZO TRON MF 2007b软件对每个影像进行根系直径、长度、根表面积等数据测定，区分根系类型（如活根与死根，根系的消失与否等）。观测窗中的根如果每次观测均为白色，则定义为白根（活根）；当细根完全变成黑色、皮层脱落或出现明显褶皱以及消失时，则被定义为死根。细根生长量、死亡量的计算采用文献的方法，细根周转估计采用年细根生长量与年细根平均现存量之比。

1.3.4 丛枝菌根真菌侵染率和根瘤数测定

采用盆栽法测定。选取一株根系统计根部着生的根瘤数。同时将根样用自来水清洗干净后，选取0.2g新生根系（直径<1mm），剪成0.5~1cm的小段，放入FAA固定液中，之后酸性品红染色，按照根段频率常规法计算侵染率。

1.4 数据处理

对于获得的微根管数据用Excel软件整理。采用SPSS软件对所有数据统计分析，对不同菌种的观测数据采用双因素方差分析，根据方差分析结果采用Duncan新复极差法对各处理进行多重比较。

2 结果与分析

2.1 AM处理对紫花苜蓿菌根侵染率和根瘤菌数量的动态变化特征

紫花苜蓿菌根侵染率和根瘤菌数在不同的月份发生了显著变化（图1）。首先，苜蓿菌根侵染率在7—9月随着接种时间的延长而逐渐增加。其中，对照处理植株没检测到菌根侵染；接种植株菌根侵染率在9月中旬达到最大（45.8%~72.2%）并显著地高于其他时期（$P<0.05$），随后下降，在10月中旬降至25.3%~36.6%；同时，不同菌

种的侵染效果不同，其中接种 Ge 和 Gm 处理的菌根侵染率比其他菌种侵染率高（图1a）。

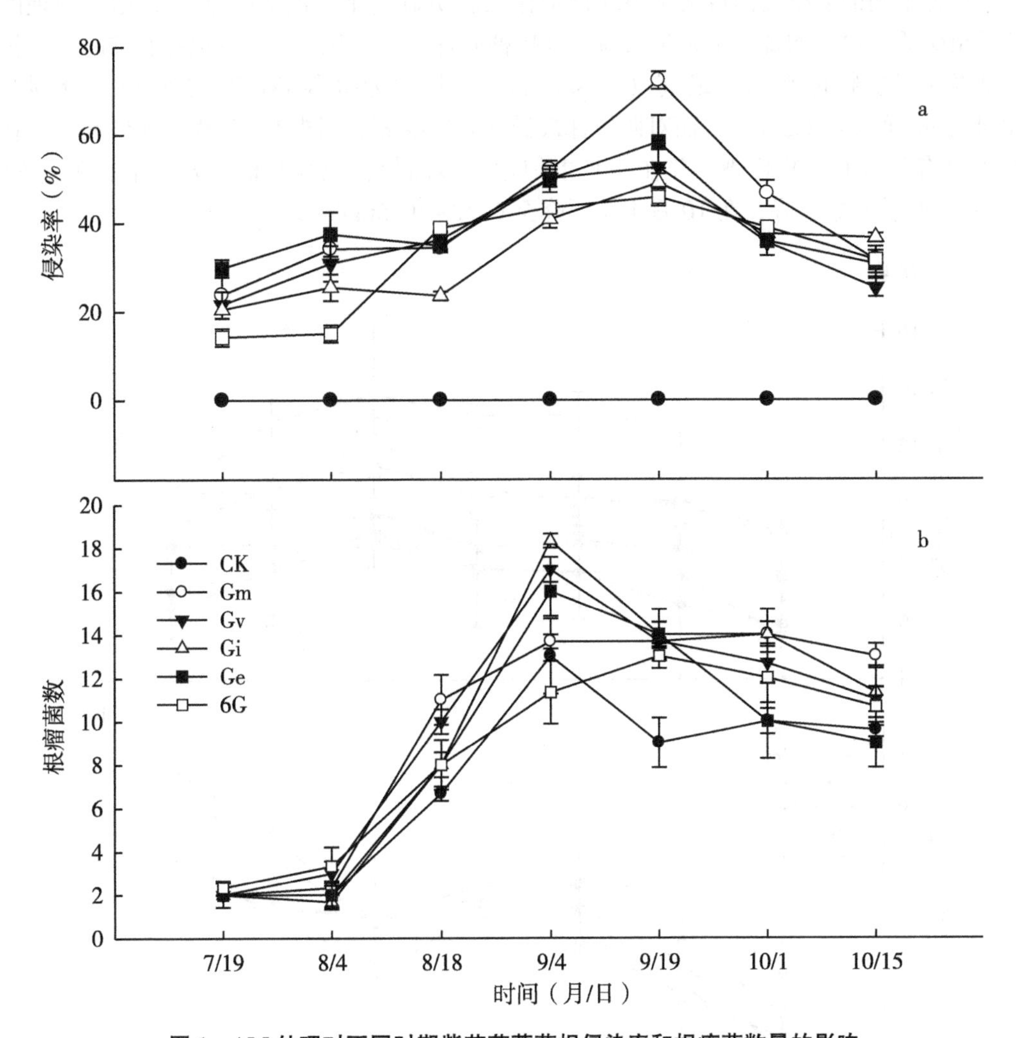

图 1　AM 处理对不同时期紫花苜蓿菌根侵染率和根瘤菌数量的影响

（CK. 对照；Gm. 摩西球囊霉；Gi. 根内球囊霉；Ge. 幼套球囊霉 ；Gv. 地表球囊霉；6G. 混合菌种）

其次，苜蓿根瘤菌数在 7 月中旬到 8 月初变化幅度不大，各时期间差异均不显著；此后开始迅速上升，并于 9 月初达到最大，此时根瘤菌数显著高于其他时期，每株达 11. 33~18. 33 个；10 月中旬，除接种 Ge 处理下根瘤菌数降幅度较大（$P<0.05$）外，其余接种处理下降幅度不大且差异不显著（$P>0.05$）；对照植株根瘤数量较接种植株低，但差异不显著（$P>0.05$），而且在 9 月中旬下降到每株 8. 80 个，此后又开始上升（图 1b）。以上结果说明在苜蓿整个生长期，随着时间变化其菌根侵染率和根瘤菌数发生明显变化，菌根侵染率在 9 月中旬达到最大值，而根瘤菌数则在 9 月初达到最大。

2.2 接种菌根真菌紫花苜蓿活细根和死细根现存生物量动态变化特征

接种不同的菌根真菌苜蓿细根现存量存在着明显变化（图 2）。其中，菌根处理的苜蓿植株活细根平均现存生物量均高于未接种处理对照（图 2a），并以接种 Gm 处理植株细根现存生物量平均值最高（12.46g/m^2），其次为接种 6G 和 Gi 处理（分别为 10.41g/m^2 和 10.16g/m^2），而对照植株最低（7.31g/m^2）。同时，苜蓿活细根现存量在 7—9 月有不断上升的趋势，并在 9 月中旬达到最高值，但与其他月差异不显著（$P>0.05$）；此后开始下降，在 10 月中旬下降至 6.32~10.56g/m^2。

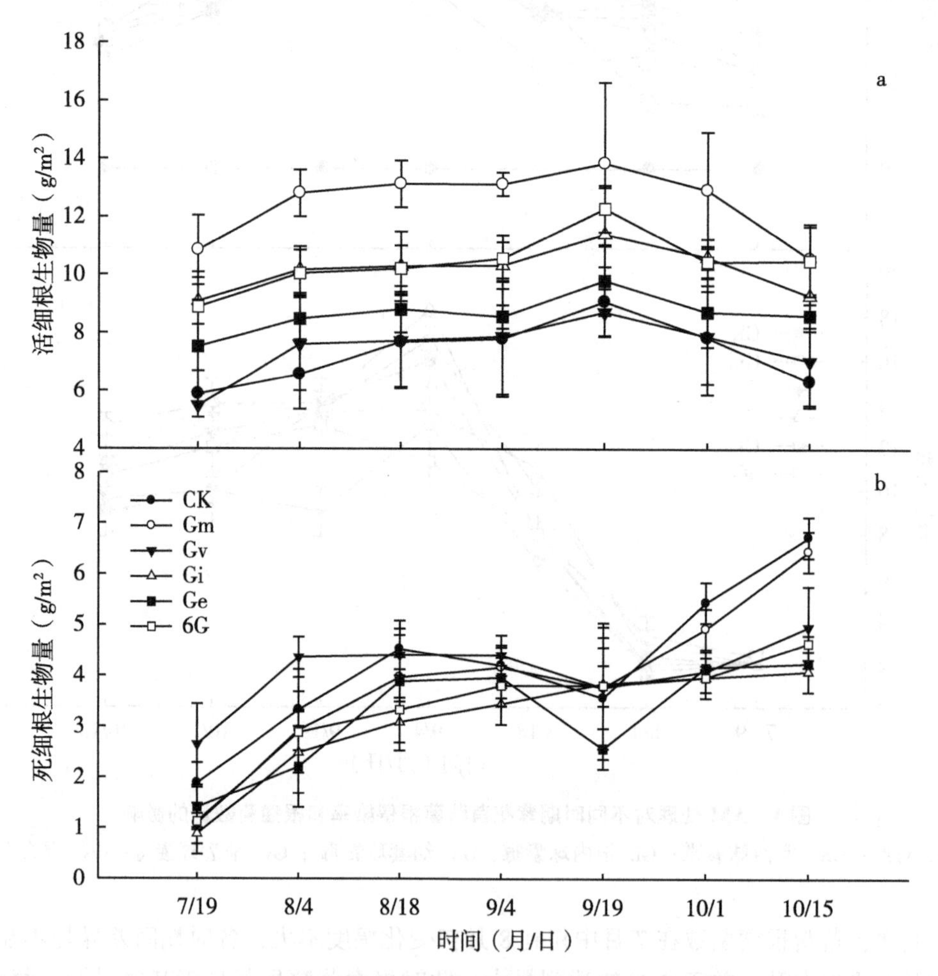

图 2　AM 处理对紫花苜蓿活细根和死细根现存生物量的影响

苜蓿植株死细根生物量呈现先增加后降低再增加的趋势（图 2b）。其中，各接种处理苜蓿植株死细根现存生物量先在 8 月中旬达到最大，后在 9 月中旬下降为 2.56~3.84g/m^2，并以接种 Ge 组细根死亡生物量最低；此后死细根现存生物量又增加，并以接种 Gi 和 Ge 处理增加趋势较缓，而对照处理和接种 Gm 处理增加迅速，说明此阶段由于气温下降大量细根死亡，且接种 Gi 和 Ge 苜蓿细根死亡量较低。可见，接种不同菌根真菌都能明显促进紫花苜蓿细根的生长，延长其存活时间，并以接种 Gm 效果较佳，同时，随着时间的变化，苜蓿活细根生物量呈先增加后降低的趋势，死细根生物量呈逐渐增加的趋势，在生长末期达到最大。

2.3 接种菌根真菌紫花苜蓿细根的生长和死亡动态特征

野外微根管法测定的紫花苜蓿细根的生长（以根长生长量 RLD_P 表示）因不同的菌根真菌和季节表现出一定的差异（图 3）。在整个生长期内，接种 Ge 紫花苜蓿细根 RLD_P 最大［0.045mm/(cm^2 · d)］，以未接种最低［0.027mm/cm^2 · d)］。其中，接种 Ge 紫花苜蓿细根 RLD_P 在 8 月 6 日至 9 月 6 日达最大，在 9 月 24 日至 10 月 10 日达最低，但在不同月份差异不显著（P>0.05）；接种 Gi 后，苜蓿细根的 RLD_P 在 8 月 22 日至 9 月 6 日达最大［0.048mm/（cm^2 · d）］，并显著高于其他月（P<0.05），于 8 月 6—22 日最低［0.017mm/（cm^2 · d）］；接种 Gm 菌植株细根 RLD_P 在 7 月 19 日至 8 月 22 日显著低于其他月（P<0.05）；接种 Gv 和 6G 苜蓿细根 RLD_P 分别在在 8 月 22 日至 9 月 6 日和 8 月 6—22 日达最大，但均在 6 月 25 日至 7 月 19 日达最低；没接种菌种植株细根生长在不同季节差异不显著。另外，相关性分析发现紫花苜蓿菌根侵染率与其细根 RLD_P 存在显著的线性相关性（P<0.05），而且根瘤菌数也显著地影响苜蓿细根 RLD_P（图 4）。

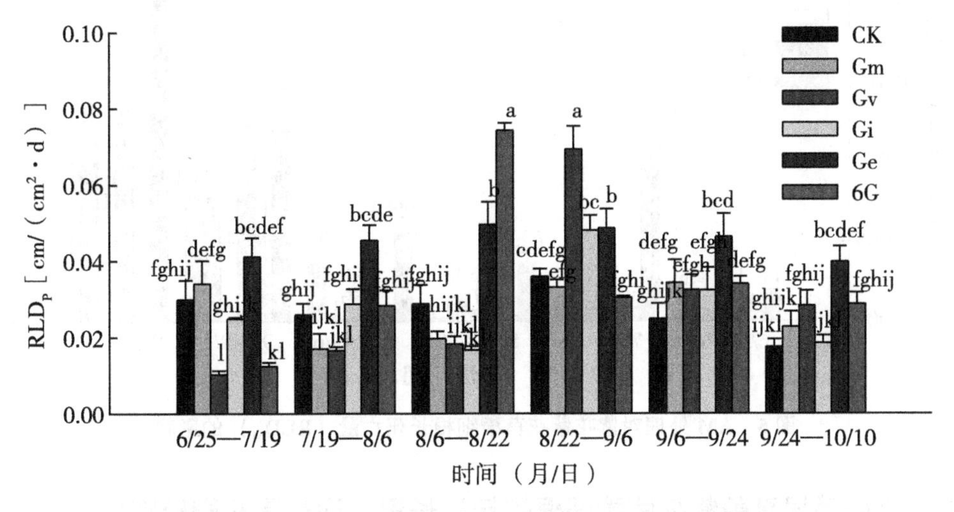

图 3　AM 处理对紫花苜蓿细根长生长量（RLD_P）的影响

注：柱形图上方的标注不同小写字母表示不同处理之间在 0.05 水平下差异显著；下同。

同时，野外微根管法测定的紫花苜蓿细根的死亡（以根长死亡量 RLD_M 表示）动态与上述 RLD_P 表现相似，其因不同时间及不同菌种存在一定的差异（图 5）。总体上，未接菌苜蓿植株细根 RLD_M 平均为 0.011mm/（cm^2 · d），显著高于各接种植株（P<0.05）；在各接种植株中，又以接种 Gm 处理最低，其 RLD_M 平均为 0.002mm/（cm^2 · d）。

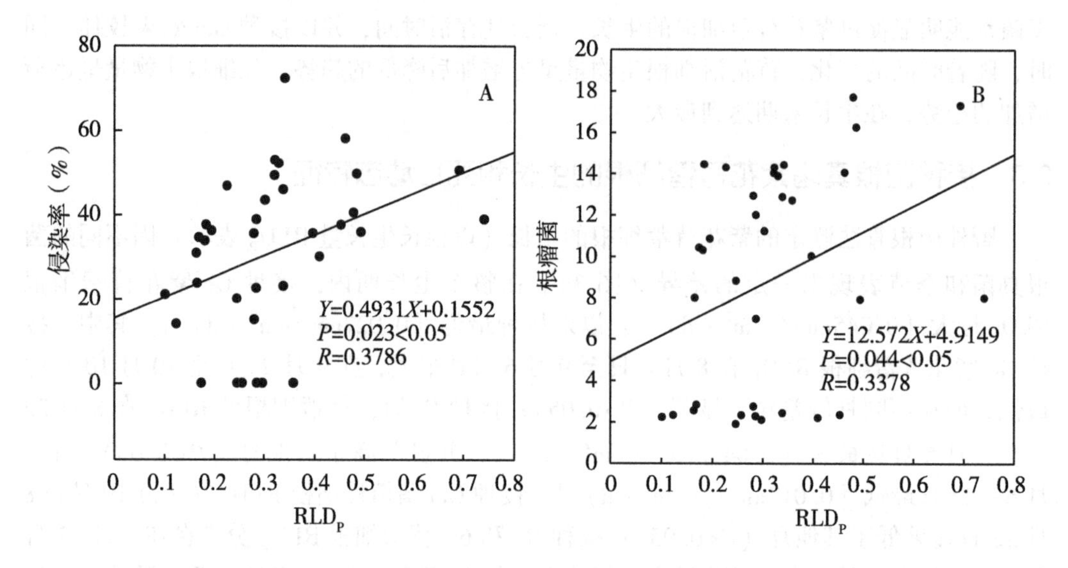

图 4　紫花苜蓿 RLD_P 与 AM 处理菌根侵染率和根瘤菌数的相关性分析

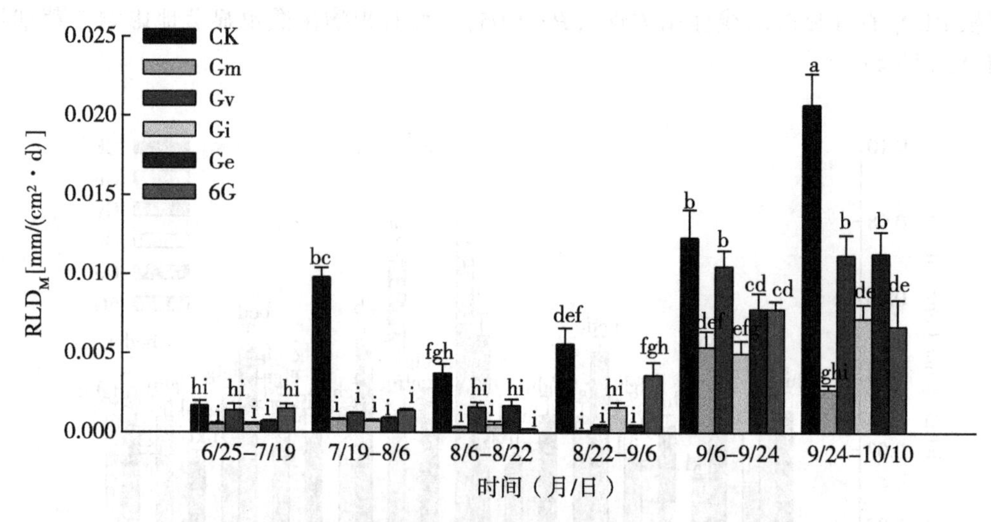

图 5　AM 处理对紫花紫花苜蓿细根长死亡量（RLD_M）的影响

2.4　接种菌根真菌紫花苜蓿细根的年生长量、现存量和周转特征

野外微根管法测定的紫花苜蓿接种不同菌根真菌后细根现存量、年生长量和周转有显著的差异（表 1）。其中，接种 Gv 后细根现存量显著高于对照和接种其他菌种，并以对照最低［0.004mm/（cm^2·年）］。接种不同菌种紫花苜蓿细根的年生长量之间存在差异，并以接种 Gv 菌种年生长量最高并显著高于对照和接种 Gm 菌种处理，而接种 Gm 菌种处理年生长量最低。由于接种不同菌种的苜蓿细根平均现存量和年生长量不同，也导致它们的细根周转次数也存在差别，其中对照组细根周转次数最大（2.25 次），接种 Gv 和 Gm 后细根的周转次数较低，分别只有 1.25 次和 1.00 次。

表 1　AM 处理下紫花苜蓿细根平均长度、年长度生长量和周转量

接种处理	现存量［mm/（cm^2·年）］	年生长量［mm/（cm^2·年）］	年周转量
Ge	0.007±0.014b	0.012±0.017ab	1.71
Gi	0.008±0.011ab	0.014±0.020a	1.75
Gm	0.005±0.005b	0.005±0.005c	1.00
Gv	0.012±0.017a	0.015±0.020a	1.25
6G	0.007±0.020b	0.011±0.017ab	1.57
CK	0.004±0.008b	0.009±0.015bc	2.25

注：同列不同小写字母表示不同处理之间差异显著（$P<0.05$）。

3　讨论

目前对细根生物量和周转的研究方法很多，本试验选择容器法和微根管法研究了接种不同菌根真菌和在不同接种时间内紫花苜蓿细根生物量动态变化以及细根生长、死亡动态变化。由于容器法得到的仅是在生长季节内定时测定的结果，对活细根生长、死细根的分解等测定不准确，而微根管技术由于可以连续观测，能够准确地反映细根生长、衰老、死亡甚至分解的整个动态过程，因此用微根管进行细根周转的估计。

本研究中紫花苜蓿细根现存生物量在不同时期发生着明显动态变化。不同时期苜蓿细根生物量变化与细根发育和死亡规律、细根分解速率以及环境条件和土壤微生物的种类和活性有密切关系。苜蓿在生长季节内根系发生是不均匀的，一般一年之中细根的生物量出现一个或两个峰值，本研究中苜蓿细根生物量呈现单峰型，并在 8—9 月苜蓿活细根生物量达最大，可能是在 6 月对苜蓿进行移栽后，至 8—9 月植株受到外界环境温度和良好菌根的侵染，接瘤能力增加，促进了根系对养分以及水分的吸收，加大了地上部分光合作用，使更高的碳水化合物分配到了根中，使得细根的生物量积累受到一定程度的促进，从而出现了峰值。本研究结果显示苜蓿细根大量发生后，随之产生大量细根的死亡，生长季末死亡细根生物量往往是最高的，可能在 10 月由于苜蓿地上部分开始枯黄、死亡以及昼夜气温开始迅速下降，细根开始停止生长，导致菌根侵染率的降低和根瘤数量减少，以及土壤有效养分等因素造成了死细根现存生物量的增加。接种不同菌根真菌对细根现存生物量也存在着一定的影响，本研究发现，接种 Gm 和 Gi 后能显著地提高苜蓿细根现存生物量，说明接种的 Gm 和 Gi 菌根真菌能与苜蓿形成良好的互惠共生。

细根的死亡是一个复杂的生理生态过程，在生理学上解释为细根的死亡与光合产物分配到根系多少有关。本研究中苜蓿细根死亡在 6 月底至 8 月变化不大，并且比例相对较低；7 月中旬至 8 月初，对照组细根死亡显著增加，虽然土壤资源的有效性（如温度、养分和水分）最适宜细根生理活动，但是光合产物分配的格局发生改变（主要分配到地上部分），细根死亡主要是地上部分和地下部分竞争碳源的结果；在 9—10 月细

根大量死亡与落叶和温度降低有关，叶片的衰老和凋落减少了细根碳水化合物的分配，同时随着侵染率的下降，菌根真菌对养分和水分的吸收减弱，菌根真菌的促生效应降低。有资料显示，细根吸收水分和养分越多，分配到细根的碳也就越多，其寿命也就越长。一旦细根吸收能力减弱，碳向细根分配立刻减少，细根则衰老进而死亡，在整个生长时期对照组苜蓿细根死亡显著地高于接种组，而且以接种 Gm 菌种后细根死亡最低。

综上所述，本研究结果表明，紫花苜蓿各菌根侵染率和根瘤菌数均在 9 月达最大，分别为 45.8%~72.2%和 11.33~18.33 个，此后均开始下降；不同的菌种其侵染效果不同，接种 Ge 和 Gm 后菌根侵染率比其他菌种侵染率高。接种不同菌根真菌后苜蓿活细根和死细根现存生物量发生了变化。接种 Gm 后活细根现存生物量平均值最高，而未接种对照最低，并且活细根现存量在 9 月中旬达峰值；死细根生物量是先增加后降低再增加的趋势，在 8 月中旬达最大后在 9 月中旬下降，此后现存生物量增加，在整个生长过程中未接种处理高于接种处理，且接种 Gi 处理死细根现存平均生物量较接种组其他处理低。苜蓿细根的生长和死亡因不同的菌根真菌和季节表现一定的差异。在整个生长期内，苜蓿细根生长量以接种 Ge 处理最大，而未接种对照最低；而未接菌植株细根的死亡量显著高于接种植株，而在各接种植株中又以接种 Gm 处理最低。同时，细根生产和死亡的高峰分别出现在 8 月底和 10 月，低谷出现在 9 月底至 10 月中旬和 6 月底至 8 月；接种 Gv 后细根现存量和年生长量显著高于对照和接种其他菌种，而且对照组细根周转最大，而接种 Gv 和 Gm 处理较低。

参考文献（略）

基金项目：新疆生产建设兵团博士资金专项（2012BB017）；国家牧草产业技术体系项目（CARS-35）；石河子大学高层次人才引进项目（RCZX201022）；石河子大学科技服务项目（4004103）。

第一作者：任爱天（1989— ），男，甘肃张掖人，硕士研究生。

发表于《西北植物学报》，2014，34（12）.

第六部分
苜蓿干草调制研究

干草调制是牧草生产过程中的重要环节，对牧草能否高效利用具有重要意义。本部分主要介绍新疆绿洲区牧草种类及调制方法对牧草干燥速度的影响、两种机械收获模式对苜蓿干草及品质影响的研究，以期为新疆绿洲区苜蓿生产过程中的干草调制提供理论依据及数据参考。

牧草种类及调制方法对牧草干燥速度的影响

蒋　慧[1,2]，鲁为华[1]，于　磊[1]，张仁平[1]
（1. 石河子大学动物科技学院，新疆　石河子　832003；
2. 塔里木大学动物科学学院，新疆　阿拉尔　843300）

摘　要：以紫花苜蓿单播草地牧草和无芒雀麦与紫花苜蓿的混播草地收获的牧草为研究对象，研究牧草种类及调制方法对牧草干燥速度的影响。结果表明，在直接晾晒、喷洒2%碳酸钾、压扁茎秆晾晒和压扁茎秆后再喷洒碳酸钾晾晒4种调制方法中，后3种处理都能加快干燥，以压扁茎秆后再喷洒碳酸钾晾晒效果最好。单播苜蓿和混播草地的牧草中，混播草地牧草干燥速度较单播快，即混播牧草直接晾晒也比单播苜蓿压扁茎秆后再喷洒碳酸钾晾晒处理的效果好。

关键词：牧草种类；调制方法；干燥速度

中图分类号：S540.9

苜蓿是新疆绿洲区栽培利用最广的豆科牧草，生长于透气透水良好、水肥保持良好、水分含量适宜、土温较稳定、黏性不大、耕性良好、宜耕期较长的土壤。苜蓿能为草地畜牧业提供优质牧草，还能通过生物固氮作用，实现改良土壤、提高肥力从而实现粮草轮作或套种，促进农牧结合。

在干草的调制过程中，影响干草质量的因素较多，收割期是影响最大的因素之一，如果不在最佳刈割期刈割，牧草茎秆木质化会使饲草品质急剧下降。但是，当最佳刈割期一旦确定，调制干草的方法就成为影响其质量的重要因素，使牧草迅速脱水、减少叶片脱落是减少营养物质损失的首要途径。

常用的干燥方法有机械烘干、压扁茎秆和使用干燥剂等。王钦认为在良好天气条件下，茎秆压扁后可使紫花苜蓿较普通干燥法减少干物质和碳水化合物损失1/3~1/2，粗蛋白减少损失1/5~1/3。

苜蓿蛋白质含量高、碳水化合物含量较少，无芒雀麦碳水化合物含量较高、蛋白质含量较低，混播可克服单一饲草在营养上的缺陷，较好地满足草食家畜的营养需要。

通常豆科牧草的叶片较茎秆干燥时间短，在晒制干草过程中容易造成叶片脱落，从而降低干草的营养价值，如果禾本科牧草与豆科牧草混播能加速牧草的脱水，将对干草调制具有重要的生产意义。为此在紫花苜蓿和无芒雀麦单播和混播草地的基础上作了这一试验，现将有关结果报告如下。

1 材料与方法

1.1 自然概况

试验在石河子动物科技学院试验站牧草地进行，该地处于准噶尔盆地南缘绿洲区，属极端干旱大陆性气候，春季干旱少雨，风沙较大，夏季气温高，昼夜温差大，日照充足。海拔450m，年降水量230mm，年平均温度7.2℃，≥10℃的年积温3 552℃，属绿洲灰色黏土。

1.2 材料和方法

试验在2005年8月17—19日进行，选当年播种的初花期头茬牧草（包括单播和混播牧草。单播品种为紫花苜蓿金皇后，混播品种为金皇后和新雀1号），设直接晾晒、压扁茎秆晾晒、喷碳酸钾（2%）晾晒和压扁茎秆后再喷洒碳酸钾（2%）4种处理，每个处理5个重复。称取鲜草700g，厚15cm，宽30cm，每3h称重一次（早上8：00开始到下午8：00结束），待水分下降至18%为止。将样本放在105℃烘箱烘干称重，以计算牧草相对含水量。

2 结果与分析

2.1 调制方法对牧草干燥速度的影响

干燥分两阶段，即含水量降至40%以及由40%降至18%。在第一阶段，使水分含量降至40%，单播草地的紫花苜蓿鲜草，直接晾晒需要27h，压扁茎秆和喷洒碳酸钾处理均需要21h，压扁茎秆再喷洒2%碳酸钾处理需要12h。直接晾晒所需时间最长，压扁茎秆+喷洒2%碳酸钾所需时间最短，两者相差15h，压扁茎秆和喷洒2%碳酸钾无差异，它们与直接晾晒相比相差9h，各处理与直接晾晒间差异显著。紫花苜蓿与无芒雀麦混播草地的鲜草，水分降到40%时，直接晾晒需要9h，喷洒2%的碳酸钾，压扁茎秆和压扁茎秆后再喷洒2%碳酸钾均需要6h，后3个处理间无差异，与直接晾晒间存在差异，但差异不显著。图1、图2在第2阶段，即含水量从40%降至18%，单播紫花苜蓿鲜草直接晾晒需要9h，喷洒2%碳酸钾和压扁茎秆均需要12h，压扁茎秆后再喷洒2%的碳酸钾则需要18h（如果去掉由于下雨引起牧草回潮的6h，水分从40%降至18%以下需要12h）。紫花苜蓿与无芒雀麦混播草地的鲜草，水分从40%降至18%以下，直接晾晒、喷洒2%碳酸钾、压扁茎秆和压扁茎秆后再喷洒碳酸钾所需时间分别为18h、21h、18h和15h（图1，图2）

2.2 牧草种类对干燥速度的影响

单一的苜蓿无论直接晾晒，还是喷洒化学试剂或压扁茎秆都比混有禾本科无芒雀麦的苜蓿混合牧草，在第1阶段（水分降至40%以下）所需要的时间长，单一苜蓿直接

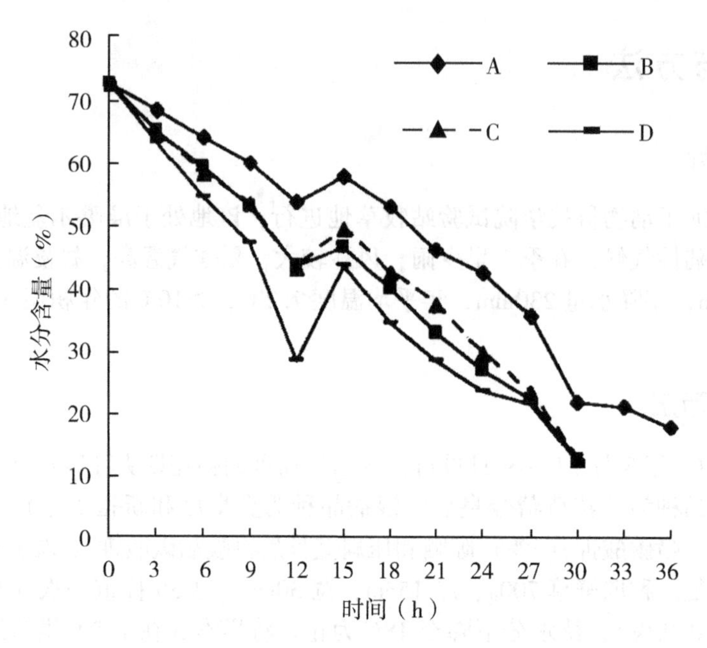

图 1　不同处理对苜蓿鲜草干燥速度的影响

A. 直接晾晒；B. 喷洒 2%碳酸钾；C. 压扁茎秆；D. 喷洒 2%碳酸钾+压扁茎秆

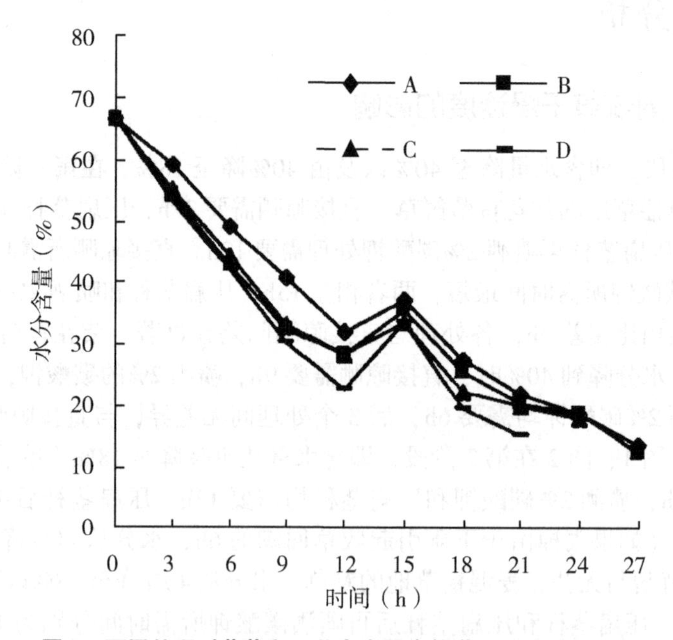

图 2　不同处理对苜蓿和无芒雀麦混合鲜草干燥速度的影响

A. 直接晾晒；B. 喷洒 2%碳酸钾；C. 压扁茎秆；D. 喷洒 2%碳酸钾+压扁茎秆

晾晒、喷洒 2%碳酸钾、压扁茎秆和压扁茎秆后再喷 2%碳酸钾所需时间分别为 27h、18h、21h 和 12h；而紫花苜蓿+无芒雀麦的混合鲜草直接晾晒、喷洒 2%碳酸钾、压扁茎秆和压扁茎秆后再喷 2%碳酸钾分别需要 9h、6h、6h 和 6h，对应处理的不同牧草种类间差所需时间差异极显著（分别相差 18h、12h、15h 和 6h）（图 3 至图 6）。

第 2 阶段，即水分从 40%降至 18%以下，单一苜蓿直接晾晒、喷洒 2%碳酸钾、压扁茎秆和压扁茎秆后再喷 2%碳酸钾所需时间分别为 9h、12h、9h 和 18h；而紫花苜蓿+无芒雀麦的混合鲜草直接晾晒、喷洒 2%碳酸钾、压扁茎秆和压扁茎秆后再喷 2%碳酸钾分别需要 18h、18h、18h 和 15h，除压扁茎秆后再喷 2%碳酸钾外，其他 3 种处理不同牧草种类间所需时间差异极显著（均相差 9h）。因为下雨使单一苜蓿回潮在水分 40%以前，混播地牧草回潮在 40%以后，使单一苜蓿第 1 阶段所需要时间长，混播草地第 2 阶段时间长。

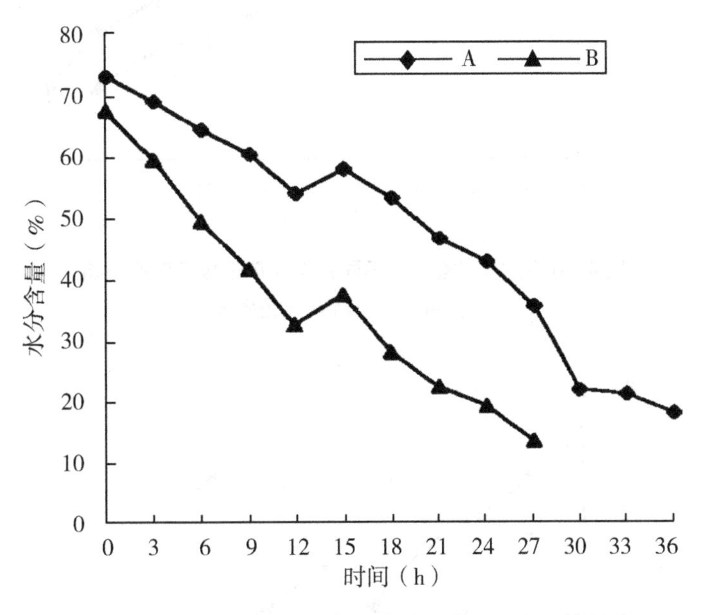

图 3　直接晾晒对不同牧草种类的牧草干燥速度的影响

A. 苜蓿；B. 苜蓿+无芒雀麦

在干燥全过程中，即从新鲜牧草到水分降至 18%以下，单一苜蓿直接晾晒、喷洒 2%碳酸钾、压扁茎秆和压扁茎秆后再喷 2%碳酸钾所需要的总时间分别为 36h、30h、30h 和 30h。而紫花苜蓿+无芒雀麦的混合鲜草直接晾晒、喷洒 2%碳酸钾、压扁茎秆和压扁茎秆后再喷 2%碳酸钾需要的总时间分别 27h、24h、24h 和 21h。由此可见，单一的苜蓿干燥全过程中，经过处理的组较未经处理的直接晾晒组效果好，而其他 3 个处理间效果差异不明显。紫花苜蓿+无芒雀麦的混合鲜草干燥全过程中，除压扁茎秆+喷洒碳酸钾组效果最好外，其他组差异不显著或无差异。而相同处理不同种类牧草的干燥全过程所需总时间存在显著差异（喷洒碳酸钾组除外），混播牧草干燥速度比单播牧草干燥速度快。在影响牧草干燥速度的因素中，牧草的种类不同比调制方法所起的作用大（图 3 至图 6）。

2.3　调制方法和牧草种类对回潮率的影响

2005 年 8 月 17 日试验的第一天上午晴、中午阴、晚上小雨，18 日全天阴，19 日

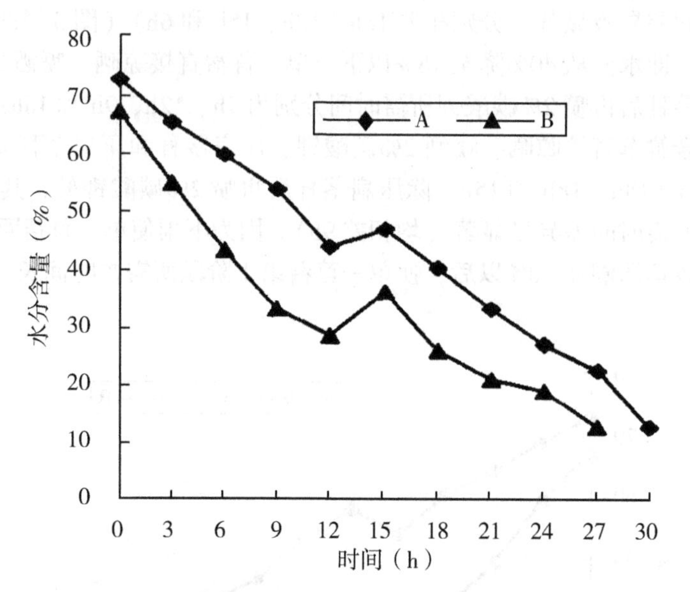

图 4　喷洒 2%碳酸钾对不同种类牧草干燥速度的影响

A. 苜蓿；B. 苜蓿+无芒雀麦

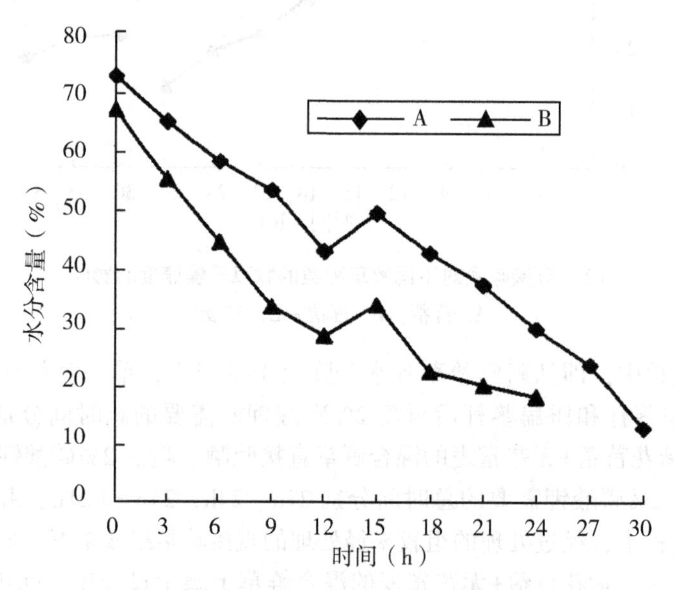

图 5　压扁茎秆对不同种类牧草干燥速度的影响

A. 苜蓿；B. 苜蓿+无芒雀麦

晴，因而干燥全过程需要时间较长，18 日早，牧草有较大的返潮现象，这在上面的所有图形中都可以反映出来。不同种类的牧草以及同一种类的牧草不同的调制方法，其回潮率不同（单一苜蓿直接晾晒、喷洒 2%碳酸钾、压扁茎秆和压扁茎秆后再喷 2%碳酸钾回潮率分别为 15.33%、12.75%、16.80%和 11.44%；紫花苜蓿+无芒雀麦混合鲜草的回潮率分别为 11.27%、8.22%、10.58%和 9.54%）。单一的苜蓿较混有禾本科无芒

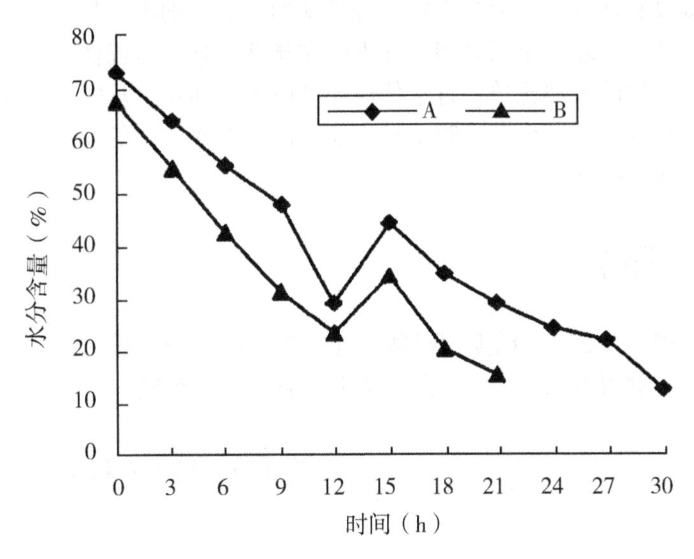

图 6　压扁茎秆+喷洒碳酸钾对不同种类牧草干燥速度的影响

A. 苜蓿；B. 苜蓿+无芒雀麦

雀麦的混合牧草回潮率高，而相同种类不同调制方法中，以压扁茎秆的回潮率最高，其次是直接晾晒，最低是喷洒2%碳酸钾组，压扁茎秆后再喷洒2%碳酸钾位于压扁茎秆和喷洒2%碳酸钾之间。牧草回潮后再失去回潮的水分，除单一苜蓿经压扁茎秆再喷洒2%碳酸钾处理组需要6h外，其他处理的单一牧草或混合牧草均需要3h。

3　讨论与结论

在绿洲条件下，提高牧草品质，加快干燥速度，采用豆科的紫花苜蓿与禾本科的无芒雀麦混播直接晾晒，或压扁茎秆晾晒即可。这样既缩短牧草干燥的第1阶段和全阶段时间，又克服单一饲草在营养上的缺陷，较好地满足草食家畜，特别是高产奶牛的营养需要。禾本科牧草与豆科苜蓿混播对苜蓿的叶片脱落有较好的防止作用。

在下雨前，压扁和喷洒碳酸钾使单一苜蓿水分下降至40%，牧草回潮使得处理比对照（直接晾晒）在第2阶段（水分从40%降至18%）所需时间长。压扁茎秆和喷洒碳酸钾在不同程度上破坏了植物的表皮，使牧草水分散失快，也使其回潮快，回潮率高于直接晾晒。

虽然Tullberg认为碳酸钾溶液可显著加速紫花苜蓿干燥。张秀芬等对化学干燥及压扁茎秆进行研究，证实压扁茎秆及喷碳酸钾都能加快紫花苜蓿的干燥，并能减少粗蛋白的损失。有人研究3.0%的碳酸钾能有效加快紫花苜蓿的干燥，碳酸钾可以提高反刍家畜对牧草干物质、粗蛋白、中性洗涤纤维和酸性洗涤纤维的消化率，钾离子对家畜无不良影响。钾离子对反刍动物瘤胃微生物的活动有影响，影响的大小由钾离子浓度大小决定，如果采用2%、3%的碳酸钾对牧草进行处理，牧草钾的含量将增高，如果饲喂量较大，达到了影响瘤胃正常菌群活动的程度，就会导致菌群紊乱，给生产带来很大影响；

如果钾离子浓度没有达到影响瘤胃正常菌群活动的程度，则不会带来负面影响。由于碳酸钾喷洒与压扁茎秆在缩短干燥时间上并不存在显著差异，而混播草地牧草无论直接晾晒，还是压扁茎秆后晾晒都比单一苜蓿任何处理所需时间短，从安全出发，宜采用混播代替单播，用直接晾干或压扁茎秆晾干较稳妥。由于工作进度的安排，调制方法对牧草品质的影响将有待进一步研究。

参考文献（略）

基金项目：国家“973”前期预研项目（5003-922523）。

第一作者：蒋慧（1969— ），女，硕士研究生，副教授。

发表于《新疆农业科学》，2006，43（5）.

两种机械收获模式对苜蓿干草产量及品质的影响

景鹏成，鲁为华，马春晖，张凡凡，王树林，靳省飞
（石河子大学动物科技学院，新疆　石河子　832003）

摘　要：研究不同机械大田收获模式对苜蓿产量及品质的影响。以 CLAAS 系列和 New Holland 系列两种机械收获模式为对象，采取大田试验验证两种机械模式对苜蓿产量及营养品质的影响。New Holland 系列机械收获的干草产量和密度显著高于 CLAAS 系列机械收获的（$P<0.05$），草捆水分含量极显著低于 CLAAS 系列机械（$P<0.01$）。两种机械作业在刈割阶段对苜蓿养分的损失差别不大；而在搂草翻晒和打捆环节，CLAAS 系列机械对苜蓿的养分损失较大，养分损失显著高于 New Holland 机械作业后对苜蓿养分的损失（$P<0.05$），RFV 也低于 New Holland 机械作业后的值。采用 New Holland 系列机械收获模式作业时，苜蓿干草的营养损失较小，品质更好。

关键词：苜蓿；机械收获；产量；营养品质

苜蓿是当前我国乃至世界上种植面积最大的豆科牧草，其蛋白质含量高、适口性好等营养特性成为牧草种植的首选。苜蓿的干草收获工艺分为 3 个环节，每个生产环节都会造成苜蓿干草品质及产量的下降。不同的收获方式及机械类型对苜蓿干草品质及产量的影响各有差异，筛选出经济适用的苜蓿干草收获模式是非常有必要的。我国牧草收获机械化水平对于牧草业的发展处于滞后状态。国外的牧草收获工艺已达到了专业化、规模化、大型化、自动化的地步，这也是我国苜蓿干草收获机械发展的方向。我国将实现农业三元结构调整，苜蓿草作为实现农业可持续发展的首选饲料作物，是畜牧业的朝阳产业。工艺方面还没有成熟的体系，我国的调制干草技术远远落后于我国畜牧业发展的需要。目前我国干草收获机械化技术含量低、可靠性不稳定，虽然也做了大量的研究，但是现阶段苜蓿机械的研究还存在严重不足。研究不同机械收获模式对苜蓿产量及品质的影响。以新疆生产建设兵团两种常用机械收获模式为研究对象，研究不同机械收获模式对苜蓿产量及品质的影响，为牧草产业发展提供理论依据。

1　材料与方法

1.1　材料

试验地点位于新疆生产建设兵团第八师 147 团 7 连。地理坐标为 44°34′16.6″N，

86°5′41.8″E，海拔为357m，属于典型的温带大陆性干旱气候。日照充沛，年日照数为2 721~2 818h；年降水量180~270mm，年蒸发量1 900~2 200mm。土壤质地为壤土。

试验地为两块相邻的苜蓿地（品种为三得利），面积均为6hm²，灌溉方式为滴灌，苜蓿行距30cm，播种量为15kg/hm²，采取常用田间管理方式。

试验在第1茬苜蓿初花期进行，以人工取样（CK）、CLAAS系列收获模式和New Holland系列收获模式为3个处理（表1）。

表1 两种机械类型参数

型号1	名称	动力	幅宽（m）	挂接	速率（hm²/h）	切割器	刀盘/齿簧数（个）	草捆规格（m）
CLAAS	割草机	配套拖拉机	2.1	后三点悬挂，侧置	0.5~0.8	旋转式	5	—
	搂草机	配套拖拉机	2.5	牵引式	1	—	12	—
	打捆机	配套拖拉机	1.65	牵引式	1.5	齿轮驱动	—	1.0×0.45×0.35
New Holland	割草机	自带动力涡轮增压	5.5	自走式	6.5	切割器	14	—
	搂草机	配套拖拉机	2.59×2	牵引式	3	—	90×2	—
	打捆机	配套拖拉机	2.4	牵引式	5.5	液压驱动	—	1.5×1.2×0.9

1.2 方法

1.2.1 产量测定

人工（CK）产量：采用样方法测定。选取1m²长势均匀一致的苜蓿植株测定样方内鲜草重，3次重复算出鲜草产量。另外取300g左右鲜样带回实验室，在65℃烘箱内烘至质量恒定，通过测定含水率计算干草产量。

干草产量（kg/hm²）= 鲜草产量×［1 - 水分含量（%）］

机械收获产量：采用干草捆测产。经过刈割、搂草翻晒、打捆之后，1hm²选3个草捆作为样本，测定草捆的质量，数出1hm²苜蓿草地的草捆数，并计算出苜蓿的干草产量（kg/hm²）。

干草产量（kg/hm²）= 草捆质量 × 草捆数

1.2.2 草捆指标

草捆水分用Wile25草捆水分测定仪（型号：LI03-AL360073）测定。

草捆密度（kg/m³）= 草捆质量/草捆体积

1.2.3 营养品质

粗蛋白（CP）采用凯氏定氮法测定，酸性洗涤纤维（ADF）和中性洗涤纤维（NDF）采用范氏洗涤法测定，相对饲用价值（RFV）可用NDF和ADF计算得出：RFV=DMI×DDM/1.29；DMI=120/NDF；DDM=88.9-0.779×ADF，式中，DMI为干物质采食量，DDM 为可消化干物质。

1.3 数据处理

试验数据用 Excel 进行整理和绘图，采用 DPS 12.26 软件对数据进行统计分析。

2 结果与分析

2.1 苜蓿草捆指标及干草产量

研究表明，不同的机械类型所处理的草捆水分和密度各不相同，产量也有所差异。New Holland 机械生产的草捆水分和密度分别为 16.45%和 238.43kg/m^3，CLAAS 机械生产的草捆水分和密度分别为 18.58%和 150.20kg/m^3，二者差异极显著（P<0.01）（表 2）。

不同处理方式对苜蓿的干草产量也有影响，CK 的干草产量最高，达到 5 019.11kg/hm^2，New Holland 机械和 CLAAS 机械收获的干草产量分别为 4 915.71 和 4 492.74kg/hm^2，与 CK 相比，都表现为差异显著（P<0.05）（表 2）。

表 2 不同类型机械下苜蓿草捆指标及干草产量变化

处理	草捆水分（%）	草捆密度（kg/m^3）	产量（kg/hm^2）
CK	—	—	5 019.11 ± 166.90^{aA}
CLAAS	18.58 ± 0.335 8^{aA}	150.20 ± 3.959 7^{bB}	4 492.74 ± 108.51^{bA}
New Holland	16.45 ± 0.233 4^{bB}	238.43 ± 2.183 4^{aA}	4 951.71 ± 106.95^{aA}

2.2 不同处理对苜蓿粗蛋白含量的影响

苜蓿干草收获的 3 个环节中，粗蛋白的含量随着收获过程的进行发生变化，不同机械作业时的粗蛋白损失率也各不相同。苜蓿鲜草在 New Holland 和 CLAAS 两种机械刈割后测定粗蛋白的含量分别为 18.21%和 18.13%，与 CK 含量 18.59%相比，差异不显著（P>0.05），两种机械刈割后粗蛋白含量互相比较，差异也不显著（P>0.05）。

苜蓿鲜草在干燥过程中的粗蛋白含量最容易损失，尤其是在搂草翻晒环节。New Holland 机械搂草翻晒后粗蛋白含量为 17.77%，与 CK 相比，差异不显著（P>0.05）；CLAAS 机械搂草翻晒后粗蛋白含量为 13.75%，与 CK 相比，差异显著（P<0.05）；两种机械搂草翻晒后粗蛋白含量互相比较，差异不显著（P>0.05）。

不同机械作业在打捆后的粗蛋白含量存在差异。New Holland 机械打捆后的粗蛋白含量为 16.27%，与 CK 相比，差异不显著（P>0.05）；CLAAS 机械打捆后的粗蛋白含量为 13.75%，与 CK 相比，差异显著（P<0.05）；两种机械打捆后粗蛋白含量互相比较，差异显著（P<0.05）（图 1）。

2.3 不同处理对苜蓿中性洗涤纤维含量的影响

在苜蓿干草收获过程中，不同机械作业对中性洗涤纤维含量也有影响。苜蓿经过

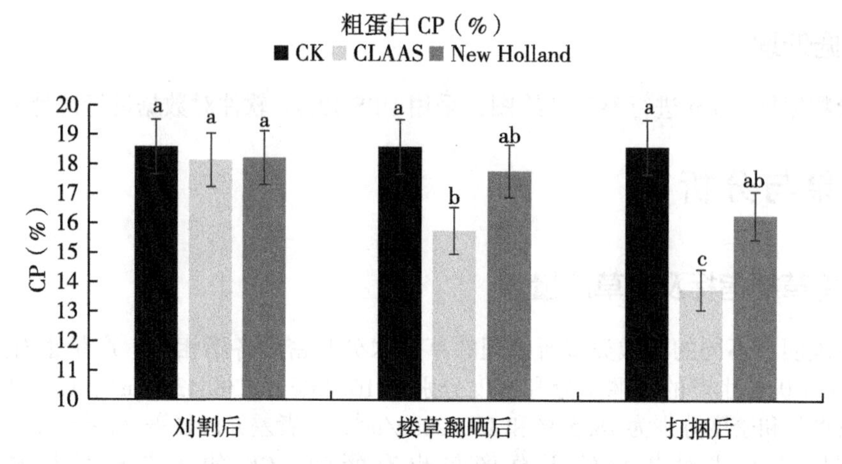

图 1　不同处理下苜蓿粗蛋白含量

New Holland 和 CLAAS 两种机械刈割后测定的中性洗涤纤维含量分别为 45.70% 和 46.35%，与 CK 相比，差异都不显著（$P>0.05$）；两种机械刈割后中性洗涤纤维含量互相比较，差异也不显著（$P>0.05$）。

中性洗涤纤维的含量在搂草翻晒等干燥环节也在发生着变化，不同机械作业后的中性洗涤纤维的含量各不相同。New Holland 机械搂草翻晒后中性洗涤纤维的含量为 47.07%，与 CK 相比，差异不显著（$P>0.05$）；CLAAS 机械搂草翻晒后中性洗涤纤维的含量为 48.57%，与 CK 相比，差异显著（$P<0.05$）；两种机械搂草翻晒后中性洗涤纤维含量互相比较，差异不显著（$P>0.05$）。

New Holland 机械打捆后中性洗涤纤维含量为 48.07%，与 CK 相比，差异不显著（$P>0.05$）；CLAAS 机械打捆后中性洗涤纤维含量为 50.05%，与 CK 相比，差异极显著（$P<0.01$）；两种机械打捆后中性洗涤纤维含量互相比较，差异显著（$P<0.05$）（图 2）。

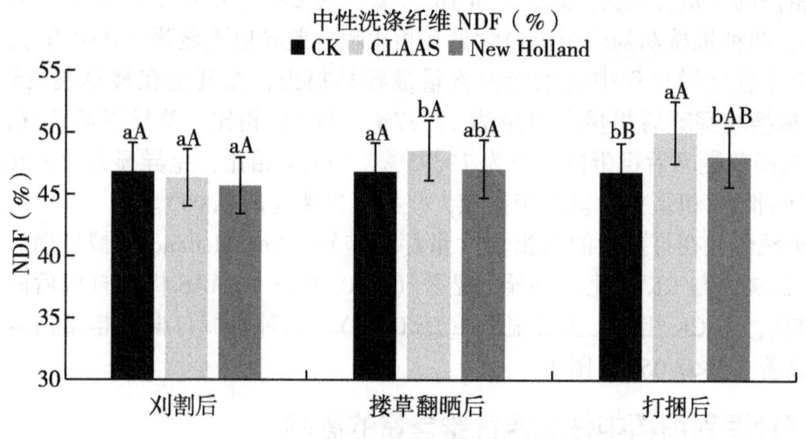

图 2　不同处理下苜蓿 NDF 含量

2.4 不同处理对苜蓿酸性洗涤纤维含量的影响

酸性洗涤纤维的含量在不同机械作业后有所不同，各个生产环节的酸性洗涤纤维的含量也存在差异。苜蓿经过 New Holland 和 CLAAS 两种机械刈割后测定的酸性洗涤纤维含量分别为 35.74%和 36.02%，与 CK 相比，差异都不显著（$P>0.05$）；两种机械刈割后酸性洗涤纤维含量互相比较，差异不显著（$P>0.05$）。

在搂草翻晒环节，New Holland 机械搂草翻晒后酸性洗涤纤维的含量为 38.34%，与 CK 相比，差异不显著（$P>0.05$）；CLAAS 机械搂草翻晒后酸性洗涤纤维的含量为 40.07%，与 CK 相比，差异显著（$P<0.05$）；两种机械搂草翻晒后酸性洗涤纤维含量互相比较，差异不显著（$P>0.05$）。

New Holland 机械打捆后酸性洗涤纤维含量为 38.86%，与 CK 相比，差异不显著（$P>0.05$）；CLAAS 机械打捆后酸性洗涤纤维含量为 41.12%，与 CK 相比，差异显著（$P<0.05$）；两种机械打捆后酸性洗涤纤维含量互相比较，差异不显著（$P>0.05$）（图 3）。

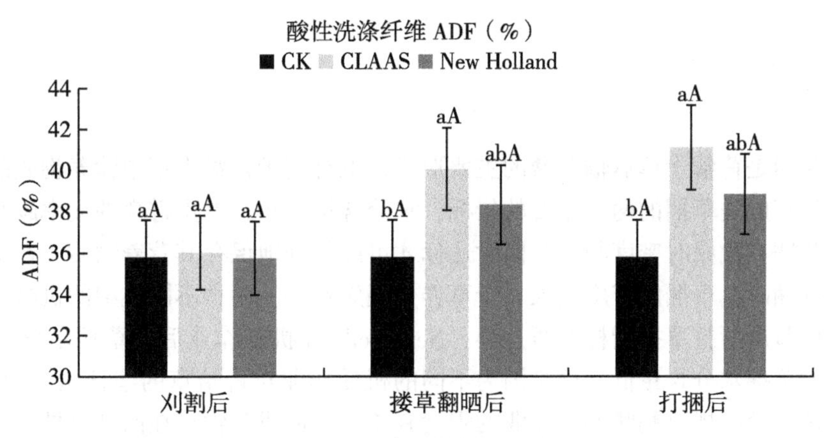

图 3 不同处理下苜蓿 ADF 含量

2.5 苜蓿干草相对饲用价值

不同的机械作业在不同的收获阶段苜蓿干草相对饲用价值变化动态显示，苜蓿经过 New Holland 和 CLAAS 两种机械刈割后苜蓿干草的 RFV 值分别为 124.29 和 122.11，与 CK 相比，差异不显著（$P>0.05$）；两种机械刈割后测定的苜蓿干草的 RFV 值互相比较，差异不显著（$P>0.05$）。

在搂草翻晒环节，New Holland 机械搂草翻晒后测定的苜蓿 RFV 值为 114.66，与 CK 相比，差异不显著（$P>0.05$）；CLAAS 机械搂草翻晒后测定的苜蓿 RFV 值为 112.66，与 CK 相比，差异显著（$P<0.05$）；两种机械搂草翻晒后测定的苜蓿 RFV 值相互比较，差异不显著（$P>0.05$）。

在打捆环节，苜蓿干草经过两种机械打捆后的 RFV 值差异较大。New Holland 机械打捆后苜蓿 RFV 值为 113.45，与 CK 相比，差异显著（$P<0.05$）；CLAAS 机械打捆后

苜蓿 RFV 值为 105.69，与 CK 相比，差异极显著（$P<0.01$）；两种机械打捆后苜蓿 RFV 值相互比较，差异显著（$P<0.05$）（图 4）。

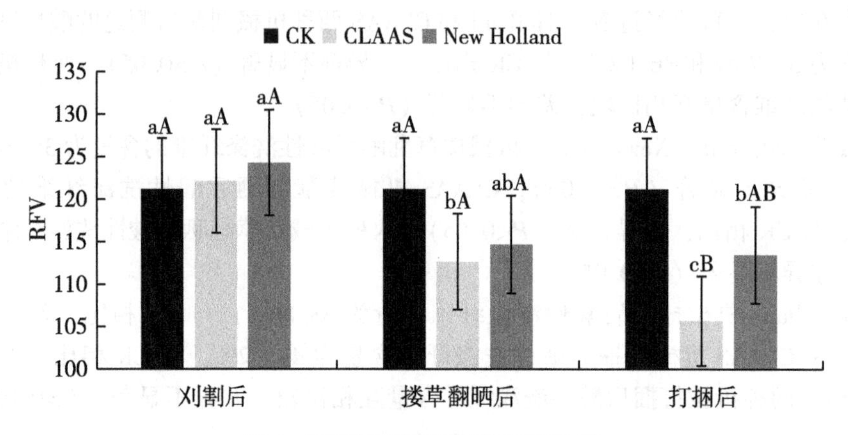

图 4　不同处理下苜蓿干草 RFV 值

3　讨论

苜蓿草捆是苜蓿干草运输贮藏的主要形式，也有利于苜蓿干草中营养物质的有效保存。水分和密度是草捆的两个重要的指标，水分含量越小，发生霉变的概率越小，贮藏越安全；草捆在贮藏时密度与水分同时达标才可以很好地保存其营养物质，在草捆的安全水分下打捆时，草捆的密度越大，干草养分损失越小。两种不同类型的机械在经过相同的生产环节后所打草捆指标有所差异，New Holland 机械作业后的草捆水分比 CLAAS 机械业后的草捆水分含量低，这是因为不同的机械作业对苜蓿草的茎秆压扁程度不同，也有可能是苜蓿在搂草翻晒环节作业的程度有差异，造成苜蓿草在两种机械作业时水分散失存在差异。

苜蓿干草产量是衡量苜蓿生产能力的重要指标，田间机械收获对苜蓿的收获产量有一定的影响。New Holland 机械收获的苜蓿产量显著高于 CLAAS 机械收获的产量，这是由于 New Holland 机械作业对苜蓿的叶片及茎秆损失较小；CLAAS 机械作业会在各个生产环节使苜蓿草的叶片脱落，尤其是在搂草翻晒环节最容易造成苜蓿叶片脱落，因此造成产量下降。

苜蓿干草品质的优劣取决于其营养成分的含量，而 CP、NDF 和 ADF 的含量是衡量苜蓿营养价值的主要指标。苜蓿叶片是富含蛋白质的组织，在收获过程中苜蓿叶片的保存率与苜蓿干草的 CP 含量成正相关，与 NDF 和 ADF 的含量呈负相关。研究通过两种机械对苜蓿干草收获后表明，在一定程度上两种机械作业都或多或少地降低了苜蓿的营养价值，但是每个生产环节的营养损失各不相同。在刈割环节，两种机械作业对于苜蓿的 CP、NDF 和 ADF 含量影响不大，这是因为苜蓿刈割时水分含量大，叶片及茎秆损失较小；而在搂草翻晒及打捆环节，两种机械作业对于苜蓿的 CP、NDF 和 ADF 含量影响显著，使得苜蓿干草的 CP 含量降低，NDF 和 ADF 的含量有所升高，究其原因是苜蓿的养分流失与晾晒时间成正相关。

4 结论

New Holland 机械作业生产的草捆水分较 CLAAS 机械作业的低 2.13%，密度也是其 1.5 倍，更有利于草捆的保存，养分损失也较小。两种机械收获的苜蓿干草产量差异不大。

苜蓿干草的 CP 含量与苜蓿品质成正相关。New Holland 和 CLAAS 机械作业对苜蓿干草 CP 的影响存在差异，在刈割阶段，CP 损失分别为 0.38%和 0.46%，CP 损失较小，二者差异不显著（$P>0.05$）；搂草翻晒阶段的 CP 损失分别为 0.82%和 2.84%，New Holland 机械显著比 CLAAS 机械 CP 损失小；打捆环节 CP 损失分别为 2.32%和 4.84%，二者表现为差异显著（$P<0.05$）。

刈割阶段两种机械作业后苜蓿的 NDF 和 ADF 的含量都没有大的变化；搂草翻晒和打捆阶段，New Holland 机械作业使苜蓿 NDF 和 ADF 的含量分别升高 0.23%和 2.53%，显著低于 CLAAS 机械作业后的 1.73%和 5.31%；两种机械打捆后，New Holland 机械使苜蓿 NDF 和 ADF 的含量分别升高 1.23%和 3.05%，也显著低于 CLAAS 机械作业后的 3.21%和 5.1%。

两种机械作业后，RFV 值在刈割阶段变化不大；在搂草翻晒和打捆环节，New Holland 机械使 RFV 值分别下降了 6.49%和 7.70%，显著低于 CLAAS 机械作业后的 8.49%和 15.46%。

New Holland 机械和 CLAAS 机械分别对大田苜蓿干草收获作业，刈割阶段时苜蓿的各营养成分变化不大；而搂草翻晒和打捆阶段，New Holland 机械作业对于苜蓿的养分损失较小，显著低于 CLAAS 机械。兵团推广 New Holland 机械收获牧草的模式，可降低苜蓿的营养损失，为畜牧业的发展提供优质的牧草。

参考文献（略）

基金项目：新疆生产建设国家牧草产业技术体系项目（CARS-34）。

第一作者：景鹏成（1992— ），男，甘肃民勤人，硕士研究生。

发表于《新疆农业科学》，2018，55（3）.

第七部分

绿洲区苜蓿青贮研究

青贮饲料不受环境影响且品质较好，苜蓿青贮对苜蓿饲草进一步高效利用具有重要意义。本部分主要介绍新疆绿洲区苜蓿与无芒雀麦混合青贮对发酵品质的影响、松针和苜蓿混合青贮对青贮品质动态变化的影响，以及添加麸皮、玉米粉、蔗糖对苜蓿青贮品质的影响研究，并介绍苜蓿青贮过程中霉菌毒素含量变化，以期为新疆绿洲区苜蓿青贮研究提供理论依据及实际指导。

紫花苜蓿与无芒雀麦混合青贮对发酵品质的影响

张战胜，孙国君，于　磊*，张前兵
（石河子大学动物科技学院，新疆　石河子　832000）

摘　要：为探讨紫花苜蓿与无芒雀麦不同比例混合青贮对发酵品质的影响，开展苜蓿、无芒雀麦分别单独青贮和苜蓿+无芒雀麦以9：1、7：3、5：5比例混合处理青贮对发酵品质及营养成分变化的影响研究。结果表明，3个混合青贮的发酵品质及营养成分与分别单独青贮其差异显著。单独苜蓿青贮的氨态氮、酸性洗涤纤维（ADF）、中性洗涤纤维（NDF）含量最高，乳酸含量最低，青贮饲料发酵品质差。紫花苜蓿+无芒雀麦混合7：3比例青贮后，氨态氮、ADF、NDF含量低，乳酸含量和粗蛋白保持率最高。因此，建议在青贮发酵过程中，以紫花苜蓿+无芒雀麦7：3比例混合青贮，有利于提高青贮饲料的发酵品质。

关键词：紫花苜蓿；无芒雀麦；混合青贮；发酵品质

紫花苜蓿是世界上广泛种植的饲料作物，具有丰富的营养价值，享有“牧草之王”的美誉。目前国内苜蓿生产主要以调制青干草为主，调制过程中，因受环境和苜蓿自身的生物学特性影响与制约，苜蓿在调制过程中其蛋白质损失高达20%~40%。青贮饲料不受环境影响且品质好等是养殖业生产中推崇的调制方法。苜蓿由于可溶性碳水化合物含量低、缓冲能高的特点，直接青贮很难达到理想的发酵状态。国外对添加剂在苜蓿青贮中的应用进行了大量的研究与探索，这些理论研究在我国很难得到推广应用。我国有关研究报道表明，紫花苜蓿与无芒雀麦混播可以提高两种牧草的饲用价值，且有较高的产量，并且用紫花苜蓿与禾本科牧草混合青贮可以得到优质的青贮饲料。本研究以紫花苜蓿与无芒雀麦混播人工草地提供原料为基础，开展有关混合青贮研究，为确定适宜的苜蓿与无芒雀麦混播比例和提高苜蓿混合青贮饲料品质提供科学依据。

1　材料与方法

1.1　材料

1.1.1　青贮原料

青贮原料取自石河子大学苜蓿与无芒雀麦牧草混播人工草地试验地。地理坐标为44°20′N，88°30′E，海拔为420m。样品采集时苜蓿（甘农3号）处于初花期，无芒雀麦（新雀1号）处于结实初期。

1.1.2 试验处理

设单独苜蓿、无芒雀麦青贮；苜蓿与无芒雀麦混合青贮，其比例设9：1、7：3、5：5；共5个试验组。其青贮原料具体特性（DM%）见表1。

表1 苜蓿与无芒雀麦青贮原料特性 （单位：DM%）

指标	粗蛋白	中性洗涤纤维	酸性洗涤纤维	WSC
苜蓿	20.62	39.01	29.89	3.93
无芒雀麦	14.36	50.26	35.59	5.19

1.2 方法

1.2.1 分组及青贮饲料制作

分5个试验组：A. 苜蓿；B. 无芒雀麦；C. 90%苜蓿+10%无芒雀麦；D. 70%苜蓿+30%无芒雀麦；E. 50%苜蓿+50%无芒雀麦。各试验组不加任何添加剂，重复3次。在人工草地田间同时刈割后，采用多点采样。样品含水率为65%~70%。手工切短至1cm左右，并混合均匀后，装入容量为1.38L的玻璃发酵罐中，置于室内17~37℃下，青贮30d。

1.2.2 感官评定

采用德国农业协会评分法。即根据气味、质地、色泽3项指标进行评分，满分为20分，16~20分为优良，10~15分为良好，5~9分为中等，0~4分为腐败。

1.2.3 实验室评定方法

采用精密酸度计测定pH值；采用对羟基联苯比色法测定乳酸（LA）含量；采用范式纤维测定法测定中性洗涤纤维（NDF）和酸性洗涤纤维（ADF）含量；采用蒽酮比色法测定可溶性糖（WSC）含量；采用比色法测定氨态氮（NH_3-N）含量；采用凯氏定氮法测定粗蛋白含量。

1.2.4 数据分析与处理

试验数据采用Excel 2003进行数据整理，SPSS 17.0进行统计分析。

2 结果与分析

2.1 青贮饲料感官评定

单独苜蓿青贮后，具有微弱的丁酸臭味，茎叶结构保持较差，色泽为黄褐色，青贮效果感官评定为三级（中等）；无芒雀麦单独青贮，几乎无酸味，茎叶结构保持良好，色泽为淡褐色，青贮效果同为三级（中等），但色泽和质地都优于苜蓿青贮。混合青贮中，3个混合比例青贮后，青贮效果感官评定均达到一级（优良）水平；但9：1与5：5处理气味较7：3处理差（表2）。

表2　紫花苜蓿与无芒雀麦不同处理对青贮饲料的感官评定

处理	色泽（得分）	气味（得分）	质地（得分）	总分	等级
A	黄褐色（1分）	具有丁酸臭味（2分）	茎叶结构保持较差（2分）	5分	3级（中等）
B	淡褐色（2分）	几乎无酸味（2分）	茎叶结构保持良好（4分）	8分	3级（中等）
C	亮黄色（2分）	芳香味弱（10分）	茎叶结构保持良好（4分）	16分	1级（优良）
D	亮黄色（2分）	芳香果味（14分）	茎叶结构保持良好（4分）	20分	1级（优良）
E	亮黄色（2分）	芳香味弱（10分）	茎叶结构保持良好（4分）	16分	1级（优良）

注：A. 单独苜蓿，B. 单独无芒雀麦，C. 90%苜蓿+10%无芒雀麦，D. 70%苜蓿+30%无芒雀麦，E. 50%苜蓿+50%无芒雀麦。

2.2　实验室评定

2.2.1　青贮处理对pH值的影响

单独苜蓿、无芒雀麦、混合比例分别为90%苜蓿+10%无芒雀麦、70%苜蓿+30%无芒雀麦、50%苜蓿+50%无芒雀麦青贮处理，其测定的pH值依次为5.53、4.57、4.37、4.30、4.43，可以看出混合青贮处理pH值最低，且3个混播处理间没有明显差异（$P<0.05$）；以单独苜蓿青贮处理pH值最高，单独无芒雀麦青贮处理pH值次之。

2.2.2　各青贮处理对氨态氮含量的影响

混合处理组氨态氮含量显著低于单播处理组（$P<0.05$）；其中单独无芒雀麦青贮处理的氨态氮含量比单独苜蓿青贮处理低30.92%，差异极显著（$P<0.01$）。混合组3个青贮处理9：1、7：3、5：5的氨态氮含量比单独苜蓿青贮处理分别低56.76%、54.81%、51.90%，比单独无芒雀麦青贮处理分别低37.41%、34.58%，30.37%。混合青贮处理中9：1与7：3青贮料的氨态氮含量没有明显差异（$P>0.05$），但显著低于混合青贮5：5处理（$P<0.05$）（图1）。

2.2.3　青贮处理对乳酸含量的影响

混合青贮处理组的乳酸含量显著高于单独青贮处理组（$P<0.05$）；其中单独无芒雀麦青贮处理的乳酸含量比单独苜蓿青贮处理高4.75%，差异显著（$P<0.05$）。混合青贮9：1、7：3、5：5 3个处理组中乳酸含量比单独苜蓿青贮处理组分别依次高42.57%、46.69%、46.74%，比单独无芒雀麦青贮处理组分别依次高39.70%、44.04%、44.08%。混合青贮处理的7：3与5：5其乳酸含量没有明显差异（$P>0.05$），但显著高于混合9：1处理组（$P<0.05$）（图2）。

2.2.4　青贮处理对可溶性糖（WSC）含量的影响

单独苜蓿青贮处理的WSC含量显著高于其他各处理组（$P<0.05$）。混合青贮9：1、7：3、5：5处理的WSC含量之间没有显著差异（$P>0.05$），其中混合9：1和

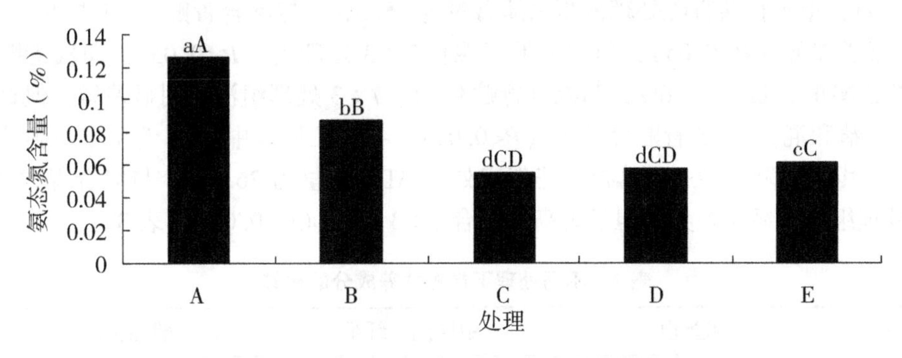

图 1　不同处理对青贮氨态氮含量的影响

A. 单播紫花苜蓿青贮；B. 单播无芒雀麦青贮；C. 混播比例 9∶1 青贮；D. 混播比例 7∶3 青贮；E. 混播比例 5∶5 青贮。柱图上不同小写字母表示差异显著（$P<0.05$）；不同大写字母表示差异极显著（$P<0.05$），下同。

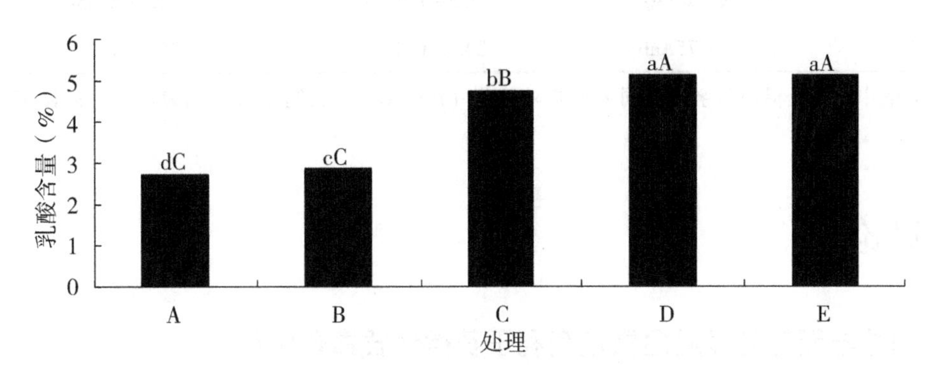

图 2　不同处理对青贮乳酸含量的影响

5∶5 与单独无芒雀麦青贮处理的 WSC 含量没有显著差异（$P>0.05$），但混合 7∶3 处理的 WSC 含量低于无芒雀麦青贮处理 26.82%，差异显著（$P<0.05$）（图 3）。

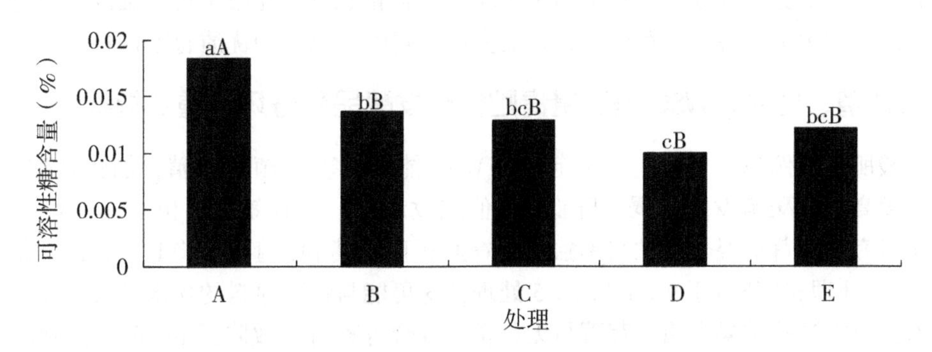

图 3　不同处理对青贮可溶性糖含量的影响

2.2.5　青贮处理对营养成分的影响

混合青贮 3 个处理与单独苜蓿处理的青贮料中蛋白质保持率显著高于无芒雀麦处理

($P<0.05$),单独苜蓿青贮处理的蛋白质含量为16.3%,与混合青贮9:1与5:5处理组没有显著差异($P>0.05$),但明显低于混合7:3处理组($P<0.05$)。单独青贮处理无芒雀麦NDF含量为31.6%,与混合青贮9:1、7:3处理组没有明显差异,但显著低于单独苜蓿和混合5:5青贮处理组($P<0.05$)。各青贮处理中ADF含量以单独苜蓿青贮最高,其含量为27.7%;单独无芒雀麦处理ADF含量为26.1%,与混合青贮9:1、5:5处理组没有显著差异,但显著高于混合7:3处理($P<0.05$)(表3)。

表3 不同处理下青贮营养成分的比较

处理	粗蛋白	中性洗涤纤维	酸性洗涤纤维
A	16.3±0.25Ab	34.3±0.46a	27.7±0.26a
B	9.5±0.64Bc	31.6±1.68b	26.1±0.30bc
C	17.2±0.40Aab	31.2±0.85b	25.6±0.54c
D	17.9±0.60Aa	32.5±0.46ab	24.3±0.45d
E	17.2±0.75Aab	34.0±0.70a	26.1±1.24b

注:表中同列上标小写字母不同表示差异显著($P<0.05$),大写字母不同表示差异极显著($P<0.01$)。

3 讨论

3.1 苜蓿与无芒雀麦混合青贮有利于获得优质青贮饲料

苜蓿富含粗蛋白,具有较高的营养价值,由于含水量和缓冲能高、WSC含量低的特点,直接青贮时很难获得优质的青贮饲料。禾本科牧草无芒雀麦粗蛋白含量偏低,含水量和缓冲能较低,WSC含量高,较易青贮保存。采用苜蓿和无芒雀麦混合青贮处理进行青贮发酵试验研究表明,苜蓿与无芒雀麦混合青贮有效克服了苜蓿难以单独青贮和发酵品质差的弊端,说明了苜蓿与无芒雀麦混合青贮可以得到优质青贮饲料。

3.2 pH值、乳酸、WSC是衡量青贮饲料发酵品质好坏的重要指标

乳酸所占比例越大,发酵品质越佳。WSC能促进乳酸菌的繁殖,加快乳酸产生,其含量越高,乳酸菌发酵越弱,降低pH值成效越好,可有效抑制植物体内蛋白酶活性。本研究中,苜蓿混合青贮与单独苜蓿青贮相比,其pH值呈下降趋势,3个混合青贮中7:3处理pH值低于9:1和5:5处理,这可能与青贮原料的含水量与缓冲能值的不同有关。本试验结果表明,苜蓿与无芒雀麦混合青贮可有效降低pH值、抑制不良微生物的繁殖、提高乳酸的含量。3个混合处理的乳酸含量比单独苜蓿青贮平均上升了45.33%,比单独无芒雀麦青贮平均上升了42.60%。随着青贮料乳酸的增高,WSC被有效降解,促进了醋酸菌的繁殖,提高了青贮饲料的发酵品质。总体而言,苜蓿混合处理的青贮发酵品质好,本试验中以7:3混合处理的青贮发酵效果最佳,这与蒋慧等在

混合比例 5∶5 青贮效果最佳的研究有差异，这可能与青贮原料含水量及青贮时的环境条件不同有关。

3.3 苜蓿混合青贮有利于提高青贮饲料品质

氨态氮与总氮的比值反映青贮饲料中蛋白质与氨基酸被分解的程度，比值越大，说明蛋白质分解越多，青贮品质不佳。本研究表明，混合青贮处理的氨态氮含量明显低于单独青贮；其中单独苜蓿青贮氨态氮含量平均高出 3 个混合青贮处理 54.49%，高于无芒雀麦青贮处理 30.92%，单独无芒雀麦青贮处理的氨态氮含量平均高于混合青贮处理 34.12%。3 个混合青贮处理中 5∶5 处理氨态氮含量显著低于 9∶1 和 7∶3 处理。苜蓿混合青贮能够有效降低青贮发酵过程中氨态氮的含量，提高青贮发酵品质。

粗蛋白、中性洗涤纤维、酸性洗涤纤维的含量多寡是评价青贮饲料品质优劣的重要指标。粗蛋白含量越高，其营养价值越高。中性洗涤纤维和酸性洗涤纤维是反映粗纤维质量好坏最有效的指标，酸性洗涤纤维与动物消化率呈负相关，其含量越低，青贮饲料的可消化率越高，则饲用价值越大。苜蓿青贮时与原料相比，真蛋白含量下降，占总氮的 20%~40%，随着时间的增加，损失率也在增加。低 pH 值能抑制不良微生物的生长，提高了乳酸的含量，从而促进乳酸菌的繁殖，降低了青贮饲料中氨态氮的含量，进而有效地抑制了粗蛋白的分解，提高了青贮饲料的品质。本研究中，无芒雀麦粗蛋白（14.36%）含量显著低于各处理组；单独苜蓿青贮粗蛋白含量（20.62%）与混合青贮 9∶1 与 5∶5 比例间没有显著差异，但要显著低于混合 7∶3 比例处理。混合5∶5、7∶3 比例处理的 NDF 含量接近单独苜蓿青贮处理，显著高于单独无芒雀麦和混合 9∶1 处理。这一结果可能与青贮原料本身的含水率及缓冲能值有关。单独苜蓿青贮处理 ADF 含量显著高于其他各处理，混合 9∶1 与 5∶5 比例处理 ADF 含量接近于单独无芒雀麦青贮处理，显著低于混合 7∶3 比例处理。苜蓿混合青贮可以提高蛋白质的保持率，有效改善饲料营养价值，并降低了 ADF 的含量，提高了牧草的消化率。

4 结论

单独苜蓿、无芒雀麦青贮处理的粗蛋白及中性洗涤纤维和酸性洗涤纤维的含量都呈现下降趋势。特别是苜蓿青贮后有强烈丁酸臭味，质地相对较差。无芒雀麦青贮后芳香味弱，质地良好，但颜色相对较差。两种牧草青贮发酵品质感官评定为中等。

苜蓿与无芒雀麦混合青贮，其营养价值与发酵品质都高于单独苜蓿和无芒雀麦处理，蛋白质保持率增高，酸性洗涤纤维的含量明显下降。混合青贮 pH 值明显下降，抑制了蛋白酶的活性，并提高了乳酸的含量，加快了可溶性糖的降解速度，降低了青贮饲料中氨态氮的含量，进而降低了蛋白质的分解，保持了高蛋白的营养价值。

苜蓿与无芒雀麦三个比例（9∶1、7∶3、5∶5）混合青贮的发酵品质评定为优良，都达到了优质青贮饲料的标准，其中以苜蓿混合 7∶3 比例处理的发酵品质最佳。

参考文献（略）

基金项目：石河子大学重大科技攻关计划项目（gxjs2012-zdgg05-01）。
第一作者：张战胜（1988— ），男，河南郑州人，硕士研究生。

发表于《草食家畜》，2014（5）.

松针和苜蓿混合青贮对青贮品质动态变化的影响

谭秀丽，黄嵘峥，孙国君

（石河子大学动物科技学院，新疆　石河子　832000）

摘　要：研究不同比例松针与苜蓿混贮对青贮品质的影响，即试验将松针和苜蓿按不同比例［纯苜蓿（M）和松针、苜蓿混合比为 1∶9（H1）、3∶7（H2）、5∶5（H3）］混贮，在青贮第 1 天、第 3 天、第 5 天、第 7 天、第 14 天、第 30 天测定了混合青贮饲料的 pH 值、氨态氮（NH_3-N）、乳酸（LA）、可溶性碳水化合物（WSC）含量。结果表明：在青贮整个过程中，各试验组的可溶性碳水化合物、pH 值均呈下降趋势，氨态氮、乳酸均呈上升趋势；对照组在青贮 7d 以后 pH 值呈上升趋势，乳酸含量呈下降趋势。至青贮结束时，各试验组 pH 值、氨态氮含量显著低于对照组（$P<0.05$），可溶性碳水化合物、乳酸含量高于对照组，其中乳酸含量显著高于对照组（$P<0.05$）。

关键词：松针；苜蓿；混合青贮；干物质；青贮品质

中图分类号：S816.5⁺3

紫花苜蓿是世界公认的优质豆科牧草，素有“牧草之王”的美称，含有较高的蛋白质、维生素和矿物质，而粗纤维含量较低、适口性好、消化率高，是高产奶牛养殖必需的饲料。若苜蓿以干草形态收获，含蛋白质高的花蕾和叶片损失很大，维生素的损失也多。青贮则可避免这些损失，还可增进家畜的消化利用效率。但是由于苜蓿的可溶性碳水化合物含量低、缓冲容量高等特性使其不易青贮。目前国内外关于苜蓿青贮的研究主要集中在向青贮中添加发酵液、乳酸菌制剂和酶制剂等，但基本都是实验室内基础性和理论性的研究，推广应用难度较大。生产上可利用的半干青贮技术，由于水分要求严格（45%~50%），实际操作不易掌握。

松针是松科松属植物的叶，别名松毛，是松树类植物的主要副产品之一，也是一种来源广泛、再生速度快、采收时间长、储蓄量大的天然可再生资源。松针含有丰富的蛋白质、脂肪、维生素等营养物质，同时含有生物活性物质植物杀菌素等，具有广谱抗菌的作用。植物杀菌素青贮法的理论根据是由于寄生在植物性饲料上的一些生物含有抑制酶、抑制细菌，并具有杀菌和防腐功能的生物学活性物质，它们相互发生作用，能抑制厌氧环境下青贮饲料中微生物的生物活性。研究表明，将苜蓿和具有植物杀菌素特性的植物落叶松、雪松松针按 1∶1 的比例制成的青贮料，试验时间为 30d，其 pH 值和产气量最低，说明添加了松针后该青贮料中微生物区系的发酵过程和生命活动都受到极大的抑制。试验以松针和苜蓿为研究对象，通过分析二者不同比例混贮的营养成分及青贮品质动态变化规律，确立合理的混贮比例，为苜蓿青贮提供一种新的思路和方法。

1 材料与方法

1.1 苜蓿、松针

苜蓿，由石河子大学动物科技学院试验田种植，于生长当年第 2 茬初花期收割（7 月下旬）；马尾松松针，于石河子大学校园采摘。

1.2 试验设计

试验共 4 个处理，纯苜蓿（M）和松针、苜蓿混合比为 1∶9（H1）、3∶7（H2）、5∶5（H3），每个处理设 3 个重复。用青贮罐青贮，分别于发酵 0、1d、3d、5d、7d、14d、30d 打开青贮罐取样。

1.2.1 青贮饲料的调制

将苜蓿和松针切碎至 1cm 左右，按设计比例混匀、填装，使用玻璃密封罐保存，压实密封，于室温下保存。

1.2.2 样品预处理

在青贮的 0、1d、3d、5d、7d、14d、30d 分别打开青贮罐，用四分法从中取约 20g 样品，放入 200mL 的广口三角瓶中，加入 80mL 纯化水后，置于 4℃ 冰箱内浸提 24h。然后通过两层纱布和滤纸过滤，将滤液置于 20mL 的塑料管，在-20℃ 冰箱中冷冻保存，待测。

其余的青贮料于 70℃ 烘箱中烘干、粉碎，过 40 目筛，放于样品自封袋中，置干燥、阴凉处避光保存。

1.3 测定项目

1.3.1 外观品质评定

依据我国 2011 年农业部下发的《青贮饲料质量评定标准》，从色泽、气味、质地和霉变等方面对青贮饲料的品质进行评定。

1.3.2 青贮指标

pH 值：取青贮饲料鲜样 20g，加入 80mL 纯化水，置于 4℃ 冰箱内浸提 24h 制成青贮浸提液，用 pH 计测定浸提液的 pH 值；氨态氮采用苯酚—次氯酸钠比色法测定；乳酸采用对羟基联苯比色法测定；可溶性碳水化合物采用蒽酮比色法测定；粗蛋白采用凯氏定氮法测定；干物质用烘箱烘干法测定，在 70℃ 下烘 48h。

1.4 数据统计分析

试验数据采用 Excel 软件整理，用 SPSS 17.0 软件进行 ANOVA 方差分析，用邓肯氏法进行多重比较。

2　结果与分析

2.1　青贮原料的化学成分

松针中粗蛋白、中性洗涤纤维、酸性洗涤纤维和可溶性碳水化合物含量均显著低于苜蓿。松针和苜蓿按不同比例混合后，粗蛋白、中性洗涤纤维、酸性洗涤纤维和可溶性碳水化合物含量随着松针比例的增加而减少（表1）。

表1　青贮原料的化学成分（干物质）　　(单位:%)

项目	S	M	H1	H2	H3
粗蛋白	8.43 ± 0.17	18.10 ± 0.12	15.11 ± 0.03	12.37 ± 0.20	11.03 ± 0.10
中性洗涤纤维	28.00 ± 0.58	48.08 ± 2.52	44.70 ± 2.12	41.56 ± 1.86	38.35 ± 1.89
酸性洗涤纤维	22.56 ± 0.83	43.05 ± 0.36	38.49 ± 1.33	38.15 ± 0.26	31.86 ± 1.06
可溶性碳水化合物	1.34 ± 0.02	2.41 ± 0.01	2.30 ± 0.01	2.13 ± 0.01	1.97 ± 0.03

注：S为松针。

2.2　青贮饲料的感官评定

从感官上来看，随着青贮时间的延长，各试验组青贮饲料的颜色逐渐由绿色变为黄绿色，无霉变情况发生，质地较好，无黏手现象，有酸香味和淡淡的松针清香味。对照组前期的变化和试验组一样，但14d以后开始发生霉变，青贮料茎叶结构不完整、结块、黏手，颜色逐渐变暗、发黑，有腐臭味。

2.3　青贮发酵过程中pH值动态变化

由表2可知，随着青贮时间的延长，pH值也随之发生变化。青贮0~3d，pH值急剧下降，3d后pH值虽略有波动但基本处于稳定状态。青贮0~7d，各组pH值持续下降，至青贮第7天M组pH值达到最低值，为4.65。青贮7~14d，M组、H1组和H2组pH值均略有上升，H3组pH值略有下降。青贮14~30d，M组pH值大幅上升，H3组pH值略有上升，H1和H2组pH值略有下降。青贮过程中相同时间点各组的pH值存在一定差异。青贮1~7d，M组pH值均低于试验组，差异显著（$P<0.05$）。青贮第30天，M组pH值显著大于各试验组（$P<0.05$）。

表2　不同比例松针和苜蓿混合青贮pH值动态变化

试验时间（d）	M	H1	H2	H3
0	$5.543^{b}\pm 0.018$	$5.610^{a}\pm 0.015$	$5.646^{a}\pm 0.019$	$5.650^{a}\pm 0.021$
1	$5.076^{c}\pm 0.018$	$5.230^{b}\pm 0.006$	$5.367^{a}\pm 0.019$	$5.410^{a}\pm 0.035$

（续表）

试验时间（d）	M	H1	H2	H3
3	4. 750[d]± 0. 015	4. 850[c]± 0. 023	5. 010[b]± 0. 038	5. 153[a]± 0. 023
5	4. 727[c]± 0. 035	4. 837[b]± 0. 007	4. 920[a]± 0. 006	4. 987[a]± 0. 022
7	4. 647[c]± 0. 020	4. 757[b]± 0. 003	4. 857[a]± 0. 012	4. 877[a]± 0. 032
14	4. 793[a]± 0. 038	4. 787[a]± 0. 038	4. 890[a]± 0. 032	4. 837[a]± 0. 007
30	5. 323[a]± 0. 032	4. 760[c]± 0. 010	4. 823[bc]± 0. 038	4. 867[b]± 0. 019

注：同行数据肩标字母完全不同表示差异显著（$P<0.05$），含有相同字母表示差异不显著（$P<0.05$）。

2.4 青贮发酵过程中氨态氮含量动态变化

由表 3 可以看出，苜蓿青贮过程中氨态氮含量随时间的延长而发生变化。青贮 0~3d，各试验组氨态氮含量增加趋势很缓慢，第 5 天至青贮结束，氨态氮含量增加的幅度变大。在整个青贮过程中，M 组氨态氮含量始终高于各试验组；青贮 7~30d，M 组氨态氮含量大幅增加，青贮结束时，M 组氨态氮含量显著高于各试验组（$P<0.05$）。各试验组之间，青贮 1~30d，H3 组氨态氮含量始终低于 H1 和 H2 组，且差异显著（$P<0.05$）。从青贮开始至青贮结束时，M 组氨态氮增幅为 75. 66%，H1 增幅为 66. 48%，H2 增幅为 64. 16%，H3 增幅为 59. 97%，M 组氨态氮的增幅显著大于各试验组（$P<0.05$）。由此可见，所有试验组氨态氮含量较 M 组低，从而减少了饲料蛋白质的分解。

表 3　不同比例松针和苜蓿混合青贮氨态氮含量（干物质）动态变化（单位：%）

试验时间（d）	M	H1	H2	H3
0	2. 393[a]± 0. 027	2. 360[a]± 0. 015	2. 380[a]± 0. 021	2. 347[a]± 0. 026
1	2. 480[a]± 0. 017	2. 413[b]± 0. 007	2. 457[ab]± 0. 023	2. 383[c]± 0. 018
3	3. 383[a]± 0. 012	3. 267[b]± 0. 028	2. 820[c]± 0. 015	2. 550[d]± 0. 046
5	4. 867[a]± 0. 107	4. 560[b]± 0. 020	3. 923[c]± 0. 007	3. 273[d]± 0. 020
7	5. 770[a]± 0. 015	5. 330[b]± 0. 020	5. 047[c]± 0. 020	4. 387[d]± 0. 035
14	7. 763[a]± 0. 012	6. 183[b]± 0. 012	6. 153[b]± 0. 015	5. 127[c]± 0. 028
30	9. 823[a]± 0. 018	7. 040[b]± 0. 036	6. 633[c]± 0. 027	5. 870[d]± 0. 017

注：同行数据肩标字母完全不同表示差异显著（$P<0.05$），含有相同字母表示差异不显著（$P<0.05$）。

2.5 青贮发酵过程中乳酸含量动态变化

由表 4 可以看出，青贮 0~7d，M 组和各试验组乳酸含量变化趋势趋于一致，即随着青贮时间的延长，乳酸含量呈稳定上升趋势；青贮 7~14d，M 组乳酸含量略有下降，而各试验组乳酸含量继续呈稳定上升趋势；青贮 14~30d，M 组乳酸含量急剧下降，各试验组乳酸含量显著增加（$P<0.05$）。各试验组之间，青贮第 1 天，H3 组乳酸含量显著低于 H1 和 H2 组（$P<0.05$）；青贮第 3 天，乳酸含量 H3 组<H1 组<H2 组；青贮 5~30d，乳酸含量 H3 组<H2 组<H1 组，差异显著（$P<0.05$）。青贮 3~14d，M 组乳酸含量均高于各试验组，差异显著（$P<0.05$）。青贮结束时，M 组乳酸含量达到最低，为 1.64%，显著低于 H1、H2、H3（$P<0.05$）。

表 4　不同比例松针和苜蓿混合青贮乳酸含量（干物质）动态变化　（单位:%）

试验时间（d）	M	H1	H2	H3
0	$0.127^{a}\pm0.003$	$0.113^{b}\pm0.003$	$0.103^{b}\pm0.003$	$0.127^{a}\pm0.003$
1	$0.223^{a}\pm0.009$	$0.223^{a}\pm0.009$	$0.243^{a}\pm0.009$	$0.173^{b}\pm0.009$
3	$0.847^{a}\pm0.012$	$0.613^{c}\pm0.007$	$0.773^{b}\pm0.013$	$0.440^{d}\pm0.006$
5	$1.773^{a}\pm0.003$	$1.423^{b}\pm0.009$	$1.350^{c}\pm0.021$	$1.240^{d}\pm0.015$
7	$2.477^{a}\pm0.019$	$2.187^{b}\pm0.009$	$1.923^{c}\pm0.012$	$1.777^{d}\pm0.012$
14	$2.360^{a}\pm0.009$	$2.230^{b}\pm0.000$	$2.123^{c}\pm0.019$	$2.013^{d}\pm0.014$
30	$1.643^{d}\pm0.019$	$2.267^{a}\pm0.009$	$2.190^{b}\pm0.015$	$2.037^{c}\pm0.021$

注：同行数据肩标字母完全不同表示差异显著（$P<0.05$），含有相同字母表示差异不显著（$P<0.05$）。

2.6　青贮发酵过程中可溶性碳水化合物含量动态变化

由表 5 可见，对照组和各试验组可溶性碳水化合物含量在整个青贮过程中呈逐渐下降的趋势。青贮第 1 天、第 7 天，M 组可溶性碳水化合物含量与各试验组差异不显著（$P<0.05$）。青贮第 3 天，H1 和 H2 组可溶性碳水化合物含量高于对照组，但差异不显著（$P<0.05$）；青贮第 5 天，H2 组可溶性碳水化合物含量显著高于对照组（$P<0.05$）；青贮第 14 天，H2 和 H3 组可溶性碳水化合物含量显著高于对照组（$P<0.05$）；青贮结束时（第 30 天），H2 和 H3 组可溶性碳水化合物含量显著高于对照组（$P<0.05$）。各试验组中，H2 组的青贮料可溶性碳水化合物含量下降幅度最小，从青贮第 3 天至青贮结束时，其可溶性碳水化合物含量一直相对较高。对照组的可溶性碳水化合物含量下降幅度最大，达到 55.94%，H1 组下降了 49.97%，H2 组下降了 37.56%，H3 组下降了 38.58%。

表 5　不同比例松针和苜蓿混合青贮可溶性碳水化合物含量（干物质）动态变化

（单位:%）

试验时间（d）	M	H1	H2	H3
0	$2.407^{a}\pm0.013$	$2.300^{b}\pm0.006$	$2.133^{c}\pm0.012$	$1.970^{d}\pm0.035$
1	$2.020^{a}\pm0.055$	$2.067^{a}\pm0.099$	$2.020^{a}\pm0.032$	$1.860^{a}\pm0.023$
3	$1.717^{ab}\pm0.054$	$1.753^{ab}\pm0.070$	$1.877^{a}\pm0.032$	$1.687^{b}\pm0.035$

（续表）

试验时间（d）	M	H1	H2	H3
5	$1.477^{b}\pm 0.091$	$1.610^{ab}\pm 0.040$	$1.710^{a}\pm 0.042$	$1.573^{ab}\pm 0.020$
7	$1.383^{a}\pm 0.102$	$1.430^{a}\pm 0.025$	$1.563^{a}\pm 0.015$	$1.467^{a}\pm 0.034$
14	$1.183^{b}\pm 0.067$	$1.307^{ab}\pm 0.015$	$1.427^{a}\pm 0.033$	$1.333^{a}\pm 0.023$
30	$1.067^{c}\pm 0.009$	$1.150^{bc}\pm 0.032$	$1.327^{a}\pm 0.039$	$1.213^{b}\pm 0.038$

注：同行数据肩标字母完全不同表示差异显著（$P<0.05$），含有相同字母表示差异不显著（$P<0.05$）。

3 结论

苜蓿与松针混合青贮较苜蓿单独青贮提高了青贮品质和营养价值，可以很好地解决苜蓿难以调制优质青贮的问题。松针和苜蓿（1∶9、3∶7、5∶5）3种不同比例混合青贮均取得了良好的青贮效果，综合评定，3∶7和5∶5比例的混贮效果均较好。说明松针和苜蓿混合青贮在实践上是可行的。

参考文献（略）

基金项目：石河子大学重大科技攻关项目（gxjs2012-zdgg05-03）。
第一作者：谭秀丽（1984— ），女，硕士研究生。

发表于《黑龙江畜牧兽医》，2015（19）.

添加麸皮、玉米粉、蔗糖对苜蓿青贮品质的影响

丁秋芸，张战胜，孙国君，于　磊

（石河子大学动物科技学院，新疆　石河子　832000）

摘　要：本试验旨在研究添加麸皮、玉米粉、蔗糖对紫花苜蓿青贮品质的影响。试验设 4 个处理，紫花苜蓿单独青贮为对照组，苜蓿鲜草中分别添加 20%麸皮、10%玉米粉、紫花苜蓿 2%蔗糖混合后青贮。青贮 30d 后，对其感官品质、发酵品质和营养成分进行分析。结果表明，与对照组比较，在紫花苜蓿中添加 20%麸皮、10%玉米粉、2%蔗糖可显著降低青贮饲料的 pH 值、可溶性糖、中性洗涤纤维和酸性洗涤纤维含量（$P<0.05$）；提高乳酸、乙酸、丙酸和粗蛋白含量（$P<0.05$）。在紫花苜蓿中添加麸皮、玉米粉、蔗糖可显著提高苜蓿青贮品质。综合考虑，添加 10%玉米粉的苜蓿青贮品质最佳。

关键词：蔗糖；麸皮；玉米粉；苜蓿青贮；品质

在调制苜蓿干草的过程中，由于叶片脱落及雨淋等因素的影响，均会引起苜蓿干草的营养损失，一般损失率在 30%左右，而苜蓿青贮是克服该弊端的有效措施。苜蓿青贮与苜蓿干草比较，受天气影响小，能降低田间损失，保存更多的养分。但由于苜蓿糖分含量低、水分高、缓冲度大，苜蓿原料乳酸菌含量少，因此采用利用乳酸菌发酵的常规青贮技术很难调制优质的苜蓿青贮饲料。目前研究表明，由于麸皮、玉米粉、蔗糖、糖蜜等糖分含量高，将这些富含可溶性糖的农副产品与苜蓿进行混合青贮，可改善苜蓿青贮发酵品质和提高其饲用价值。为此，本试验选择新疆绿洲区常见农副产品麸皮、玉米粉、蔗糖为添加剂，与苜蓿青贮，研究其对苜蓿青贮品质的影响，为不同地区苜蓿青贮饲料的制作提供参考。

1　材料与方法

1.1　材料

苜蓿青贮原料源于石河子大学动物科技学院牧草试验田，第 1 茬初花期紫花苜蓿；麸皮、玉米粉、蔗糖自购。

1.2 方法

1.2.1 试验分组

试验分为4处理组，A组，苜蓿单独青贮；B组，麸皮：苜蓿=20%：80%；C组，玉米粉：苜蓿=10%：90%；D组，蔗糖：紫花苜蓿=2%：98%。对比发酵后不同处理间青贮饲料发酵品质和养分含量差异，综合评定青贮饲料品质。原料营养成分含量见表1。

表1 青贮原料营养成分（干物质基础）

原料	粗蛋白（%）	中性洗涤纤维（%）	酸性洗涤纤（%）	可溶性糖（%）
苜蓿	20.62	39.01	29.89	3.93
玉米粉	8.90	9.00	2.97	7.22
麸皮	15.13	38.93	12.47	5.33
蔗糖	—	—	—	90.00

1.2.2 青贮的制作与保存贮藏

2013年7月，收割紫花苜蓿，切至1~2cm，在实验室将麸皮、玉米粉、蔗糖，按20%、10%和2%与苜蓿鲜草混合均匀，装入容量为0.5L玻璃发酵罐中压实、密封，置于室内贮藏，同时制作单一苜蓿青贮作为对照。制作好的青贮饲料，青贮30d后开罐取样，对青贮饲料进行品质鉴定。

1.2.3 青贮饲料感官评定

采用得德国农业协会制定的评分法进行青贮料感官评定，即根据气味、质地、色泽3项指标进行评分，满分为20分：16~20分为优良，10~15分为良好，5~9分为中等，0~4分为腐败。

1.2.4 青贮饲料实验室评定方法

采用张增欣等提出的方法制备青贮饲料浸提液，将青贮饲料鲜样充分混合均匀后，取35g放入150 mL锥形瓶中，加入70g蒸馏水，4℃浸提24h，用双层纱布及滤纸过滤，得浸提液，备用。浸提液pH值用酸度计测定，氨态氮（NH_3-N）含量采用苯酚—次氯酸钠比色法测定；乳酸（LA）采用对羟基联苯法测定；乙酸（AA）、丙酸（PA）、丁酸（BA）含量测定采用气相色谱法。青贮饲料可溶性糖（WSC）含量测定采用蒽酮比色法；粗蛋白（CP）含量、中性洗涤纤维（NDF）含量和酸性洗涤纤维（ADF）含量参照2007年的《饲料分析及饲料质量检测技术》测定。

1.2.5 统计分析

采用SPSS 17.0软件进行试验数据，用LSD法进行多重比较，$P<0.05$为差异显著，试验数据分析结果以平均数±标准差表示。

2 结果与分析

2.1 添加麸皮、玉米粉、蔗糖对苜蓿青贮饲料感官品质的影响

混合青贮 30d 开窖后，从色泽、气味和质地 3 个方面进行比较，判断感官品质。苜蓿单独青贮感官品质最差，色泽呈暗褐色，茎叶结构保持较差，触摸有黏手感，表层部分腐烂，并具有微弱的丁酸臭味；添加 20%麸皮、10%玉米粉和 2%蔗糖的苜蓿青贮，感官品质明显高于苜蓿单独青贮，感官评定均达到优良水平。苜蓿茎叶结构保持良好，触摸无黏手感，且质地松散，具有不同程度的芳香气味。从色泽和气味两方面比较，添加 20%麸皮苜蓿青贮色泽较差，芳香味较弱；添加 2%蔗糖苜蓿青贮芳香气味不明显；添加 10%玉米粉苜蓿青贮有芳香果味，呈黄褐色，感官品质高于其他两组。感官评定得分和等级见表 2。

表 2 苜蓿青贮饲料质量的感官评定

处理	色泽	气味	质地	得分	等级
A	暗褐色（0 分）	具有丁酸臭味（1 分）	茎叶结构保持较差（1 分）	2 分	腐败
B	淡褐色（1 分）	芳香味较弱（12 分）	茎叶结构保持良好（4 分）	17 分	优良
C	黄褐色（2 分）	有芳香果味（14 分）	茎叶结构保持良好（4 分）	20 分	优良
D	黄褐色（2 分）	芳香味不明显（11 分）	茎叶结构保持良好（4 分）	17 分	优良

2.2 添加麸皮、玉米粉、蔗糖对苜蓿青贮发酵品质的影响

由表 3 可知，青贮 30d 后，苜蓿单独青贮 pH 值为 5.53，显著高于其他处理组（$P<0.05$），添加 20%麸皮与添加 10%玉米粉处理组间 pH 值相近（$P>0.05$），且低于 2%蔗糖苜蓿青贮（$P<0.05$）；4 个处理组间乳酸含量差异显著（$P<0.05$），苜蓿单独青贮乳酸含量最低，由低到高顺序依次为添加 2%蔗糖、20%麸皮、10%玉米粉处理组；乙酸、丙酸含量均以苜蓿单独青贮最低，2%蔗糖处理组最高，并且 4 个处理组间乙酸、丙酸含量差异显著（$P<0.05$）；苜蓿单独青贮丁酸含量为 0.03%，其他 3 个处理组未检测出丁酸含量；4 个处理组间氨态氮含量差异显著（$P<0.05$），苜蓿单独青贮氨态氮含量最高，由高到低顺序依次为添加 2%蔗糖、20%麸皮、10%玉米粉处理组。

表 3 不同添加剂对苜蓿青贮发酵品质的影响

处理	pH 值	乳酸（%）	乙酸（%）	丙酸（%）	丁酸（%）	氨态氮（%）
A	$5.53±0.058^a$	$1.741±0.084^d$	$0.376±0.001^d$	$0.049±0.001^d$	0.030±0.001	$0.125±0.001^a$
B	$4.10±0.000^c$	$2.224±0.024^b$	$0.598±0.060^b$	$0.440±0.011^b$	0.000±0.000	$0.054±0.003^c$
C	$4.23±0.058^c$	$2.644±0.057^a$	$0.507±0.008^c$	$0.313±0.010^c$	0.000±0.000	$0.038±0.004^d$
D	$4.30±0.000^b$	$1.892±0.014^c$	$0.730±0.024^a$	$0.658±0.016^a$	0.000±0.000	$0.074±0.004^b$

注：同列数字肩注不同小写字母者表示差异显著（$P<0.05$）。

2.3 添加麸皮、玉米粉、蔗糖对苜蓿青贮饲料营养成分的影响

由表4可知，青贮30d后，添加20%麸皮、10%玉米粉两处理组粗蛋白含量相比差异不显著（$P>0.05$），且两组粗蛋白含量显著高于苜蓿单独青贮处理组和添加2%蔗糖处理组（$P<0.05$），以苜蓿单独青贮粗蛋白含量最低；4个处理组间中性洗涤纤维、酸性洗涤纤维含量差异显著（$P<0.05$），并且中性洗涤纤维、酸性洗涤纤维含量均以苜蓿单独青贮最高，10%玉米粉处理组最低；苜蓿单独青贮可溶性糖含量最高，与其他3组差异显著（$P<0.05$）。其中，2%蔗糖处理组可溶性糖含量显著高于20%麸皮、10%玉米粉处理组（$P<0.05$），添加20%麸皮和添加10%玉米粉两个处理组间可溶性糖含量差异不显著（$P>0.05$）。

表4 不同添加剂对苜蓿青贮营养成分的影响

处理	粗蛋白（%）	中性洗涤纤维（%）	酸性洗涤纤（%）	可溶性糖（%）
A	16.28 ± 0.26^{c}	34.30 ± 0.46^{a}	27.70 ± 0.26^{a}	1.49 ± 0.15^{a}
B	18.54 ± 0.54^{a}	31.91 ± 0.51^{b}	26.03 ± 0.38^{b}	0.32 ± 0.00^{c}
C	17.94 ± 0.10^{a}	29.84 ± 0.67^{d}	25.06 ± 0.73^{c}	0.20 ± 0.01^{c}
D	17.15 ± 0.34^{b}	31.69 ± 1.73^{b}	26.51 ± 0.15^{d}	0.74 ± 0.01^{d}

注：同列数字肩注不同小写字母者表示差异显著（$P<0.05$）。

3 讨论

3.1 添加麸皮、玉米粉、蔗糖对苜蓿青贮发酵品质的影响

常规青贮饲料制作主要依靠乳酸菌发酵。因紫花苜蓿含较高的粗蛋白、缓冲性高，在青贮过程中会抑制pH值降低，且糖分含量较低，缺乏发酵底物，导致直接青贮不易成功。而麸皮、玉米粉、蔗糖含有较高的可溶性糖，可为乳酸菌提供发酵底物，促进乳酸菌的繁殖。所以，在苜蓿青贮中麸皮、玉米粉常被用作发酵促进剂提高青贮饲料的发酵品质。

青贮饲料的pH值、氨态氮浓度和有机酸含量是判断青贮饲料品质好坏、反映青贮饲料是否发酵良好的重要指标。本试验表明，添加麸皮、玉米粉、蔗糖可使苜蓿青贮pH值和NH_3-N浓度显著下降，乳酸、乙酸、丙酸含量升高，抑制了丁酸生成。主要原因是麸皮、玉米粉、蔗糖含有较多可溶性糖，促进了乳酸菌发酵，将糖分解形成有机酸，提高了青贮料乳酸的含量，pH值下降，阻碍了分解蛋白质的有害菌增殖，有效抑制了苜蓿青贮蛋白质的分解。青贮饲料氨态氮含量越多，蛋白质分解越多。乙酸可能会造成DM的损失，但有益于青贮的保存。丁酸是由梭菌等不良微生物的作用而生成，致使能量损失和蛋白质分解生成大量的胺，使青贮饲料具有恶臭味。本试验中，添加麸皮、玉米粉、蔗糖显著提高了苜蓿青贮乳酸、乙酸、丙酸含量，降低了NH_3-N浓度，

且未检测出丁酸，表明提高了苜蓿青贮的发酵品质。

3.2 添加麸皮、玉米粉、蔗糖对苜蓿青贮饲料营养成分的影响

本试验中，添加蔗糖、麸皮、玉米粉的苜蓿青贮饲料，粗蛋白含量显著高于紫花苜蓿单独青贮，其原因是随着青贮中 pH 值的迅速降低，在短时间内抑制了有害微生物的繁殖，减少了氨态氮的生产，从而防止了苜蓿中粗蛋白的损失。中性洗涤纤维和酸性洗涤纤维含量显著低于苜蓿单独青贮，这可能是因为添加麸皮、玉米粉、蔗糖降低了苜蓿青贮的干物质和养分损失，所以与苜蓿单独青贮相比，中性洗涤纤维和酸性洗涤纤维比例降低。添加麸皮、玉米粉、蔗糖，促进了乳酸菌发酵，大量可溶性糖被乳酸菌利用，因而添加 2%蔗糖、20%麸皮和 10%玉米粉青贮中可溶性糖含量低于苜蓿单独青贮。与杨富裕等试验结果不同，在草木樨中添加蔗糖进行青贮，发现青贮料氨态氮含量升高，粗蛋白含量下降。苜蓿和草木樨同为豆科牧草，在青贮饲料中的添加效果却不同，其原因还有待进一步探讨。

4 结论

与苜蓿单独青贮相比，添加 2%蔗糖、20%麸皮和 10%玉米粉的青贮饲料 pH 值、氨态氮含量和可溶性糖含量下降，乳酸、乙酸、丙酸含量升高；提高了粗蛋白含量，中性洗涤纤维和酸性洗涤纤维含量明显降低。表明苜蓿青贮原料与 2%蔗糖、20%麸皮、10%玉米粉混合，均可改善苜蓿青贮饲料品质。综合考虑，以 10%玉米粉与苜蓿混合青贮效果最好。

参考文献（略）

基金项目：石河子大学重大科技攻关计划项目（gxjs2012-zdgg05-01）。
第一作者：丁秋芸（1996— ），女，新疆博乐人，硕士研究生。

发表于《绿洲农业科学与工程》，2019，5（3）.

苜蓿青贮过程中霉菌毒素含量变化初探

马　燕，孙国君

（石河子大学动物科技学院，新疆　石河子　832000）

摘　要：为了解苜蓿青贮发酵过程中霉菌毒素含量的变化情况，试验以黄曲霉毒素（AFT）、玉米赤霉烯酮（ZEN）和呕吐毒素（DON）含量为检测指标，在苜蓿青贮过程中的0、0.5d、1d、2d、3d、5d、7d和30d，分别测定3种霉菌毒素的含量。结果表明，青贮饲料中黄曲霉毒素的含量从青贮开始时的2.24μg/kg到第5天增长至11.34μg/kg，增长4.1倍；玉米赤霉烯酮含量从青贮开始时的49.26μg/kg到第3天增长至94.37μg/kg，增长约1倍；呕吐毒素含量从青贮开始时的50.00μg/kg到第2天增长至418.57μg/kg，增长7.4倍。此后黄曲霉毒素和玉米赤霉烯酮含量呈平稳状态，而呕吐毒素含量逐渐增加，但增幅减小。青贮第30天，黄曲霉毒素、玉米赤霉烯酮和呕吐毒素含量分别为11.91μg/kg、102.67μg/kg和834.28μg/kg。

关键词：苜蓿青贮；黄曲霉毒素；玉米赤霉烯酮；呕吐毒素；含量

中图分类号：S816.5+3

霉菌毒素是由真菌产生的有毒有害的次生代谢产物，青贮饲料原料在田间生长、收割及青贮过程中都有可能受到霉菌毒素污染。Mello等报道，在植物收获及青贮过程中有生长优势和危害最大的霉菌有黄曲霉菌、伏马霉菌和青霉菌。这些霉菌所产生的毒素有黄曲霉毒素（AFT）、赫曲霉毒素、玉米赤霉烯酮（LEA）和呕吐毒素（DON）、T-2毒素和伏马菌素等多种霉菌毒素。曲霉菌所产生的霉菌毒素对青贮饲料危害最大，这些有毒的化合物通常在有氧的情况下产生，而最初填放青贮原料时未填压实及不恰当的青贮取出技术是导致有氧情况发生的主要原因。因此，青贮饲料在制作过程中如果操作不当，可导致青贮初期原料中残留氧气过多，极易产生霉菌和霉菌毒素。奶牛饲料与原料中最需要关注的霉菌毒素是黄曲霉毒素、呕吐毒素、玉米赤霉烯酮和烟曲霉毒。呕吐毒素、玉米赤霉烯酮和黄曲霉毒素是苜蓿中常见的3种霉菌毒素，奶牛采食含有霉菌毒素的饲料，可降低奶牛采食量、抑制免疫力及降低营养物质的消化和吸收，导致营养不良、繁殖障碍、生产力和抗病力下降等不良后果。青贮饲料是奶牛的主要饲料来源，青贮饲料的饲用安全问题日益受到人们的重视。目前，对青贮饲料霉菌污染的研究，大部分集中在田间污染和青贮饲料开窖后取用过程，而对青贮饲料发酵过程中霉菌毒素含量变化的研究较少。因此，试验旨在通过检测苜蓿青贮发酵过程中黄曲霉毒素（AFT）、玉米赤霉烯酮（ZEA）和呕吐毒素（DON）含量，并分析其变化规律，以期为优质苜蓿青贮饲料的加工调制提供科学的参考依据。

1 材料与方法

1.1 青贮饲料的制作

青贮原料为生长第2年第2茬刈割的初花期紫花苜蓿（7月），取自于石河子大学牧草试验地。将苜蓿鲜草铡短至1~2cm，添加10%玉米粉，均匀混合。填充到500mL青贮罐中，压实及密封，室温保存。分别于发酵的0、0.5d、1d、2d、3d、5d、7d和30d开罐及取样，每时间点3个重复（罐）。样品在测定前密封保存于-20℃冰箱，待测霉菌毒素含量。

1.2 苜蓿青贮饲料感官品质评定

在青贮第30天开罐取样，依据1996年我国农业部颁布的《青贮饲料质量评定标准》(试行)，从色泽、气味、质地和有无霉变对青贮饲料进行感官品质评定。

1.3 苜蓿青贮饲料实验室评定

在青贮第30天开罐取样，进行实验室评定。

pH值采用雷磁酸度计测定，乳酸浓度采用对羟基联苯比色法测定，氨态氮浓度采用苯酚—次氯酸钠比色法测定，可溶性糖类含量采用蒽酮比色法测定。

1.4 霉菌毒素含量测定

采用ELISA法检测黄曲霉毒素、玉米赤霉烯酮和呕吐毒素含量，试剂盒购自北京普华仕科技发展有限公司，按试剂盒提供的方法进行测定。

1.5 数据统计分析

采用Excel软件对试验数据进行整理分析。

2 结果与分析

2.1 青贮饲料的感官评定

从感官上看，随着青贮天数的延长，苜蓿青贮饲料的颜色逐渐由绿色变为黄绿色。至青贮第30天开罐，苜蓿青贮料质地良好，无黏手现象，有酒酸味，无霉变情况发生，烘干后呈淡褐色。说明青贮饲料品质良好，符合饲喂要求。

2.2 青贮饲料的实验室评定

青贮结束后，测定表明，苜蓿青贮饲料的pH值为4.12，乳酸质量分数为2.68%(DM)，氨态氮质量分数为1.23%（NH_3-N/TN），可溶性糖类含量为1.14%（DM）。

2.3 霉菌毒素含量变化

苜蓿青贮饲料发酵过程中各霉菌毒素含量变化情况见表 1。在青贮的 0~5d，苜蓿青贮中的黄曲霉毒素、玉米赤霉烯酮和呕吐毒素的含量均显著增加，此后趋于平稳。青贮饲料中黄曲霉毒素的含量从青贮开始时的 2.24μg/kg 到第 5 天增长至 11.34μg/kg，增长 4.1 倍。此后增长速度减缓，达到平稳状态。第 30 天青贮结束时，含量为 11.91μg/kg。青贮饲料中玉米赤霉烯酮含量青贮前 3d 迅速上升，从青贮开始时的 49.26μg/kg 到第 3 天增长至 94.37μg/kg，约增长 1 倍。此后增长速度减缓，达到平稳状态。第 30 天青贮结束时，含量为 102.67μg/kg。青贮饲料中呕吐毒素的含量从青贮开始时的 50.00μg/kg 到第 2 天迅速增长至 418.57μg/kg，增长 7.4 倍。此后仍继续增长，但增长幅度降低。第 30 天青贮结束时，含量达 834.28μg/kg。

表 1　苜蓿青贮过程中霉菌毒素含量变化规律　（单位：μg/kg）

霉菌毒素	青贮时间（d）							
	0	1	0.5	2	3	5	7	30
黄曲霉毒素	2.24	4.07	4.51	7.16	8.97	11.34	11.47	11.91
玉米赤霉烯酮	49.26	63.24	76.79	86.88	94.37	100.65	100.93	102.67
呕吐毒素	50.00	124.29	175.71	418.57	515.71	668.57	744.29	834.28

3　结论与讨论

3.1 青贮前后霉菌毒素含量

青贮开始前，在青贮原料中即可检测到黄曲霉毒素、玉米赤霉烯酮和呕吐毒素 3 种霉菌毒素，其含量分别为 2.24μg/kg、49.26μg/kg 和 50.00μg/kg。这部分霉菌毒素可能来自青贮原料在田间生长过程，或在收割及加工处理过程中受到霉菌毒素的污染。青贮结束后，通过对苜蓿青贮饲料的感官品质和实验室评定指标分析表明，青贮饲料质量良好，无明显霉菌污染现象。然而，青贮饲料中的黄曲霉毒素、玉米赤霉烯酮和呕吐毒素的含量较青贮前大幅度提高，其含量分别为 11.91μg/kg、102.67μg/kg 和 834.28μg/kg，这也证明了霉菌毒素可从没有表现出明显被霉菌污染的青贮料中分离出来。黄曲霉毒素由黄曲霉和寄生曲霉产生，呕吐霉素和玉米赤霉烯酮由产毒的镰刀菌属菌株产生，这些霉菌都属于需氧型微生物，据此推断，试验青贮过程中产生的霉菌毒素，可能是在青贮前期的有氧呼吸阶段（0~3d）产生的。

3.2 苜蓿青贮过程中霉菌毒素含量变化规律

在青贮的 0~5d，黄曲霉毒素含量明显增加，此后趋于平稳。在青贮的 0~3d，玉米赤霉烯酮和呕吐毒素的含量均明显增加，此后玉米赤霉烯酮含量随青贮时间的延长趋于平稳，而呕吐毒素含量有增加趋势，但增长幅度显著降低。认为这种现象可能与青贮饲料中产毒霉菌的数量有关，在青贮饲料发酵的有氧呼吸阶段，霉菌处于活动状态，仍然有霉菌毒素产生，且在青贮饲料中不断积累。之后，进入乳酸菌发酵阶段，由于受 pH 值及含氧量的限制，霉菌活动趋于停滞，霉菌毒素量减少。杨云贵等认为，玉米青贮饲料中的霉菌在青贮前期有氧气残留时处于活跃状态，在青贮饲料保存过程中数量少而且处于被抑制状态。刘桂要的试验表明，玉米青贮饲料青贮过程中霉菌受氧气影响效果最明显，数量减少最快，在第 10 天左右已检测不到。付春丽研究也发现，在 0~1d 霉菌数量呈缓慢下降趋势，1~2d 急剧下降，之后呈规律下降，到第 9 天几乎检测不到。这些试验中霉菌数量的变化规律，与试验中黄曲霉毒素和玉米赤霉烯酮含量的变化规律相一致。Acosta 等报道，尽管一些霉菌即使在厌氧或低氧条件下也可生长，但青贮中形成的厌氧条件可大量减少真菌的生长，并因此减少霉菌毒素的形成。与黄曲霉毒素和玉米赤霉烯酮不同，试验中呕吐毒素在各阶段的增幅虽然减小，含量却呈上升趋势。其原因可能是，呕吐霉素属单端孢霉烯族化合物，而玉米赤霉烯酮和一些单端孢霉烯族化合物可能不受青贮期间厌氧和酸条件的影响。呕吐霉素和玉米赤霉烯酮同由需氧镰刀菌属菌株产生，在试验中玉米赤霉烯酮受氧缺乏影响的程度明显大于呕吐霉素，其原因有待探讨。

参考文献（略）

基金项目：石河子大学重大科技攻关项目（gxjs-2012-zdgg05-03）。

第一作者：马燕（1990—　），女，新疆昌吉人，硕士研究生。

发表于《饲料研究》，2016（1）.

第八部分

绿洲区苜蓿研究综合论述

苜蓿被誉为“牧草之王”，是优质的豆科饲草，关于苜蓿的研究国内外开展较多。本部分重点介绍新疆生产建设兵团草业适宜草种和品种的选择，并提出了新疆绿洲区滴灌苜蓿优质高效生产管理与科学施策，以期为新疆绿洲区滴灌苜蓿的优质高效生产提供实际指导。

新疆生产建设兵团草业适宜草种和品种的选择

于　磊，鲁为华
（石河子大学动物科技学院　新疆　石河子　832000）

摘要：以作者多年研究实践为基础，根据新疆生产建设兵团垦区分布的地域特点不同，划分为绿洲垦区棉花生产区、绿洲垦区非棉和高寒地垦区等3个生态经济区域，按照牧草种植生产对适宜草种和品种的选择原则，提出了同上述各个区域环境相适宜的当家主栽牧草与辅助草种和品种选择安排，目的是在新疆生产建设兵团垦区有限的水、土资源利用上争取获得更多更佳的草业生产经济效益和生态效益。

关键词：草种；品种；草业；兵团；选择

随着畜牧业发展的要求和合理利用土地资源、维护生态环境的客观需要，新疆生产建设兵团草业正以前所未有的速度成长与壮大。人工种草、草产品的生产与加工、天然草地的“退牧还草”工程、草地资源的多功能利用等已成为新疆生产建设兵团经济运行中的重要组成部分。

草业在新疆生产建设兵团呈现出快速发展的同时，应该看到草业是涉及政策性、科学性、技术性都很强的生产行业，迫切需要在理论和实践上加强指导，特别是在人工草地建设中，如何根据新疆生产建设兵团垦区各生态经济区域特点并按照畜牧业生产实际和改善生态条件的要求安排牧草种植和生产，首先应解决好选择种什么草和怎样种的最基本问题，以求能在有限的土地资源利用上获得最大、最佳的经济效益和生态效益。

1　适宜草种和品种选择的基本原则

1.1　应同新疆生产建设兵团垦区各生态经济区域的气候及土壤条件相适宜

任何一种牧草对气候、土地条件都有其适宜范围。新疆生产建设兵团所属各师团的大多数区域处于干旱环境，建立人工草地必备条件是应具有稳定的灌溉条件。

土壤条件对人工草地而言并不十分强调。这是因为多数牧草对土壤都有较宽幅的适应范围。但因新疆所处的极端干旱条件导致表层土壤广泛积盐，在草种选择上应考虑牧草的耐盐碱性，特别是在盐渍化土壤上需通过种植牧草改良盐生环境，进行生态恢复时则更强调耐盐性牧草的选择。在沙质或土壤机械组成过于粗糙的土地上建立人工草地时，则需要选择能够抵抗这些不利因子的草种。当然，一般而言，土层厚、团粒多、肥沃的中性壤质土是保障人工草地高产的重要条件。

1.2 选择适应性好和应用效能高的优良牧草品种

随着牧草资源开发利用的加强和对优良牧草品种培育工作的重视，不断有新草种、新品种的问世，尤其是近些年来，从国外引入了许多优良的栽培牧草品种。但应该看到，当前新疆生产建设兵团对许多新草种、新品种的引入存在很大的盲目性，缺少必要的引种对比试验和对当地条件的适应性分析等。因此，在不同生态区域内，究竟选择什么草种或品种需要全面分析、对比，以便选取性状优良、适应性好、经济效益突出的牧草进行种植。

此外，还需要做好牧草品种的布局和搭配。选择 2~3 个当家品种和搭配若干草种(品种)，当家草种或品种选择安排上需要重点强调其丰产性、稳定性、抗逆性较好，并保持相对稳定的生产经济性状等，同时应针对当地不同土地条件、土壤肥力、病虫害发生等自然灾害的特征搭配相应的草种（品种)。这样，既可趋利避害、减少自然灾害的损失，又可调节劳动力和农机具，便于安排农事，达到全面持续增产。

2 垦区各生态经济区草种和品种的选择

2.1 绿洲垦区棉花生产区草种安排

这一区域集中在新疆南、北疆两大盆地（准噶尔盆地和塔里木盆地）周缘的绿洲区，是新疆棉花的集中生产区。

本区域建立人工草地以紫花苜蓿为主栽牧草。绿洲区的得天独厚的光热条件和完善的农田灌溉水系的供给保障，使苜蓿生产达到很高的经营水平。种植苜蓿作为舍饲畜的优质饲草供给的同时，因苜蓿本身所具有的生物学特征，在改良土壤、提高地力中担当重要角色。

在苜蓿品种的安排上，可选择当前在生产上普遍表现出色的国外引进品种（三得利、金皇后、WL-系列和爱博、亮牧等)，这些品种丰产性好、叶量多、株丛直立性好，在良好大田管理特别是适时灌溉、施肥，可实现大田生产达 15 000kg/hm^2 的干草产量。若是种植土地为生荒地或土层瘠薄地，品种选择上应考虑与其环境相适宜性，可安排新疆本地培育的新牧 1 号、北疆苜蓿；国外品种可选择阿尔冈金等。在绿洲垦区的一些盐渍化弃耕地不能种植苜蓿的地方，可选择一些耐盐牧草种植，如石河子造纸厂东泉生产基地人工种植芨芨草获取了很好成效，芨芨草茎秆用于造纸原料，叶片用于饲喂牛羊。目前，该基地人工种植芨芨草面积达 0. 13 万 hm^2，这是在盐渍化弃耕地上取得生态经济效益的典型范例。

南疆塔里木盆地棉区同北疆垦区棉区有一定差异性，即农田耕作土层多为轻壤土。这一区域内种植紫花苜蓿应首选新疆大叶苜蓿，该品种叶片特大、株型直立、茎秆粗而质地柔嫩，刈割后再生迅速，每年可刈割 4~5 次，在满足需水条件下，加之适当的施肥措施，大田生产可超过15 000 kg/hm²。在绿洲区风沙前缘地或新开戈壁生荒地建立人工草地，可选择先锋牧草如豆科牧草沙打旺种植，该牧草抗风沙能力强，耐贫瘠，具有较好的饲草产量，并且这一牧草分枝多，生长第2年即可覆盖地面，可减少蒸发和风沙影响，农一师五团在新垦戈壁荒地区种植沙打旺，取得较好的生态效益和经济效益。

2.2 绿洲垦区非棉区种草安排

这一区域的绿洲垦区畜牧业是以绵羊和细毛羊生产为优势，此区域土地资源量相对较大，因降水条件的改善和人工种草的比较效益好，是兵团发展草业重点区域。

草业生产的主栽牧草仍以紫花苜蓿为基础。因这一区域的气候条件所反映的水热状况和生态环境不同，故应强调苜蓿品种的适宜性选择，特别是要注意对耐寒性、耐旱性要求。应安排新疆本土育成品种和选择适应当地条件的国外品种并重，如新牧1号、新牧3号、阿勒泰杂花苜蓿、北疆苜蓿和加拿大的阿尔冈金、费纳尔等。这些品种除能适应当地环境外，都有较好的生产经济性状表现。在良好的栽培条件下，年可刈割2~3次，大田干草生产达12 000~15 000kg/hm²，同时对苜蓿的病虫害具有较强的耐受性。在搭配草种选择上可考虑2年生速生性豆科草木樨，该草可用作绿肥作物，兼用于饲草饲喂家畜；还可安排豆科红豆草种植生产，这一牧草饲草品质好、适应性佳，但就产量性状而言，明显低于苜蓿。除种植苜蓿外，山旱地种草还可选择旱生性的禾本科牧草如高冰草、沙生冰草等。新疆农垦科学院赵清等，曾在20世纪90年代中后期在一六六团旱地种植推广高冰草取得了较好的成效，种植生长第3年的高冰草株高120.5cm，产干草6 592.5 kg/hm²，这是在山区旱地种草的范例。

2.3 高寒地垦区种草安排

这一区域内种草、建立人工草地的客观条件非常优越，建植成本低，牧草生产的成效性好。但在草种和品种的安排上，应充分考虑当地特有的冷湿型条件，选择那些既能适宜于环境，又可实现最佳饲草生产的目的。主栽的豆科牧草应是较耐寒性的黄花苜蓿、红豆草、红三叶、白三叶；禾本科牧草的鸭茅、无芒雀麦、猫尾草等。另外，这里的冷湿型气候非常适合建立混播型人工草地，即由禾本科、豆科混播建植实现对土壤养分及水资源的最适利用，从而获取最佳的品质和产量的饲草生产。混播组合，可安排有鸭茅+红豆草、鸭茅+黄花苜蓿、猫尾草+红豆草、鸭猫+无芒雀麦+红三叶+白三叶等不同组合。七十六团在设有喷灌设施的条件下，采用鸭茅+猫尾草+红三叶+白三叶，禾本科、豆科牧草组合建植的混播草地，其生长势好，年收割2次，取得了很好的饲草生产成效。另外，鉴于本区的特殊水热和土壤组合条件，适宜发展专项草业生产，即禾本科草种子生产。七十六团、七十七团现承担了国家禾本科鸭茅、猫尾草种子生产基地建设项目，已初见成效，草种业的发展前景非常好。

高寒地干旱类型区，因自然降水量少，一般低于300mm气候为寒旱性特征，农牧业生产的客观条件差，生态条件严酷，一般不宜农作活动。在具有灌溉条件下，这里可以种植耐寒的作物青稞、大麦等。在这里的放牧畜牧业生产，因枯草期长、冷季饲草缺口大、草畜矛盾突出，必须建立人工草地以解决饲草缺口的问题。

种草的前提是首先解决灌溉问题。草种安排上，可供选择的草种少，适宜的草种有禾本科的老芒麦、垂穗披碱草。新疆草原研究所的科研人员曾于20世纪70年代在巴音布鲁克高寒牧区具备灌溉条件下种植老芒麦，生长第2年以后干草产量达6 750~8 700 kg/hm^2，为高寒牧区冷季牲畜缺草补饲发挥了重要作用。除上述选择多年生耐寒禾本科牧草种植外，在高寒区亦可种植青稞、燕麦等1年生禾谷类作物作为饲草生产。

参考文献（略）

基金项目：新疆生产建设兵团科技攻关计划项目（2007ZX02）。
第一作者：于磊（1954—　），男，山东宁津人，教授。

发表于《新疆农垦科技》，2006（2）.

绿洲区滴灌苜蓿优质高效生产管理与科学施策

于　磊[1,2]，张前兵[1,2]，张凡凡[1,2]，吴　昊[3]，张新田[3]，鲁为华[1,2]
（1. 新疆石河子大学动物科技学院，新疆　石河子　832003；
2. 新疆生产建设兵团绿洲生态农业重点实验室，新疆　石河子　832003；
3. 新疆生产建设兵团畜牧兽医工作总站，新疆　乌鲁木齐　830001）

摘　要：合理的生产管理与科学施策是滴灌苜蓿获得优质高产的重要保障。本文根据作者多年的田间试验研究结果、生产实践调查及结合相关文献，从滴灌苜蓿田间供水、滴灌带合理布置、最佳播种期选择、施肥策略、田间生长管理、干草收获时间选择及田间干燥技术等方面，将滴灌苜蓿生产理论与实践相结合，系统阐述了绿洲区滴灌苜蓿优质高效生产的田间管理措施及注意事项，并提出了相应的科学施策，以期为绿洲区滴灌苜蓿的优质高效生产、制定合理的田间管理制度提供科学依据及实际生产指导。

关键词：苜蓿；优质高产；科学施策；滴灌；绿洲区

中图分类号：S541.9

苜蓿种植生产是绿洲农业的重要组成部分。早在 2 100 余年前苜蓿就从原产地中亚绿洲区的土库曼斯坦等国家经丝绸之路传入我国，之后一直作为重要的牧草作物进行种植。处在西部干旱区绿洲特殊的生态环境（高温干燥、强光照、强蒸发、昼夜温差剧烈变幅和土壤矿质元素地表富集等）造就了苜蓿与绿洲环境的长期协同进化所表现出的生物学特征与生理机制等高度相适应的一种客观性选择体现，已成为绿洲农业生产经营中重要的作物构成者之一。苜蓿种植生产为绿洲区养殖业经营提供优质饲料的同时，又为绿洲农田的“培肥改土”提高地力和整体绿洲农业生态系统的改善创造其优越条件。

绿洲区农业节水滴灌技术在棉花种植栽培上的成功实践，已经引发出了灌溉农业的一场革命，并为绿洲区其他主要作物引入、移植吸收或嫁接等创造了先决条件。目前，绿洲区几乎所有的种植作物都实现了节水滴灌技术的应用，创造出农业作物种植栽培生产的新样式，从而使整个绿洲区大农业迈上了现代农业发展的更高层次和更高水平阶段。绿洲作物栽培技术更加趋于精准性和可控性，农业用水的生产效率明显提高，作物增产增效显著，整体绿洲农业的生产能力得到大幅度提升，并且实现了质的飞跃。

石河子绿洲垦区是最早探索引用节水滴灌技术进行大田苜蓿种植生产的区域。早在 2008 年，地处莫索湾垦区的 147 团、148 团就把棉田滴灌系统引入苜蓿大田种植栽培之中。通过对田间滴灌系统的支管浅埋和毛管表面覆土掩盖等技术方法，成功解决了田间收获饲草时机械作业对地面滴灌系统特别是对毛管造成损坏的问题。与此同时，又根据苜蓿种植栽培和生长发育规律等相应地调整其滴灌系统的田间布置、灌溉需水的滴灌节律供给和水肥一体化适时调配等技术措施的合理运用，从根本上改变了苜蓿种植生产的传统经营模式，促使大田苜蓿干草生产潜在能力最大限度地释放出来，单位面积干草产量较绿洲区地表灌溉的传统苜蓿栽培方式普遍增产在40%以上。正是滴灌苜蓿生产显著增产增效的突出优势，促使滴灌苜蓿种植面积迅速在全疆范围内的绿洲区推广扩大，当前在南、北疆的新疆生产建设兵团绿洲垦区滴灌苜蓿种植已成为苜蓿大田生产的主流形势。经过几年的滴灌苜蓿种植栽培实践，吸收棉花滴灌栽培管理技术的成功经验，不断调整与改进滴灌苜蓿栽培技术的匹配适应，加强了水肥一体化施策调控，使节水滴灌苜蓿种植栽培的增产水平得到不断提升的同时，也初步创建出绿洲区滴灌苜蓿栽培高产的新模式。如石河子垦区148团大田平均苜蓿干草产量为23.46t/hm^2，最高单产达30.0t/hm^2，创造出大田苜蓿高产栽培生产的全国最高纪录，使绿洲区苜蓿种植生产的潜在能力充分地释放。正是因为节水灌溉技术在大田苜蓿种植栽培上的实施应用，才大幅提升了苜蓿大田生产的整体经营水平，并由此促使绿洲区苜蓿种植生产进入到新的历史发展阶段。

为了使节水灌溉苜蓿种植和栽培能够纳入更加合理、更加科学的轨道，需要对现已建立和运行的新的滴灌苜蓿生产模式进行改进、完善和更进一步优化，确保各项技术施策更加精准、更加具有时效性和可靠性，力求把绿洲区苜蓿生产的潜在能力最大限度地挖掘出来，促使绿洲区滴灌苜蓿种植生产更加优质、高产和高效，力争在绿洲区有限的水土资源条件下生产出更多、更优的苜蓿干草，为养殖业的健康发展创造强大的物质支撑条件。经过本课题组长期的实地调查、田间试验及查阅相关文献，提出新疆绿洲区滴灌苜蓿优质高效生产的管理与科学施策。

1 滴灌苜蓿合理的田间供水量与滴水分配的科学施策

苜蓿为高需水量的绿洲种植牧草作物，特别是欲求获得高的饲草生产量，在生长季期间满足其充分的需水供给是最基本的前提条件之一。相对于其他灌溉方式，滴灌方式下苜蓿具有明显的干草产量优势（表1）。我们的试验研究是在其他条件相同时（苜蓿品种、生长年限、大田环境、管理措施等）与地表漫灌相比较，滴灌条件下苜蓿田间总的水分利用效率提高42%~44%；田间滴水量为4 200m^3/hm^2（不考虑生长季期间的自然降水量），滴灌苜蓿在生长第2年收获3茬时总的干草产量达21.09t/hm^2，滴灌水量对田间苜蓿生产的综合效率最好；若田间滴水量增加到5 250m^3/hm^{2}时，苜蓿干草产量可达22.59t/hm^2，虽增加了苜蓿产草量，但田间水分利用效率呈现下降。

表1　不同灌溉处理下苜蓿干草产量

灌溉方式	灌溉量（m^3/hm^2）	刈割茬次	干草产量（t/hm^2）	生长年限	地区
滴灌	4 200	3	21.09	生长第2年	新疆石河子

（续表）

灌溉方式	灌溉量（m^3/hm^2）	刈割茬次	干草产量（t/hm^2）	生长年限	地区
滴灌	3 750	2	8.07	建植当年	新疆石河子
滴灌	4 500	2	8.45~10.47	建植当年	新疆石河子
滴灌	6 372	3	21.03	生长第 3 年	新疆呼图壁
漫灌	3 300	3	18.88	生长第 3 年	甘肃武威
漫灌	5 250	3	22.59	生长第 2 年	新疆石河子
漫灌	12 960	3	17.30	生长第 3 年	新疆呼图壁
喷灌	9 100	3	19.04	生长第 3 年	新疆呼图壁

除滴灌苜蓿供水总量外，田间供水时间和滴水定额分配也是关系能否获取滴灌苜蓿高效生产的关键因素之一。绿洲区传统的苜蓿生产采取的办法为每茬收获干草后进行灌溉。滴灌苜蓿是在遵循此规律供水的同时，在两茬收获干草之间分两次田间灌水，即全生长期收获 4 茬苜蓿共分 8 次滴水，每次滴水量 600~750 m^3/hm^2；在春季苜蓿返青后 3~5d 内及时滴水，并辅以滴施尿素 75kg/hm^2，以促使苜蓿尽快度过初期生长时段，在苜蓿生长发育至收割前 8~10d（苜蓿生长处在现蕾时）再行滴水一次，两次滴水分配为各占一半。我们通过采用苜蓿收获两茬次之间分配滴水量不变，但先后滴水量的安排不同，以探讨供水不同定额对滴灌苜蓿干草产量的影响。试验研究结果表明：在田间总供水量和每茬次之间分配量同一情况之下，采取 35%（收割前）+ 65%（收割后）滴水分配模式要比 50% + 50%（收割前后滴水量各占一半）实际增加滴灌苜蓿总干草产量的 8.2%，比 65%（收割前）+ 35%（收割后）实际增加干草产量 19.3%。这一结果进一步表明，除田间供水总量不变时，滴灌供水时期和供水量的分配方式，也是影响田间苜蓿生产的重要因素。

对于滴灌苜蓿田间供水量及滴水分配模式研究探索，我们的实践认识和结论主要有以下两点：一是荒漠绿洲区滴灌苜蓿大田种植栽培条件下，田间供水总量一般控制在 5 250~6 000m^3/hm^2 就可达 22.5t/hm^2 或以上的干草产量，过多供水（>6 000m^3/hm^2）或供水过少（<4 500m^3/hm^2）都会影响到优质高产和田间灌溉成效；二是在年收获 4 茬和分 8 次滴灌供水时，两茬收割之间分两次滴水时，以先滴水量占 65%与后滴水量占 35%时的供水分配量更会有利于收获更多的苜蓿干草产量。

2 滴灌带的田间合理布置与苜蓿播种技术的最佳匹配方式

滴灌带（田间毛管）的田间布置是否合理关系到滴灌供水是否均衡性和成效性的基本因素，苜蓿建植播种技术同田间滴灌系统的最佳匹配方式则是提高田间供水利用效率和增加产量的有效手段之一。

苜蓿种植和生产不同于其他农作物（苜蓿属于一次建植数年生产，当年生长多次收获），客观上对田间滴灌系统的配置提出了更高要求和增加了技术难度。首先在田间滴灌材料（滴灌毛管、田间支管）选择上应同滴灌苜蓿生产特点要求（一次铺设布置数年使用）相符合，以确保田间供水的多年正常运行和滴水的均匀性分配。其次是滴灌带布置与苜蓿种植匹配间距的合理性设置处理，虽然实际生产中已经探索出了一些成熟经验，即依据滴水的田间土壤湿润峰走向与水分土壤扩散方式等特点，采用 60cm 滴灌带间距较 70cm 或 80cm 间距对苜蓿生长的供水成效要好，水分的利用效率高，且苜蓿田间生长势的均匀性佳。我们就此进行了滴灌带田间不同间距与苜蓿种植行距之间的对比试验，研究结果是，滴灌带的田间布置与苜蓿种植行距之间最为合理匹配结合，是设置 60cm 滴灌带间距与苜蓿株行距 20cm 处理，即 2 条滴灌带之间管控 3 行或为“1 管 1.5”个苜蓿株行的供水效果最为理想，供水利用率最佳。打破田间地表灌溉方式时采用的苜蓿行距 30cm 传统栽培模式，设置滴灌苜蓿种植 20cm 行间距，相对增加了苜蓿田间株数，提高了滴灌供水的利用效率。

另外，鉴于苜蓿生产的特殊性，必须对田间滴灌系统采取保护性措施，以避免地面机械作业时（田间收获、调制干草、捡拾打捆等）造成的损坏。采用对滴灌毛管的地面浅层埋土的方法，以避免对毛管的机械损坏，但对滴灌毛管的地面覆土掩埋的深浅以何深度为最佳，则是应该正确认真处理的技术问题。毛管埋深时可以避免田间机械作业时造成的损坏，但覆土过深则会增加滴灌系统及田间毛管滴水过程时的运行压力，或是出现“爆管”现象，影响其田间供水的均匀性效果。相反，对滴灌毛管伏埋过浅或仅为浮土掩盖，易会造成滴灌毛管出现地表暴露而造成田间机械作业时对滴灌带的损坏。因此，合理的滴灌系统田间埋土深度则成为滴灌苜蓿高效生产的基本条件之一。依据我们多年实践认知和大田生产经验总结认为：正确和较合理的田间滴灌系统伏埋保护方案应是设定滴灌毛管埋入土深度在 5~8cm，田间供水支管则需要挖沟深埋于地表下 20cm 土层为宜。

3　适宜的播种期选择和建植管理

绿洲区传统苜蓿生产是根据气候条件和农事活动变化等选择春播、秋播和冬播等不同的播种时期进行建植。滴灌苜蓿生产因本身所具有的独特性则需对播种建植时期进行特定的选择安排，现在绿洲区普遍采用春播和秋播建植期。

同春播比较，秋季播种苜蓿建植的优越性表现突出，即易建植、苗期好管理，翌年初期生长快，抑制田间杂草力强等，而且头茬收获干草草量多、杂草率低，整体获得苜蓿干草品质好。因此，滴灌苜蓿种植生产应以秋播建植为最佳选择安排。只要是客观条件和农事活动安排允许的情况下，优先选择秋播建植。需要特别强调的是：秋播时间越提早则越有利于苜蓿幼苗期更多时间利用光热条件，进行更长时间的生长发育过程，为来年的再生和高产创造更多有利的前提条件；秋播时间应该在 9 月中旬（9 月 20 日）前完成田间播种工作，之后尽快滴灌供水，促其田间苜蓿种子萌发和正常的幼苗生长，争取在进入初冬停止生长之前有一个多月的幼苗期生长时间，以保证田间苜蓿幼苗的安全度冬。

春播是绿洲区苜蓿生产中最为普遍采用的苜蓿建植时间安排。其特点是可同主要农作物的播种时期相同，在整个农业生产环节上便于统筹安排，同时春播苜蓿的整个建植当年生长时间长，可以在播种当年收获饲草。但春播苜蓿建植当年田间杂草侵害严重，苜蓿幼苗期缓慢的生长发育过程，难于抗拒强大的田间杂草的生长竞争，阻碍了苜蓿正常田间生长的同时，造成建植当年苜蓿头茬干草生产量减少和收获干草中杂草比重很大等。传统的苜蓿生产在春播建植中常采用小麦等禾谷类作物混合播种，作为掩护性措施以控制田间杂草。采取春季保护作物同苜蓿混播（或套播）的建植模式是春播苜蓿建植生产的成功实践，同样适用于滴灌苜蓿的建植生产。在滴灌苜蓿春播建植时应该特别强调，一是掩护作物选择，二是掩护作物适宜田间播种量的确定。鉴于绿洲区特定气候条件和适应作物生长特点，选择春小麦用作掩护作物是最佳的匹配。正确把握确定掩护作物适宜田间播种量，欲求能达到苜蓿幼苗期的正常生长与抑制杂草侵害的掩护作物田间生长密度之间的最佳平衡点，这成为滴灌苜蓿建植当年实现高效生产的重要条件之一。我们的研究结论是，滴灌苜蓿春播采用小麦作为掩护作物时，其田间播种量以 120~180kg/hm^2 为宜，可在有效减轻田间杂草危害的同时，能够掩护苜蓿建植当年第 1 茬干草生产的高产和优质。

另外，在小麦掩护作物的利用上，传统生产经营是采用籽实收获以增加苜蓿建植当年的田间收益。而滴灌苜蓿生产是以获取苜蓿优质高产干草为追求目标，尤其是应该在苜蓿种植当年增加田间干草生产量为目的。应把小麦地上部分绿色植株体生长量用作优质饲草收获，即在小麦生育时期达到灌浆时节，其全株体营养物质含量达到最佳阶段时进行饲草收获，调制为优质干草用于奶牛生产的饲料供给。我们的试验研究结论：小麦掩护作物田间播种量为 120kg/hm^2，生长至灌浆期刈割收获，割茬高度为 25cm 左右，收获小麦青干饲草 4.77~5.48t/hm^2，再加上建植当年收获苜蓿干草平均产量 9.51t/hm^2，两者合计是春播建植当年生产优质干草（小麦+苜蓿）14.28~14.93t/hm^2，掩护作物小麦用于青干饲草收获的又一益处，是在满足苜蓿幼苗生长期田间杂草控制的同时，小麦的全株饲草收获可适时解除苜蓿转入快速生长过程时受到的田间不利小环境影响，为苜蓿加快生长和物质积累创造积极条件。

4 滴灌苜蓿合理施肥的科学运筹之策

滴灌苜蓿肥料施用一般采用“水肥一体”模式，即肥随水行的滴水施肥方式。同传统苜蓿田间施肥方式相比，其最大优势是施肥的田间可控性、均匀性，肥料的施用成效性显著。正是滴灌苜蓿施肥方式的优越性突出，成为获得苜蓿优质高效生产的关键性措施运用。

滴灌苜蓿生产中现有的施肥模式，是建植当年在播种之前结合田间整地环节进行底肥施撒。一般采用机械地面散施三料磷肥（120kg/hm^2）、尿素（75kg/hm^2）；在具有机肥料的条件时，结合施用有机肥 15~30t/hm^2。之后，完成翻耕、整地和播种作业等，并在苜蓿种植生产数年内进行少量追肥。在每茬收获后随水滴施尿素 75kg/hm^2，每个生长期收获 4 茬，共施用尿素 300kg/hm^2，即可达到收获苜蓿干草 22.5t/hm^2 的田间高产结果。这一滴灌苜蓿高效生产的施肥运筹模式，在大田生产实践中不失为是成功之策，符合苜蓿生长过程对土壤养分需求规律性特征的合理肥料供给。但是，为实现滴灌苜蓿获取持续性优质高效生产的目标，应该遵循苜蓿自身的生物学和生长发育特征的规律性，需要不断改进与完善现有的施肥策略，运用更加科学有效的肥料运用之策，满足苜蓿健康生长的营养元素需要，使苜蓿生长潜在能力能够充分发挥出来。

磷素对于苜蓿生长和生产均至关重要。在苜蓿田间生长的各个年份内，施用磷肥对苜蓿的作用是可以增加叶片和茎枝的数目，从而提高产量，并可以促进根系发育。苜蓿含磷量的临界点为占体内物质总量的0.25%，低于0.23%时则表明为缺磷，而健康植株磷含量为0.30%。我们开展的苜蓿施磷肥的田间试验结论是，在同一田块条件、同一品种（三得利）和相同生长第3年生苜蓿，在地表灌溉方式下，采用春季一次性地面施磷肥（重过磷酸钙）180kg/hm^{2}时，可提高苜蓿产草量20.1%，对生长第2年相同品种时春季一次性施磷肥180kg/hm^2，可提高产草量10.9%。在滴灌条件时生长期内春季一次性施磷和总施磷量不变，但分3次（每次苜蓿刈割后）均匀施用磷肥，对生长第2年此两种施磷方式获取的苜蓿干草总产量差异不大。这些试验结论说明施磷量可显著提高苜蓿产草量，但不同生长年限苜蓿的增产结果有差别，同时，一次性施磷和分3次施磷在总磷量相同情况下，对苜蓿的增加产量差别不大。

苜蓿生长对钾的需要高于任何其他养分，每生产1t干草需要10~15kg钾。为获取高效生产施用钾肥意义很大，因为钾可以提高苜蓿对强度刈割的抗性和耐寒性，增加根瘤的数量和质量，提高氮的固定率。增加钾肥的施用量，可以增加苜蓿干物质和粗蛋白的产量。绿洲区土壤属富含钾区域，土壤中自然存在的钾量一般可以满足苜蓿生长季干草生产的正常需要。但是，滴灌苜蓿高效生产过程中从田间土壤带走的钾很多，造成土壤缺钾的情况是存在的；苜蓿缺钾时其小叶边缘上出现白斑即缺钾的早期指示，苜蓿缺钾的临界水平值为1.7%。若土壤中钾不足，苜蓿生产的持续力下降，田间生长苜蓿株丛发生退化，株丛密度下降等。对于绿洲区苜蓿施用钾肥及对苜蓿干草生产的增产方面研究文献尚缺。参考有关报道和苜蓿高效生产的客观需要，推荐钾肥量120~210kg/hm^2。对苜蓿施用钾肥主要是氯化钾（KCl），其他化学生产来源钾肥包括硫酸钾、磷酸钾等。滴灌苜蓿施用钾肥方法可在春季返青时采用机引条播机进行地面一次性撒播，最好同磷肥混合进行一次性田间施用，或采用水肥一体下施用，即在春季田间第一次滴水时，使用溶水性专用钾肥和磷肥全年一次性地随水滴入田间。

目前，绿洲区苜蓿生产中除上述氮、磷、钾常量施肥外，其他肥料的应用与研究（如微肥的使用等）尚未见有文献报告。相信随着绿洲区苜蓿生产科学研究的不断加强，会在未来的苜蓿生产实践中见到不同微量元素施用对苜蓿生产的促进作用等方面的报告。

5 滴灌苜蓿高效生产管理及田间科学施策

5.1 适宜的苜蓿品种选择是创造滴灌苜蓿高效生产的最有效措施之一

自21世纪初国外进口苜蓿品种的市场开放以来，世界各地的许多优质苜蓿品种引入并在绿洲区种植落地，产草量高、品质好的引入品种改变了传统绿洲区的苜蓿生产形式，大幅提高了田间苜蓿的生产力水平。根据数年的大田实际生产经验累积和从事绿洲区对引入品种的跟踪试验研究，选择和确定出了适宜在绿洲区生态条件并能满足优质高产需要的苜蓿品种（如三得利、金皇后、WL系列等）已在绿洲区广泛推广种植。目前在绿洲区滴灌苜蓿生产中常选用的品种是三得利、WL系列、新牧系列（新牧1~3号)、巨能、阿迪娜、新疆大叶苜蓿（南疆片区）等。这些种植品种在滴灌条件下都有良好的生产经济表现，均可满足滴灌苜蓿优质高效生产的目标要求。但是，为了能够促使绿洲区滴灌苜蓿生产的潜在优势条件得到充分的挖掘，在品种选择安排上需要更进一步优化，即在重视考虑产能、品质、持续力等生产经济性状时，应同步考虑品种对绿洲区生态特点的适应性，如抗倒伏性、耐寒性、抗病虫害及对土壤过多盐碱的耐受性等。在滴灌条件下生产经济性状优良，并对绿洲区生态极端条件具有较强适应能力的苜蓿品种是我们追求的目标。

根据我们开展的研究实践结合大田生产跟踪调查，以及进行多因素综合评判，提出绿洲区滴灌苜蓿高效生产的适宜品种选择确定为WL系列、巨能、三得利、新牧系列；在南疆区生态环境下，应强调选择新疆大叶苜蓿作为首选品种，之后再行上述列出品种安排。

5.2 滴灌苜蓿建植田间播种量的正确确定是高效生产的基本前提条件

播种量多少对出苗率和田间植株密度均有直接影响关系，田间成苗的多少除与播种量有直接关系外，还与气候、水分、土壤质地、养分以及本身生长发育表现有关。同时，苜蓿成苗后生长时具有自我调节田间密度的能力，即在一定范围内，成苗密则分枝少，稀植时则分枝多。因此，播种量应该控制在适宜范围之内。另一方面，滴灌条件下所表现出的田间供水的特殊方式（均匀性、可控性、便捷性、适时性）创造了田间苜蓿播种的出苗均匀性好和成苗率高，同传统地表灌溉方式相比较，在相同田间条件下应适当减少播种量，以减少种子用量成本。并且苜蓿生产实践表明，增加播种量虽然可以提高第1年的产草量，但并不能提高以后年份的产草量。据文献表明，播种量为12~16kg/hm^2 时，苜蓿能够获得较高的干草产量（表2）。我们在石河子市147团开展了滴灌苜蓿不同田间播种量对苜蓿生产干草产量影响关系的跟踪调查，就设定的同一品种每公顷18.0kg、22.5kg和25.5kg这3个不同播种量时，田间幼苗数和成苗密度最大的为25.5kg/hm^2，生长第1年田间产草量最高的也是25.5kg/hm^2，但同22.5kg/hm^2 处理相比较，其产草量差别不大，同18.0kg/hm^2 相比具有一定差异。在进入第2个生产年份后，各不同播种量处理产草量无明显差别。综合各个因素综合考虑，我们认为滴灌条件下，苜蓿高效生产适宜的大田播种量设定在12~15kg/hm^2 为宜。即若土地条件好（质地、肥力、地面处理等）和选用苜蓿种子的质价高时，播种量控制在12.0kg/hm^2；若非前者客观条件时，则播种量确定在15.0kg/hm^2。

表2 不同播种量条件下苜蓿干草产量

播种量（kg/hm^2）	干草产量（t/hm^2）	地区
12	30.97（全年）	甘肃武威

（续表）

播种量（kg/hm²）	干草产量（t/hm²）	地区
16	32.84（全年）	甘肃武威
18	3.22~3.35（一茬）	新疆石河子
18~21	11.00（全年）	（未知）
22.5	2.50（一茬）	甘肃河西走廊
24	26.50（全年）	甘肃武威

5.3 滴灌苜蓿种植生产年限是实现高效生产必须考虑的重要因素之一

传统的绿洲区苜蓿生产一般的苜蓿种植年限大都持续维持 4~5 年，主要是除考虑获得干草的同时，通过延长种植年限以增加改土肥田的成效。就苜蓿生长年限与持续生产力的表现特征方面我们进行了研究，即通过对 4 个苜蓿品种同在 2004 年春播建植，至 2008 年连续对干草产量跟踪测定和田间比较，得出的结论是，在同一田间管理方式（采用地表灌溉、每年 3 茬收获、各生长年内不追加施肥措施等）下，在 4 年的总干草收获量中，第 2 年产量占总生产量的比例最高，为 45.9%~47.9%，第 3 年产量占 30.6%~33.9%，第 1 年产量占 14.5%~17.4%，生长第 4 年产量最低，为 4.8%~8.2%。虽然各苜蓿品种之间不同生长年份产草量占有比例具有差异，但生长第 4 年时获取的干草产量下降比重则表现出相同性。绿洲区滴灌苜蓿应特别突出强调的是优质高效生产为目标的经营模式，因此，滴灌条件下的苜蓿种植合理的生产年限不应超过 4 年。

在大田生产实践中，一些生产单位的做法是，在苜蓿种植生产的第 4 年时采取收获第 1 茬干草之后，即刻翻耕整地种植青贮玉米，以便在当年生长季节内能再收获一次青贮饲料。这样既能在苜蓿第 4 年生长过程中，较好地利用了头茬苜蓿生长时间长，又能够充分利用春季自然水分的条件，获取第 1 茬产量高占比干草的优势，还能及时调整种植安排，取得更多的饲料生产机会。

5.4 苜蓿生长的田间病虫害防控是获得滴灌苜蓿高效生产的重要保障条件

多年的生产实践表明，在绿洲区独特的生态环境之下，苜蓿生长栽培全过程中的病害和虫害很多。据有关文献报道，新疆发现有苜蓿病害 19 种；其中，分布较广且为害较重的病害有 11 种，如褐斑病、白粉病、霜霉病、根腐病等。与此同时，对苜蓿生产可造成的主要田间害虫是苜蓿盲蝽、叶象甲幼虫、苜蓿夜蛾、蚜虫等，都会造成绿洲区苜蓿生产的严重损失。在一般情况下绿洲区苜蓿生产的田间病虫害存在和发生是有一定的规律性的，即苜蓿田间虫害主要发生在头茬苜蓿生长的中后期时间段（孕蕾至开花）；病害多出现在苜蓿第 2 茬和第 3 茬田间生长时期，这是苜蓿虫害和病害自身生物学表现特点与绿洲区生态环境长期协同进化和高度适应性的具体体现。除病虫害之外，还有一种生物侵害一直同绿洲区苜蓿生产长期伴随，即寄生植物菟丝子的存在问题，特别是在传统地表灌溉方式的苜蓿生产中，菟丝子始终是重要的防控对象。随着现代农业发展对作物种子生产和经营水准的高标准要求，通过伴随苜蓿种子进入田间的菟丝子源头已被阻断，加之滴灌供水的特别方式，苜蓿田间菟丝子存在与发展概率降至极低。当前的滴灌苜蓿大田生产实践已得到了实际印证。

苜蓿生产的田间虫害、病害，一般可采用针对性的农药进行及时田间机械喷洒，以达到防治的目的。菟丝子为害防控，只要阻断其寄生种子可能进入苜蓿田间的源头是最有效的方法。经多年试验研究和结合大田滴灌苜蓿生产实践，我们的总结经验是，首先应该通过采取直接田间管理手段达到有效防控病虫害的目的，即田间苜蓿生长过程在病虫害发生的初期阶段或是中期时段（苜蓿生长处在孕蕾期），运用提前收割苜蓿获取干草的手段，以阻止田间危害的加剧和漫延，这样做的好处是既有效防控病虫害田间为害，又可避免因喷施农药对农田及整体绿洲环境造成的不利影响。虽然提前刈割会减少当茬苜蓿产量收获的部分损失，但提前刈割获得的苜蓿干草粗蛋白含量高，饲用价值更好，从经济学角度而言也是划算的。

6 苜蓿干草收获时间最佳选择与田间干燥技术的科学施用

6.1 苜蓿干草收获最佳时间的正确选择和田间干草调制技术的科学施用是确保滴灌苜蓿优质高效生产系统中的关键环节

传统的苜蓿生产中对收获时间的确定，一般是根据苜蓿生长发育处在初花期阶段，即大田苜蓿株丛见有1/3（30%左右）开花时作为刈割的判断依据，也就是苜蓿生长干物质积累曲线接近峰值和营养物质（主要是粗蛋白）含量由最高值（孕蕾期）下降不多之时的初花期确定收割，这是产量和品质两者都有兼顾的同时，则更是偏重于干草产量的收获决策。进入21世纪以来，伴随着绿洲“奶业”的兴起与蓬勃发展，对苜蓿干草品质和全面营养价值重要性的关注度愈来愈高，借鉴和接受国外苜蓿生产中的先进手段和许多科学理念，逐步把强调苜蓿干草质量与品质要求摆在了更加突出的地位。为保持苜蓿干草粗蛋白含量达到最高值或接近最高值时采取提前进行收割，即由原初花期时段提前至见花期（田间≤5%植株）开花时段开镰收割，以提高苜蓿干草的粗蛋白及可消化总营养物质成分的含量，提升整个苜蓿干草综合营养价值。甚至是为获取更理想的苜蓿干草品质，国外的做法是把刈割时间提前至苜蓿生长期处在孕蕾盛期，目的是为获得高粗蛋白含量的干草而宁肯牺牲一些干草产量收获。

我们的试验研究结论是，把苜蓿干草收割期提前至见花期时间段（田间≤5%开花数），比初花期时段（田间20%~30%开花数）刈割时苜蓿粗蛋白含量提高1.5~2.0个百分点，整体的干草饲料品质有了较大提升。石河子垦区大田滴灌苜蓿生产的成功范例是，在从生长第2年开始的整个生长季节收割4茬苜蓿，每茬收割时苜蓿生育时期处在见花至初花时段（5%~10%开花数），苜蓿干草总产量为21~22.5t/hm^2。刈割4茬同刈割3茬相比，尽管总的干草产量收获相差不大，但苜蓿干草的粗蛋白含量和综合营养价值得到很大的提升。虽然年收获4茬苜蓿干草比收获3茬增加了一次收获过程的投入成本，但却可以通过收获苜蓿干草品质的提升价值（按优质优价收购时）来抵消部分投入成本。

6.2 苜蓿干草收获时刈割留茬高度也是应该注意的技术问题之一

留茬高度直接影响到收获干草的产量，同时也关系到再生草的生长速度等。低茬刈割会伤及苜蓿根颈，减少分枝；相反，高茬收割时在影响收获产量的同时，留茬残余会妨碍新枝生长，影响下次收获。确定苜蓿收割留茬 5cm 高度是适宜的，对于增加收获干草产量、刺激再生新枝条的发生，以及提升再生草的生长速度和抑制田间杂草均是有利的。生产实践中大多情况是，大田苜蓿干草是采用机械化收获作业，田间留茬高度都超过了 5cm，一般都为 8~10cm。此留茬高度必然减少了收获干草产量，并不利于再生草的正常生长发育过程。因此，在滴灌苜蓿高效生产的收获干草过程时应注意降低刈割茬口的高度，尽量控制在 5cm 左右的高度，以增加收获干草产量和创造再生草生长的良好条件。与此同时，在大田苜蓿生产时的最后一茬收获，特别是滴灌苜蓿 4 茬收割处理时的最后一茬收割，应该注意提高留茬高度到 8~10cm，目的是保护苜蓿安全越冬，为下一个生产年份创造有利条件。

6.3 苜蓿干草的田间调制和干草成品（干草成捆）完成是高效生产中的最后环节，亦是实现最终目标成功与否的最重要、最关键的技术环节过程

苜蓿干草的田间调制属于自然干燥加工过程，气候变化（温度、光照强度、湿度和风力等）对苜蓿干草中水分的散失速度影响很大，关系到调制干草的成效，是不可控制的客观因素。只有遵循调制干草过程的气候变化规律和正确把握时机，合理应用调制技术手段，尽可能缩短田间调制时间过程，最大限度地把调制干草和成品完成过程中造成的有形损失（枝叶脱落）与无形损失（营养物质消耗）降至最低点。当前，新疆生产建设兵团绿洲垦区苜蓿生产中的整个过程，特别是干草收获过程完全实现了机械化及相关设置装备的完全配套，即从刈割、翻晒、归垄、打捆、运输等各个环节，均采用了最先进的机械配套设备，大大提高了苜蓿干草收获效率的同时，也显著降低了田间干燥调制过程中苜蓿干草的营养物质损失，确保了苜蓿干草成品（干草捆）的品质要求。

为使田间调制干草成品能最大限度地保持在刈割鲜草时的营养价值和品质状态，在此特别需要应注意把握的原则：一是开始刈割时应密切关注当地的天气预报，避开自然降水条件对田间调制干草造成的不利影响；二是割草机及配套茎秆压扁一体机，是以刈割茎秆得到有效破扁为目的，促使青鲜苜蓿茎秆水分能够加快散失速度，减少调制干草过程中因有氧代谢等造成营养损失的有效方式，因此，应该调整和控制好机械压扁滚轮间隙，使刈割苜蓿茎秆得到有效压扁；三是在田间翻晒、归垄和打捆等环节作业的时间选择上，应特别注意不要在白昼高温干燥天气下开展作业，防止造成叶片及嫩枝的大量脱落，最适宜的田间作业时间段是早晨和傍晚之时；四是田间干草打捆时间确定是以调制干草中含水率的多寡为根本依据的，含水率过多的干草打捆虽然能减少叶茎枝的脱落损失，但却会发生成品草梱霉变的风险，相反水分含量过少的干草打捆则会造成过多的脱落损失。最有效的做法是在天气晴好条件下，苜蓿干草中水分含量降至 25%~30%

时，再用感观判断此时苜蓿植株是处在凋萎状态，在弯曲茎秆尚未发生折断时即可进行田间打捆作业，完成打捆后草捆置于田间自然停放 2~3d，使草捆表面含水率继续下降到 20%左右后再进行装运集垛。

参考文献（略）

基金项目：新疆生产建设兵团农业技术推广专项（CZ0021）；国家自然科学基金项目（31660693）；石河子大学青年创新人才培育计划项目（CXRC201605）。

第一作者：于磊（1954— ），男，山东宁津人，教授。

发表于《草食家畜》，2019（1）.

图 1　三得利苜蓿种子，2015 年拍摄于石河子大学草学实验室

图 2　苜蓿种子发芽试验，2015 年拍摄于石河子大学草学实验

图 3　苜蓿春播与掩护作物小麦建植期田间生长初期，2015 年拍摄于新疆兵团第八师 142 团

图 4　大田苜蓿秋播建植第二年春季返青期生长（5 月 9 日）阶段，
2014 年拍摄于新疆兵团第八师 147 团

图 5　大田苜蓿第一茬生长（孕蕾期），2012 年拍摄于新疆兵团第八师 147 团

图 6　大田苜蓿第二茬生长（见花期待收割），2015 年拍摄于新疆兵团第八师 142 团

图 7　苜蓿田间牵引式收割及压扁一体机械，2015 年拍摄于新疆兵团第八师 147 团

图 8　苜蓿田间翻晒，2015 年拍摄于新疆兵团第八师 147 团

图 9　苜蓿机械打捆，2018 年拍摄于新疆兵团第七师 130 团

图 10 苜蓿草大方捆（150 cm × 120 cm × 70 cm，350 kg），2018 年拍摄于新疆兵团第七师 130 团

图 11 苜蓿与无芒雀麦混播草地，2012 年拍摄于石河子大学牧草试验站

图 12　苜蓿试验地采用光合测定仪测定光合速率，2019 年拍摄于石河子大学牧草试验站

图 13　春播苜蓿田间杂害草调查，2012 年拍摄于新疆兵团第八师 145 团

图 14　苜蓿高产大田根系生长发育测定，2012 年拍摄于新疆兵团第八师 148 团

图 15　苜蓿田间生长阶段根系测定，2017 年拍摄于石河子大学牧草试验站

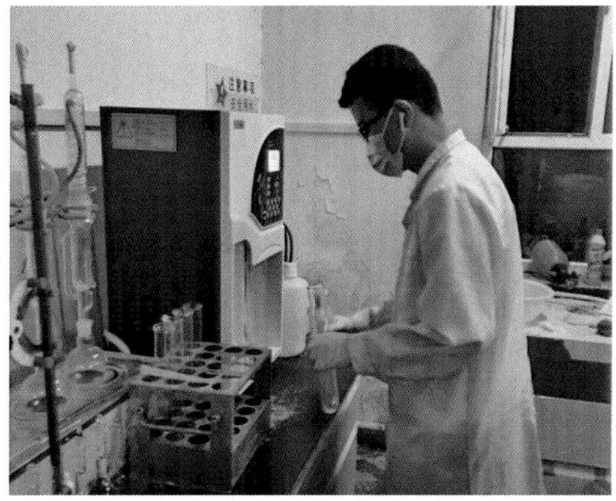

图 16　试验室内苜蓿粗蛋白含量测定，2019 年拍摄于石河子大学牧草营养分析室

图 17　青贮窖苜蓿青贮制作，2019 年拍摄于新疆维吾尔自治区玛纳斯县

图 18　苜蓿裹包青贮制作，2019 年拍摄于石河子大学牧草试验站